航空发动机关键件安全风险评估方法

孙有朝　李龙彪　著

科学出版社

北京

内 容 简 介

航空发动机关键件是指原发失效能够引起发动机危害性影响的部件，其失效会引起灾难性的飞行事故。为了确保航空发动机运行安全，需要探索航空发动机安全性指标在关键件全寿命周期内的发展规律，主动将适航规章的安全性要求贯彻到发动机设计与研制过程中，使人员遭受伤害或财产遭受损失的风险降低并维持在可接受的水平。本书聚焦于军民用航空发动机关键件安全风险评估理论与方法，内容涵盖航空发动机关键件失效模式与失效机理、安全性指标分析、寿命预测方法、设计与运营阶段风险评估方法、关键件安全性影响因素分析，以及关键件数据库设计等，可用于各类军民用航空发动机关键件全寿命周期的安全风险评估与监控，提高航空发动机运行的可靠性与安全性。

本书可供从事军民用航空发动机与关键件制造、适航验证和维修工作的工程技术人员参考，也可作为高等院校航空发动机专业师生的教学参考书。

图书在版编目（CIP）数据

航空发动机关键件安全风险评估方法 / 孙有朝，李龙彪著. -- 北京：科学出版社，2024. 6. -- ISBN 978-7-03-078870-2

Ⅰ. V232

中国国家版本馆 CIP 数据核字第 2024AZ4515 号

责任编辑：赵敬伟　赵　颖 / 责任校对：杨聪敏
责任印制：张　伟 / 封面设计：无极书装

科学出版社 出版

北京东黄城根北街 16 号
邮政编码：100717
http://www.sciencep.com

北京中石油彩色印刷有限责任公司印刷
科学出版社发行　各地新华书店经销
*

2024 年 6 月第 一 版　开本：720×1000　1/16
2024 年 6 月第一次印刷　印张：22 1/2
字数：441 000

定价：168.00 元
（如有印装质量问题，我社负责调换）

前　言

飞天巡洋，动力先行。作为飞机"心脏"的航空发动机，在航空科技的发展过程中起着关键性作用，其发展水平是一个国家综合国力、工业基础和科技水平的集中体现，被誉为现代工业"皇冠上的明珠"。近几十年来，随着航空发动机设计与制造技术的持续进步，其性能逐步提升，也使其结构完整性和可靠性得到了显著提高。尽管如此，在高温、高压、高转速恶劣环境工作的航空发动机仍时有故障发生，尤其是关键件结构失效，危及航空发动机的使用安全。发展高性能和高安全的航空发动机，需要探索航空发动机安全性指标在整机以及关键部件寿命周期内的发展规律，主动将适航规章的安全性要求贯彻到航空发动机设计与研制过程中，建立基于概率风险的安全性评估方法，以证明满足航空发动机适航安全性要求。

本书是作者在多年从事航空发动机关键件安全风险评估理论、方法、工程和技术应用的科学研究工作基础上，经过凝练与整理完成的。全书以适航要求和相关安全性标准规范为依据，重点围绕 FAR/CCAR-33 部 33.70、33.75，CS-E 510、515等条款中的航空发动机适航要求，以及关键件的适航/安全性指标要求，从材料、工艺和载荷等多角度揭示了关键件结构失效机理、寿命预测、失效风险评估等，内容涵盖航空发动机关键件定义与判定，关键件失效模式和影响因素分析，关键件安全性指标分析，关键件安全寿命预测方法，关键件设计阶段结构风险评估方法，关键件运营阶段风险评估方法，材料、制造工艺和试验对航空发动机关键件安全性的影响，关键件安全性评估与验证数据需求分析等。书中所提航空发动机关键件失效机理分析、寿命预测、概率风险评估、数据库设计等已经在航空发动机研究院所的设计与适航取证工作中得到了应用与验证，也可以应用于各类军民用航空发动机关键件全寿命周期的安全风险评估与监控，提高航空发动机运行的可靠性与安全性。

感谢"两机"重大专项、国防基础科研计划、国防技术基础等对课题组航空发动机关键件领域相关项目给予的资助。在撰写过程中，参阅了国内外同行专家、学者的大量科技文献和手册等，在此一并致以诚挚的感谢。

由于作者水平、经验及时间所限，不妥之处在所难免，敬请广大作者批评指正！

2023 年 5 月

目　　录

第1章 绪　　论

1.1 引　　言

在航空发动机适航技术研究中，航空发动机关键件作为能够引起危害性航空发动机影响的重要零件，其失效会引起灾难性的飞行事故，如 1989 年的"苏城空难"和 1996 年的"潘城空难"[1]。针对由关键转子部件或重要的静子件疲劳断裂而引发的机毁人亡的事故，为了公众安全利益以及整个商业运输行业的健康发展，世界各国和地区出台了相关法规以提高航空发动机的安全水平。本章开展航空发动机关键件的适航/安全性指标要求研究，梳理对航空发动机关键件的结构安全概率要求，以及各国局方对航空发动机关键件的适航要求，对航空发动机关键件的工程计划、制造计划与管理计划要素分析，针对航空发动机适航标准条款，对关键件的适航要求进行技术解析，建立航空发动机关键件的判定流程与准则，以 CFM56-5B 大涵道比涡轮风扇航空发动机为例确定关键件。

1.2 航空发动机关键件适航发展现状

1.2.1 FAA 关键件适航技术研究

1971 年，美国联邦航空管理局(FAA)发布了编号为"Notice No.71-12"的立法通告，在联邦航空条例(FAR)第 33 部(FAR-33)中增加"33.14 启动-停车循环应力(低循环疲劳)"的条款要求，以减少航空发动机盘和隔圈失效导致的非包容事件，但该条款仅要求对航空发动机转子零件的启动-停车应力循环数进行限制，而且内容也较为简略。1974 年 10 月，FAA 发布了 FAR-33 部 33-6 修正案，该修正案首次将 33.14 条款纳入 FAR-33 部中。33-6 修正案指出，经验表明，经过足够多的使用循环，启动-停车循环应力(即低循环疲劳)会导致转子类、盘类零部件失效。启动-停车循环应力是由航空发动机每次启动时带来的热载荷和机械载荷引起的航空发动机部件应力，航空发动机加速到最大额定功率或推力，轮盘和隔圈的温度稳定后，都会出现该应力。该修正案要求申请人证明航空发动机抵抗低循环疲劳的能力，并对航空发动机部件的寿命进行限制，以确保寿命期内航空发动机部件不会因低循环疲劳导致故障。该修正案还提出采用咨询通告 AC 33-3

中的程序，并基于此程序以确定低循环疲劳的寿命值。确定转子部件低循环疲劳寿命限制是一项复杂技术，不仅涉及多门学科，而且精度难以确定。确定初始寿命限制时，产生误差影响不大，但当延长寿命限制时需要关注误差。为减小误差，广泛接受的方法是对拆卸的零件进行附加循环试验。工程经验表明，使用该方法可将误差影响减至最小，修正案中的方法为初始低循环疲劳寿命的确定提供了更统一的基础[2]。

1984 年 3 月，FAA 对 33-10 修正案进行了修订，33-10 修正案提出对现行33.14 条款进行修改，将当前规定只涉及转子结构件的要求拓展到所有失效可能导致飞行器出现危险的部件；重新定义"启动-停车应力循环"这一术语；并规定除了条款中指定的方法外，申请人可以通过其他局方可接受的方法确定使用限制及其延长量。

2007 年 9 月，FAA 发布的"Amendment No.33-22"修正案，以"FAR-33.70航空发动机限寿件"正式替代了"FAR-33.14 启动-停车循环应力"，并增加了FAR-33.70 条款，对航空发动机寿命限制件提出了工程计划、制造计划、使用管理计划三个要求，规定必须对寿命限制件的寿命能力、制造过程和维修限制进行控制。通过制定与执行工程计划、制造计划、使用管理计划，实现对限寿件的闭环管理。这三个计划构成一个闭环系统，将工程计划中所作的假定与如何制造零件和使用中如何维修零件联系起来，此外，工程计划、制造计划和使用管理计划这三大计划必须作为一个完整系统发挥作用[3]，第 22 次修正案中 FAR-33.70 条款要求如表 1-1 所示。

2009 年 7 月，FAA 发布了针对 FAR-33.70 条款的咨询通告 AC 33.70-1 *Guidance Material for Aircraft Engine Life-Limited Parts Requirements*，提出了确定典型发动机旋转件安全寿命的方法。2009 年 8 月，FAA 发布了咨询通告 AC 33.70-2 *Damage Tolerance of Hole Features in High-Energy Turbine*，提出损伤容限评定作为传统安全寿命法的补充，不影响传统安全寿命法确定的关键件寿命[4,5]。

表 1-1　33-22 修正案中 FAR-33.70 条款的要求

修正内容		33-22 修正案中 FAR-33.70 条款的要求(2007 年)
适用对象	与 FAR-33.14 条款的主要区别	适用的对象新增加了"高压机匣、非冗余的安装部件"，并将这类部件统称为限寿件
寿命计算状态点		不再明确要求应力/温度的循环以及温度必须达到稳定的状态，而是要求综合考虑载荷、材料性能、环境、工作条件等因素的影响
初始寿命以及延寿方法		明确提出申请人可以用各自的方法确定寿命限制值，包括分析、试验以及运行经验或是它们的组合，但必须得到局方的批准

续表

修正内容	33-22 修正案中 FAR-33.70 条款的要求(2007 年)	
新增损伤容限	与 FAR-33.14 条款的主要区别	损伤容限评估作为新增的寿命确定元素加入原有的安全寿命定寿体系中，以考虑材料、制造和使用缺陷导致部件发生提前失效的可能性
制造计划		要求航空发动机制造商建立限寿件的制造计划，识别并控制对部件力学性能、疲劳性能有显著影响的加工工程参数，从而实现正确稳定的部件加工
使用管理计划		要求航空发动机制造商建立限寿件的使用管理计划，确定使用限制、维修限制和维修方法，确定检查间隔、检查方法等，并写入航空发动机持续适航文件(一般为航空发动机手册的特定章节)，从而保证航空发动机使用过程中持续保持工程计划的设定状态

　　FAA 发布的咨询通告 AC 33.70-1 针对 FAR-33.70 条款提出了建议性的符合性方法，指出寿命限制以飞行循环、运行时间或二者的组合表示；提出限寿件应采取安全寿命分析方法，并要求在发展进入危险状态(初始裂纹出现)前更换部件，并指出对于航空发动机寿命限制件主要关注由低循环疲劳所引起的原发性损伤，阐述了一个典型的用于确定航空发动机旋转件安全寿命的流程，主要内容包括飞行剖面、航空发动机性能、空气系统分析、换热分析、应力分析、裂纹萌生寿命、损伤容限分析。与此同时，还提出了静子结构件制定安全寿命需要考虑的方法，并与旋转件进行了对比分析。该咨询通告还提出了工程计划、制造计划和使用管理计划包含的要素和指导原则。确定一个航空发动机关键件的寿命能力需要考虑很多的因素，并且每一个因素对于最终结果都有重大影响。对于航空发动机零部件，用于确定寿命限制的方法也有相当大的差异，很多方法都提供了可以接受的结果。例如 AC 33.70-1 中提出了确定一个典型航空发动机旋转件安全寿命的方法，任何航空发动机转子零件，其破坏危及飞机安全，都应规定寿命极限。在循环寿命期间内，确保规定的转子结构连续安全工作，直到规定的寿命极限，必须进行预定的或定期的检查[6, 7]。

　　此外，美国航空业界还提出采用基于概率风险评估的部件寿命管理方法，来进一步降低限寿件的失效风险。通过对随机性和缺陷分布的定量分析，概率风险评估可以在不具备完整描述的条件下更准确地反映航空发动机部件的实际运行状态，预测预期的飞行事故率，进而通过控制航空发动机危害性影响事件率，从根本上提高部件使用寿命期内的安全性。此外，概率风险评估还可以确保限寿件在零部件的设计阶段就可以预测其满足适航规章相关的失效风险要求，并给出推荐的限寿件的检查间隔，以降低实际运行中航空发动机危害性影响。在 FAA 发布的 AC 33.70-2 "高能涡轮转子孔的损伤容限"中，明确指出"损伤容限评定"作为"传统安全寿命法"的补充，不影响用传统安全寿命法确定的限寿件寿命，只是利用损伤容限评定使传统安全寿命法确定的限寿件安全寿命更加安全。从美国和欧洲的适航性标准看，这是目前世界各国的普遍做法。

20 世纪 80 年代，美国空军提出了一种基于概率断裂力学方法，计算飞机服役过程中结构件失效的风险。该方法可以计算飞机瞬时风险与飞行时间的关系曲线、飞机结构裂纹尺寸累积概率分布曲线。通过概率分布曲线可以确定检查方法的有效性，以及每次检查间隔中缺陷尺寸的分布等。20 世纪 90 年代，FAA 与飞机制造商、飞机运营商联合提出了一种针对宽体飞机的风险评估方法，即 SAIFE(structure area inspection frequency evaluation)方法。该方法主要是为了提高运营飞机的结构完整性和检查的有效性。20 世纪 90 年代初期，美国西南研究院提出了针对飞机结构的概率风险评估方法，该方法用于评估飞机使用过程中的结构风险，确定检查和维护间隔，并在飞机安全性与运营成本之间建立平衡，为决策者提供意见和建议。除上述分析方法，还有波音(Boeing)公司的 FEBREL 软件、Martec 公司的 PROMISS 软件、庞巴迪(Bombardier)公司的 PRISM 软件等可用于飞机运营阶段的结构风险评估。

20 世纪 90 年代末期，美国西南研究院联合霍尼韦尔(Honeywell)、罗尔斯-罗伊斯(Rolls-Royce, RR)、普惠(Pratt & Whitney, P&W)和通用电气(General Electric, GE)等公司共同研发的 DARWIN 软件，如图 1-1 所示，其主要用于处理钛合金轮盘硬 α

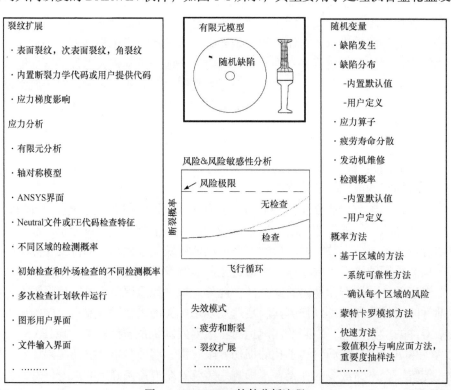

图 1-1　DARWIN 软件分析流程

缺陷所导致的低循环疲劳失效概率的问题，还可用于处理其他材料缺陷以及加工诱发缺陷所导致的断裂失效问题。采用 DARWIN 方法对部件设计进行评估，并非取代传统的安全寿命方法，而是向航空发动机研制方提供一种概率风险预测与管理的工具，它所采用的评估流程和方法基本上集成了风险评估方法的主要研究内容，并且集成了由上述四大航空发动机公司提供的、经 FAA 认证的部件缺陷特征和材料特性的数据库[8, 9]。

1.2.2　EASA 关键件适航技术研究

欧洲航空安全局(EASA)对航空发动机关键件(engine critical part)给予极大关注，在 2003 年第一版 CS-E 中对关键件提出了适航要求。目前，EASA 与 FAA 对关键件的适航要求和符合性方法保持高度一致，可视为 CS-E 与 FAR-33 具有同等影响力。CS-E 包括适航规范和为达到适航规范要求可接受的符合性方法两部分，CS-E 的特点是较为具体，可操作性强，同时提供满足规范要求的具体方法。CS-E 515 条款"航空发动机关键件"提出针对关键件的适航要求：工程计划、制造计划和使用管理计划，这三个计划组成一个闭环系统，如图 1-2 所示；把在工程计划中所作的假设与零件如何制造和在使用中如何维修联系起来，制造和使用维修分别由制造计划和使用管理计划控制。三大计划可以提出限制，限制值在持续适航性说明书的适航性限制章中公布。AMC[①] 515 条款还提供了建立这些计划的方法，同时提出了航空发动机转子件确定为关键件的识别方法。在工程计划中规定了寿命评定方法和技术，提出了批准寿命的概念和确定转子关键件批准寿命的流程，包括方法和材料数据、寿命确定方法、研制和验证试验、使用寿命和产品保证要求；提出了批准寿命确定方法分析的主要环节，包括工作条件、热分析、应力分析、寿命分析、损伤容限评估，如图 1-3 所示；另外，还对受压力载荷的静子零件批准寿命的确定方法进行了说明，并提出了保持批准寿命的方法。

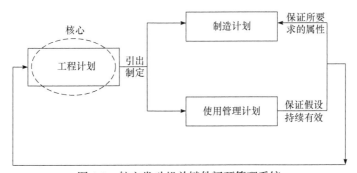

图 1-2　航空发动机关键件闭环管理系统

---

① 可接受的符合性验证方法，acceptable means of compliance。

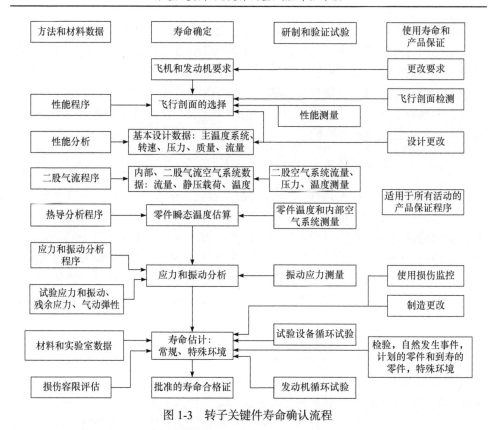

图 1-3　转子关键件寿命确认流程

FAA 和 EASA 针对关键件都详细规定了零件的定寿和延寿、加工制造，以及使用管理方式的要求和方法，是半个多世纪航空发动机关键件定寿方法的总结，是建立关键件设计、试验、加工制造和使用管理体系的依据。罗尔斯-罗伊斯公司、通用电气公司、普惠公司均照此办理，并积累了半个多世纪的使用经验和安全记录。

1.2.3　CAA 关键件适航技术研究

英国民航适航性要求 SCAR-C 篇的正文和附录，包括了英国民用航空管理局(CAA)所认可的全部要求和政策性材料，相当于美国 FAR-33 部的咨询通告(AC)，要求包括试验条件、试验实施方法和合格标准等，其附录则对正文要求作了进一步说明并具体化，并给出了为达到正文要求建议采用的验证方法，不足之处是将内容基本相同的飞机用和旋翼机用涡轮航空发动机均分章规定，使许多内容重复，篇幅特别冗长。SCAR-C 篇已经被世界上大部分国家和组织采纳，作为统一的基本法规或蓝本，在世界民航航空发动机领域内与美国 FAR-33 部适航性水平等价，在 1971 年达成相互认可协议，是另一个权威的适航性标准。

英国军用航空涡轮航空发动机通用规范 Defence Standard 00-970(DEF Stan 00-

970) Part 11，作为最新的英国军用航空涡轮航空发动机通用规范，在其 2.13 节 (*Design Target Life*)对航空发动机设计目标寿命提出了要求，指出航空发动机型号规范应包括以航空发动机工作剖面为基础，符合热件寿命、冷件寿命、低循环疲劳(LCF)寿命的设计目标寿命要求的说明。除了规定工作小时寿命要求外，也应考虑给出以年为单位的最短日历寿命。在 DEF Stan 00-970 Part 11 附录 A 中给出了旋转和非旋转关键件的定寿流程[10]，详述了四种基本批准的安全寿命法，包括传统的安全寿命法、数据库法、损伤容限法、因故退役法；同时对制定寿命管理计划(LMP)提出了建议的方法；提出使用抽样检验或使用抽样进行试验器试验、使用监视系统跟踪使用过程中的寿命、进行技术寿命审查(TLR)的寿命管理方法。根据历史经验，安全寿命的理念有效地提高了航空发动机的安全性，但这种方法依然不能避免航空发动机危害性影响的发生。就涡轮盘来说，传统的失效分析采用确定性方法，该方法假定材料的性能和使用条件可以被完整且确定地描述，然而实际加工中零部件的材料和尺寸公差、使用时环境条件和载荷的随机性通常难以得到完整和正确的描述。在安全性分析过程中，若材料性能与使用条件信息不够准确，将会导致分析得到的零件或系统的安全性偏离真实值较多。另外，多年的使用经验表明，航空发动机零件确实存在由材料加工引起的缺陷，但是由于这些缺陷存在的概率较小，所以不能完全在实验室抽样实验中反映出来，传统的安全性分析只能假设零件没有缺陷处理，相应的安全性通过安全系数进行保证。

1.2.4　CAAC 关键件适航技术研究

中国民用航空局(CAAC)在参考美国联邦航空条例 FAR-33 基础之上，于 2011 年发布了第 207 号令《航空发动机适航规定》(CCAR-33-R2 版)，明确给出了航空发动机限寿件的定义："航空发动机限寿件指的是其主要失效可能导致危害性航空发动机后果的转子和主要静子结构件。典型的航空发动机限寿件包括，但不限于，盘、隔圈、轮毂、轴、高压机匣和非冗余的安装部件。"

在《航空发动机适航规定》(CCAR-33-R2 版)中，在航空发动机限寿件适航要求方面，与 R1 版相比新增加了 33.70 条款，对航空发动机限寿件的完整性提出了工程计划、制造计划和使用管理计划三方面适航要求。此外，我国 GJB 241A—2010《航空涡轮喷气和涡轮风扇发动机通用规范》在 3.3.2.1 节对结构设计使用寿命提出了要求，航空发动机结构寿命应根据飞机飞行任务和飞行任务混频进行设计。3.3.2.1 节对航空发动机热件、冷件、关键件、消耗件、轴承、附件的设计使用寿命和寿命验证提出了相关要求，对结构件的耐久性(包括高循环疲劳、低循环疲劳、蠕变)和耐久性验证提出了要求；给出了飞行任务和飞行任务混频寿命设计用的飞行任务和飞行任务混频的表格样表，同时要求航空发动机研制单位应按表格列出零件寿命的清单。

　　此外，国内对断裂力学的研究学习也经过了长足的发展，线弹性断裂力学和弹塑性断裂力学包含有多种理论指导，包括格里菲斯(Griffith)能量释放率断裂理论，应力强度因子断裂理论及其在裂纹尖端的塑性区内的修正，裂纹张开位移理论及 J 积分理论等。国内对国外符合适航条款要求的失效风险进行了分析，总结了概率风险评估的必要性，简要介绍了概率风险评估的方法，包括其组成和极限状态函数等，概括出概率风险评估的主要研究内容，指出失效风险分析与适航性设计体系的结合是未来重要的发展方向，并针对涡轮盘低循环疲劳失效建立了基于风险的设计流程，以及以此为基础建立了适用于多种失效模式的涡轮盘概率风险设计体系。其提出的试验方法可以较好地模拟考核区域的应力和温度场，试验寿命与理论预测值和某国家提出的寿命都基本吻合，可作为涡轮构件的疲劳/蠕变寿命评定方法之一；同时，试验结果可用来验证和修正寿命预测模型[11-16]。

1.3　航空发动机关键件定义与判定

　　航空发动机关键件是指主要失效可能导致航空发动机危害性后果的航空发动机转子和静子结构件，其性能对航空发动机适航性、安全性、可靠性和维修性会产生关键影响。对于航空发动机关键件的定义，FAA、EASA、CAA 以及 CAAC 等都有相关规定，但在一些细节上有所不同，本节结合不同国家关于航空发动机关键件的定义进行归纳，对比各国适航规章，分析异同点，以及航空发动机关键件的异同。

1.3.1　航空发动机关键件定义

　　1. 民用航空发动机关键件定义

　　1) EASA 对航空发动机关键件的定义
　　根据 EASA 的适航规章 CS-E 的 D 章 CS-E 515 条款 *Engine critical parts* 对航空关键件的定义，航空发动机关键件是发生故障就可能导致危害性航空发动机影响的部件。根据 CS-E 515 条款的要求，航空发动机关键件必须通过工程计划、制造计划和使用管理计划确保符合规定的完整性规范。规定一个零件是由不同的子零件组成的，这些子零件最终以不可分割的方式整合成一整个零件，而其中的任何一个子零件被确定为航空发动机关键件，那么整个零件就被视为航空发动机关键件。CS-E 515 条款 *Engine critical parts* 原文如下：

Because the Failure of an Engine Critical Part is likely to result in a Hazardous Engine Effect, it is necessary to take precautions to avoid the occurrence of Failures of such parts. Under CS-E 510(c), they are required to meet prescribed integrity specifications.

For that purpose, an Engineering Plan, a Manufacturing Plan and a Service Management Plan are required under CS-E 515. These three plans define a closed-loop system which link the assumptions made in the Engineering Plan to how the part is manufactured and maintained in service; the latter two aspects are controlled by the Manufacturing and Service Management Plans respectively. These plans may generate limitations which are published in the Airworthiness Limitations Section of the Instruction for Continued Airworthiness. This AMC provides means for the establishment of such plans.

EASA CS-E 515 条款 *Engine critical parts* 中提出，在 CS-E 510 条款下确定的航空发动机关键部件必须通过工程计划、制造计划及使用管理计划来确保其结构完整性。

2) FAA 对航空发动机关键件的定义

EASA 与 FAA 在航空工业技术实力上相近，因此二者在一系列有关航空器适航审定和认证的摩擦中相互妥协和认可，经过对 FAR-33 部和 CS-E 的不断修正，逐渐趋于一致，在安全性要求以及逻辑架构上，CS-E 和 FAR-33 部保持一致。

根据 FAA 的适航规章 FAR-33.70 条款 *Engine life-limited parts* 对限寿件的定义，限寿件是发生故障就可能对航空发动机造成危害性影响的转子件和重要的静子件，针对航空发动机限寿件必须建立操作限制，规定每个航空发动机限寿件的最大允许飞行循环次数。航空发动机寿命限制件包括但不限于盘、隔圈、轮毂、轴、高压机匣和非冗余安装部件。航空发动机危险性影响是 33.75 条款(*Safety analysis*)中所列的任何一条，此外申请人应通过工程计划、制造计划及使用管理计划来确定每个航空发动机寿命限制件的完整性。FAR-33.70 条款 *Engine life-limited parts* 原文如下：

By a procedure approved by the FAA, operating limitations must be established which specify the maximum allow able number of flight cycles for each engine life-limited part. Engine life-limited parts are rotor and major static structural parts whose primary failure is likely to result in a hazardous engine effect. Typically, engine life-limited parts include, but are not limited to disks, spacers, hubs, shafts, high-pressure casings, and non-redundant mount components. For the purposes of this section, a hazardous engine effect is any of the conditions listed in §33.75 of this part.

航空发动机限寿件制造商应当通过执行一系列的寿命管理行为来满足规定的完整性要求。对限寿件的完整性要求从工程计划、制造计划和使用管理计划三方面进行规定。

3) CAAC 对航空发动机关键件定义

根据 CAAC 的适航规章 CCAR-33.70 条款"航空发动机限寿件"对航空发动机

限寿件的定义,航空发动机限寿件指的是主要失效可能导致危害性航空发动机后果的转子和主要静子结构件。CCAR-33.70 条款"航空发动机限寿件"原文如下:

"必须通过中国民用航空局批准的程序,制定使用限制中航空发动机每个限寿件的最大允许飞行循环数。航空发动机限寿件指的是主要失效可能导致危害性航空发动机后果的转子和主要静子结构件。典型的航空发动机限寿件包括,但不限于,盘、隔圈、轮毂、轴、高压机匣和非冗余的安装部件。对于本条的要求,危害性航空发动机后果包括第 33.75 条中列举的任何一种情况。"

对于 CCAR-33.70 条款的要求,危害性航空发动机后果包括 CCAR-33.75 条款中列举的任何一种情况,申请人将通过工程计划、制造计划及使用管理计划确定每个限寿件的完整性。

2. 军用航空发动机关键件定义

1) 美国军用安全性标准对关键件的定义

根据美国军用标准(以下简称美军标)MIL-HDBK-1783B《航空发动机结构完整性大纲》,将航空发动机关键件分为耐久性关键件(durability-critical component)以及断裂关键件(fracture-critical component)。耐久性关键件是指破坏或恶化会导致显著的维修负担,但不致危及飞行安全或影响任务完成的零件。断裂关键件是指其破坏后不能被包容而导致飞机失事,或者是由于其直接破坏、其破坏后引起更多零件的失效而导致功率损失或不能完成预定任务的零件。

美军标 MIL-HDBK-1783B 提出对零件的分类要求,应按照故障的危害程度进行分类,提出断裂关键件、安全关键件、任务关键件、耐久性关键件和耐久性非关键件的分类要求。美军标对零件的分类标准,将航空发动机全部故障分为五个危害度等级:Ⅰ类为断裂性故障,主要故障模式为航空发动机关键件的断裂,如轮盘断裂、主轴断裂等;Ⅱ类为任务性故障,主要故障模式为航空发动机超温、振动量过大等性能方面的故障;Ⅲ类为耐久性故障,主要故障模式为喷口裂纹、机匣裂纹等;Ⅳ类为消耗性故障,主要故障模式为附件系统的故障,如温控放大器、高停开关、催化点火器、漏油等故障;Ⅴ类为轻微性故障,主要故障模式为管路干涉、螺钉松动等很容易排除的故障。其中Ⅳ类故障的故障模式最多,样本量最大,是航空发动机可靠性指标最主要的影响因素;第Ⅰ类故障样本量最小,但具有很高的危害性。

2) 我国军用安全性标准对关键件的定义

GJB 241A—2010《航空涡轮喷气和涡轮风扇发动机通用规范》(下文简称 GJB 241A)以及 GJB 242A—2018《航空涡轮螺桨和涡轮轴发动机通用规范》(下文简称 GJB 242A)分别在 6.3.22 节以及 6.3.25 节对关键件(critical parts)定义为,"当其失效将会危及飞行安全,或者由于其失效和失效后引起更多零件失效并引起灾难性的发动机失效的零件。对于单发飞机而言,关键件应包括那些由于失效将引起功率损失，从而不能持续飞行的零件。"

1.3.2　航空发动机关键件异同

　　这里对军、民用航空发动机关键件进行对比(表 1-2)，民用航空发动机关键件的适航标准 CCAR-33.70 条款、FAR-33.70 条款以及 CS-E 515 条款对关键件的定义相同，即主要失效可能导致危害性航空发动机后果的转子和主要静子结构件，且需要工程计划、制造计划及使用管理计划来保证航空发动机关键件的完整性。此外，EASA 和 FAA 都曾称航空发动机关键件为 A 组零件，所以限寿件和关键件属于等同关系，为避免歧义，这里将航空发动机关键件以及限寿件统称为航空发动机关键件。对于航空发动机叶片是否为航空发动机关键件，在适航条款中也有规定：对于任意级涡轮叶片，设计人如果证明叶片的离散会导致航空发动机发生结构上的失效，就确定其为关键件，但如果涡轮叶片的离散不会导致航空发动机发生危险性影响，那该叶片就不能被定义为关键件。

表 1-2　军、民用航空发动机关键件的异同

航空发动机关键件	适航规章/军用标准	对关键件定义	破坏后对航空发动机影响	关键件结构完整性
民用航空发动机关键件	CS-E 515	发生故障可能导致危害性航空发动机影响的部件	(1) 非包容的高能碎片 (2) 客舱用航空发动机引气中有毒物质浓度足以使机组人员或乘客失去能力 (3) 与驾驶员命令的推力方向相反的较大的推力 (4) 不可控火情 (5) 航空发动机安装系统失效，导致非故意的航空发动机脱开 (6) 如果适用，航空发动机引起的螺旋桨脱开 (7) 完全失去航空发动机停车能力	(1) 工程计划。该计划是建立和维持航空发动机关键件正常使用的执行实施计划，考虑载荷、材料性能、环境和工作条件的影响，包括零部件使用过程中对这些参数的影响。通过验证、测试和运行经验确定关键件的批准寿命，以确保其在危害性航空发动机后果发生之前更换关键件 (2) 制造计划。该计划对航空发动机关键件制造过程中的具体步骤进行了限定。为使航空发动机关键件能满足工程计划中提出的要求，对其制造过程，如图纸、工艺、技术要求等给出了限制条件 (3) 使用管理计划。该计划定义了航空发动机关键件维护和修理的运营流程，使该关键件保持工程计划要求的特性，这些流程必须作为持续适航文件的说明部分
	FAR-33.70	发生故障就可能对航空发动机造成危害性影响的转子件和重要的静子件		
	CCAR-33.70	主要失效可能导致危害性航空发动机后果的转子和主要静子结构件		

续表

航空发动机关键件	适航规章/军用标准	对关键件定义	破坏后对航空发动机影响	关键件结构完整性
军用航空发动机关键件	MIL-HDBK-1783B	耐久性关键件是破坏或恶化会导致显著的维修负担，但不致危及飞行安全或影响任务完成的零件 断裂关键件是其破坏后不能被包容而导致飞机失事，或者是由于其直接破坏、其破坏后引起更多零件的失效而导致功率损失或不能完成预定任务的零件	—	通过涡轮航空发动机结构完整性程序保证航空发动机关键件结构完整性
	GJB 241A/GJB 242A	当其失效将会危及飞行安全，或者由于其失效和失效后引起更多零件失效并引起灾难性的航空发动机失效的零件。对于单发飞机而言，关键件应包括那些由于失效将引起功率损失，从而不能持续飞行的零件	(1) 非包容的高能碎片 (2) 客舱用航空发动机引气中有毒物质浓度足以使机组人员或乘客失去能力 (3) 与驾驶员命令的推力方向相反的较大的推力 (4) 不可控火情 (5) 航空发动机安装系统失效，导致非故意的航空发动机脱开 (6) 如果适用，航空发动机引起的螺旋桨脱开 (7) 完全失去航空发动机停车能力 (8) 单发飞机不可恢复的空中停车	

而军用航空发动机关键件，指的是当其失效将会危及飞行安全，或者由于其失效和失效后引起更多零件失效并引起灾难性的航空发动机失效的零件。由于民用航空发动安全性等级划分没有灾难性等级，民用飞机配发的航空发动机基本构型为双发及以上，所以不会导致飞机灾难性后果。而军用航空发动机存在装配单台航空发动机情况，因此军用航空发动机存在导致飞机灾难性等级。

因此，基于军用及民用航空发动机关键件的特点，这里将航空发动机关键件定义为发生故障可能对航空发动机造成危害性或灾难性影响的转子件和重要的静子件。

1.4　航空发动机关键件判定流程与准则

根据 FAA 发布的咨询通告 AC 33.70-1 和 EASA 发布的航空发动机合格证规范 CS-E 515 条款提出了航空发动机关键件的确定方法，航空发动机关键件是指破坏可能导致危险性或灾难性航空发动机影响的航空发动机转子和主要静子结构件。危险性航空发动机影响是指 FAR-33.75 条款以及 AMC E510 条款中列出的 7 种顶事件中的一种。

从定义看，民用航空发动机关键件必须满足两个条件：

(1) 失效可能会造成危险性航空发动机影响的结构件；

(2) 只有能按照三项计划确定和保持安全使用寿命，并实施使用寿命消耗管理的结构件才可能定义为关键件。

根据军用航空发动机关键件的定义，是指当其失效将会危及飞行安全，或者由于其失效和失效后引起更多零件失效并引起灾难性的航空发动机失效的零件。由于没有类似民用航空发动机关键件按照三大计划保持结构完整性的要求，因此采用基于航空发动机结构件特性法判定军用关键件。

1.4.1　民用航空发动机关键件判定流程与准则

根据民用航空发动机关键件判定标准，判定结构件是否为航空发动机关键件，必须首先判定结构件失效是否会造成航空发动机危害性后果，可以使用故障模式、影响及危害性分析(FMECA)方法判定。通过 FMECA 确定失效造成航空发动机危害性后果的结构件后，针对这些零部件分别开展工程计划、制造计划和使用管理计划的分析工作，根据上述三个计划的工作要素，分析经过故障模式与影响分析(FMEA)法确定的零件是否按照这三项计划确定和保持安全使用寿命，最终确定航空发动机关键件清单，图 1-4 给出了基于 FMECA 方法的航空发动机关键件确定流程。

1. 基于 FMECA 方法的航空发动机危害性后果判定流程

通过 FMECA 方法，判定航空发动机结构件故障是否会造成航空发动机危害性后果。FMECA 方法的一般流程如图 1-5 所示。在进行系统设计时，FMECA 方法能够有效分析系统与单元之间的故障联系，即单元潜在的故障模式有哪些，这些故障模式对其各层级的功能有何种影响，并判断故障导致的后果是否严重。通过分析，提出有效的预防和改进措施，保证设计过程中单元与系统都具有非常高的可靠性与安全性。例如，航空发动机零件故障是否会造成航空发动机部件故障，甚至航空发动机故障；以及不同零件故障、同一零件不同故障会造成哪些部件出现哪种类型的故障，会造成航空发动机出现哪种类型的故障；零件、部件和航空发动机各级出现的故障是否严重，是否会造成航空发动机危害性后果；系统分析后如何提出有针对性的预防改进意见。

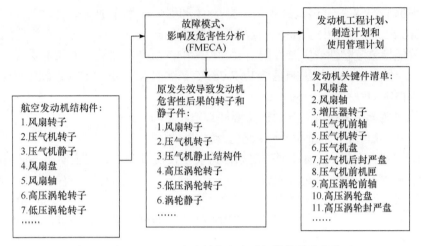

图 1-4　基于 FMECA 方法的航空发动机关键件确定流程

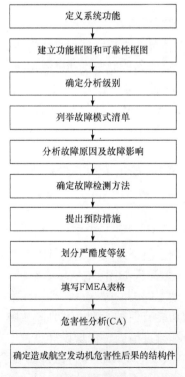

图 1-5　FMECA 方法的一般流程

　　FMECA 方法分析过程中，当结构件故障模式的严酷度为Ⅰ类、Ⅱ类时，此结构件会造成航空发动机危害性后果，满足成为关键件的第一个条件。基于 FMECA 航空发动机结构件危害性后果的具体判定流程以及相关要求如下所述。

　　1) 航空发动机功能框图与可靠性框图的建立

　　为了描述航空发动机系统各功能单元的工作情况、相互影响及相互依赖关系，以便逐级分析故障模式的影响，需要建立功能框图和可靠性框图。

　　2) 航空发动机分析级别的确定

　　航空发动机是由几万个零件组成的，结构极其复杂，每一个零件的故障都有可能导致航空发动机系统损坏，因此对整机、系统(部件)和零件都应做好 FMEA。

　　3) 航空发动机故障模式清单分析

　　要考虑每一种可能发生的故障模式，包括与安全有关的故障模式、使功能下降的故障模式，以及引起昂贵维修的故障模式。故障模式的查找和假设可根据研制试验中出现的参数变化、相似航空发动机的故障信息、信息中心提供的外场使用信息，还应从各种专业角度出发预计可能出现的故障模式。航空发动机故障模式主要有损坏、退化等类型，航空发动机关键件部分故障模式如表 1-3 所示。

表 1-3　航空发动机关键件部分故障模式

故障类型	故障模式
损坏	腐蚀、疲劳、蠕变

　　4) 航空发动机故障影响的分析

　　故障影响是故障模式对分析对象的功能、使用或状态所造成的结果，对航空发动机来说，可分为下列四个方面。

　　(1) 对自身的影响分为三类：

　　A. 丧失功能，如叶片断裂；

　　B. 功能降低，如叶片磨损、掉块；

　　C. 稍有影响，如叶片划伤。

　　(2) 对系统的影响分为四类：

　　A. 丧失功能，如轮盘断裂、打穿机匣；

　　B. 功能降低，如叶片磨损、损失增大；

　　C. 稍有影响，如叶片尖部尾缘掉块；

　　D. 无影响，如叶片划伤。

(3) 对航空发动机的影响分为四类：

A. 严重损坏航空发动机，功率完全丧失或严重丧失，如轮盘破裂、打穿航空发动机；

B. 较严重损坏航空发动机，功率严重或部分丧失，不能继续使用，必须拆卸，可在基地维修，如压气机一级叶片根部断裂，打坏后几级叶片；

C. 轻度损坏航空发动机，功率部分丧失或不丧失，不能继续使用或限制使用，必须增加专项维修，如高压压气机末级工作叶片断裂；

D. 基本不损坏航空发动机，但必须增加非计划维修或提前维修，如低压涡轮叶片掉块等。

(4) 对飞机的影响分为四类：

A. 飞行中功率完全丧失，且不能立即恢复，严重危及飞行员安全，如轮盘破裂、打穿机匣、毁坏飞机机体；

B. 飞行中功率严重丧失，不能立即恢复，可能导致飞机二等事故，但可以返航，例如，双发飞机航空发动机叶片断裂而导致空中停车，靠另一台航空发动机工作；

C. 影响飞行任务，中断或取消飞行，误飞，提前返航，停飞，限制飞行区域或/和总体性能参数及降低飞行品质，增加起飞和着落困难，例如，加力接不通，达不到起飞推力；

D. 基本无影响，增加非计划维修，如涡轮叶片叶尖磨损。

5) 航空发动机故障检测方法

是指操作人员在航空发动机系统正常工作的情况下，用以发现某一故障的方法，或维修人员通过某种诊断措施发现某一故障的方法。例如，采用机载仪表检测、目测检测、孔探仪检查、航空发动机转子灵活性检查、X 射线无损探伤、音响报警装置、金属屑沫器检查、自动传感装置等方法。

6) 航空发动机故障的预防措施

是指从设计、生产、使用管理各阶段采取具体的措施，防止故障的发生及消除或减轻故障的影响。主要包括采用已验证的设计结构、设计准则、选材方法、工艺过程、保障要求、质量控制、安全和保险装置、可替换的工作方式和冗余设计等。

7) 航空发动机故障严酷度等级的划分

每个故障模式和每一被分析的对象需要进行严酷度分类，即严酷度等级。严酷度是指故障模式所产生后果的严重程度，应考虑到故障造成的最坏的潜在后果，并应根据最终出现的人员伤亡、财产损伤或系统损坏的程度来确定，如表 1-4 所示。

表 1-4 航空发动机关键件主要故障模式

严酷度类别	严重程度定义
Ⅰ类(灾难的)	航空发动机统丧失全部功能,系统严重损坏
Ⅱ类(致命的)	航空发动机系统部分主要功能丧失,系统部分损坏
Ⅲ类(中等的)	对航空发动机系统有一定影响,系统轻微损坏
Ⅳ类(轻度的)	对航空发动机系统影响很小,几乎无影响

8) 填写航空发动机 FMEA 表格

FMEA 分析的基本出发点,不是在故障发生后再去分析评价,而是分析现有设计方案和细节,判断将可能发生哪种故障模式,反复组织故障模式预测、故障模式的分级和评价、故障模式改正措施等活动,尽可能做到消除设计上的缺陷,达到改进设计的目的。FMEA 是定性分析,即对产品进行故障模式、影响、机理及其后果分析。具体的工作方法就是,根据产品的功能,对可以预测到的每个故障模式进行评价,用表格列出各个产品可能发生的故障模式,考虑到各产品故障模式的影响与父系统功能的关系,在表中写出该故障模式产生的原因、对各父系统的影响,并列出检测的方法和建立的改进措施。这是一种“自下而上”的分析方法。由于 FMEA 是利用表格,简明地列举产品的所有故障模式,从而可找出系统可能发生的故障。该方法简单,易于实现,不需要复杂的数学运算,FMEA表格如表 1-5 所示。

表 1-5 FMEA 表格

名称: 制表: 日期:				图号: 更改号:				作用:			
代码	产品或功能标志	故障模式	故障原因	故障影响				故障检测方法	预防与改进措施	严酷度类别	备注
				自身	系统	航空发动机	飞机				

9) 危害性分析(CA)

进行 CA 的目的是,按每一故障模式的严酷度类别及故障模式的发生概率所产生的综合影响对其划等分类,以便全面地评价各种可能出现的故障模式的影响。

10) 确定造成航空发动机危害性后果的结构件

基于 FMECA 的分析结果,判断结构件是否满足发生损坏构成危害性后果,对不符合条件的结构件予以剔除。

2. 民用航空发动机关键件判定准则

FAA、EASA 以及 CAAC 在工程计划、制造计划和使用管理计划中对航空发动机关键件进行限定，以保证关键件的完整性。

(1) 工程计划内容直接影响航空发动机适航取证，包含完整的寿命评估技术与方法。在利用所提方法、模型计算关键件寿命的同时，还要开展试验验证，以确保关键件寿命客观准确，并在接近寿命时及时更换。

(2) 制造计划给出具体关键件制造时的限制条件，以实现工程计划对制造过程的要求。

(3) 使用管理计划对使用和管理过程提出维修限制和管理要求等，其内容需要写入持续适航说明书中。

为明确工程计划、制造计划和使用管理计划对关键件提出的要求，需要对这三个计划的要素展开具体分析。

1) 工程计划要素分析

工程计划是一套综合的寿命评估过程和技术，以确保在航空发动机灾难性影响发生前拆除相关的所有航空发动机关键件。这些过程和技术涉及设计、试验验证和审定要求。工程计划定义了制造过程、现场管理过程，以及必须得到控制的航空发动机零部件的属性，以确保零部件在使用期内达到并维持预定寿命。

工程计划的要素如下所述。

(1) 采用分析和经验的方法来确定安全寿命，其流程包括：

A. 用来指定安全寿命的预期或实际的航空器飞行剖面，安全寿命应当反映与用途对应的使用剖面并需考虑环境因素的影响；

B. 作用在零部件上的机械及气动载荷；

C. 热分析和结构分析。

(2) 结构试样、部件和航空发动机的改进试验，以及确认零部件运行条件、提高安全寿命置信度的合格审定试验。

(3) 确认必须在零部件制造过程中提供或在使用中维持的零部件属性。任何被确认为零部件完整性关键要素的使用检查，均应当包含在使用管理计划中。

2) 制造计划要素分析

制造计划是确保零部件寿命性能的完整性过程的一部分。申请人有必要确保制造计划要求的属性持续有效，并可通过制造实现。

规定的零部件制造计划应当考虑加工后交付的零部件属性，并应当特别强调影响零部件寿命的工艺参数。制造计划还应当确认工艺过程中未经合理验证和工程批准不得进行更改的工艺参数。很多参数可在其他的一些参考资料中查找，这些参数包括但不局限于：

(1) 材料控制，包括要求不同材料特性的区域划分；

(2) 加工方法规范；

(3) 加工过程的步骤和顺序；

(4) 切削参数和容许发散度；

(5) 检测方法和灵敏度；

(6) 特殊的零部件粗加工或精加工方法；

(7) 改善疲劳性能或者尽量不诱发缺陷的方法；

(8) 加工方法变化对零部件寿命性能影响的合格工艺验证；

(9) 符合微观结构的要求；

(10) 表面抛光；

(11) 残余应力场；

(12) 确保零部件保持一致和可重复生产的制造控制；

(13) 每个零部件可追溯记录；

(14) 不合格零部件复查，以确保其偏差不会对零部件寿命造成负面影响。

制造计划应当由具备如下技能的关键工程和制造人员进行复查和验证：

(1) 工程；

(2) 材料工程；

(3) 无损检测；

(4) 质量保证；

(5) 制造工程(完善和生产)。

这些人员应当评估并批准工艺验证、控制改变规则、不合格产品的处理以及改正措施，以确保制造的产品与工程计划中的设计假设保持一致，其目的是确保：

(1) 在一定级别的监督下完善和应用制造工艺，能持续达到工程计划所要求的零部件寿命性能；

(2) 具体方案与前期保持一致，并作为工艺验证的一部分来执行；

(3) 制造工艺和手段的更改益处是显著的，并且通过跨职能复查和批准施行；

(4) 不合格产品在处理前要由具有混合技能型的相关人员进行复查；

(5) 对检测出来的不合格品执行纠正措施；

(6) 计划的详细程度可随所考虑特定工艺步骤、敏感度及达到所需寿命性能的要求而改变控制级别。

3) 使用管理计划要素分析

使用管理计划是工程中保持航空发动机关键件在其使用期间的完整性的一部分。使用管理计划针对运营期间的修理、维护和大修进行约束，以与工程计划中的假设保持一致。

规定的零部件使用管理计划应考虑零部件属性，这些属性经工程确认对零部件寿命起重要作用，不应当在零部件使用期间发生改变。使用管理计划应当包括监视关键件使用的方法，以确保使用假设持续有效。使用管理计划应当包括而不局限于：

(1) 维护和大修限制；

(2) 修理工艺限制；

(3) 营运人遵照FAA规章条例要求，保证特定航空发动机和零部件可追溯使用记录；

(4) 检查间隔；

(5) 检查程序；

(6) 监测使用飞行剖面；

(7) 损伤和可修理限制；

(8) 针对运营和相关经验的定期技术复查。

1.4.2　军用航空发动机关键件判定流程与准则

根据军用航空发动机关键件的定义，是指当其失效将会危及飞行安全，或者由于其失效和失效后引起更多零件失效并引起灾难性的航空发动机失效的零件。由于没有类似民用航空发动机关键件按照三大计划保持结构完整性的要求，因此这里采用基于航空发动机结构件特性法判定军用关键件。

基于航空发动机结构件特性的关键件判定法，根据FMECA分析的Ⅰ、Ⅱ类故障模式，发生Ⅰ类故障模式的结构件初步划定为关键件，发生Ⅱ类及以下故障模式的结构件至多被划分为重要件。在FMECA确定的特性基础上，按照图1-6所示逻辑决断流程确定特性类别。

逻辑决断分析从顶层开始，按照逻辑决断问题，根据应对问题的回答，决定分析流程的方向。逻辑决断图分为两层。

1) 第一层

第一层即图1-6中的问题(1)、(2)，根据FMECA确定与特性相关的故障的最终影响严酷度等级及最终影响发生概率，初步划定关键特性、重要特性。

(1) 严酷度等级为Ⅰ级，当航空发动机已采取的故障诊断与隔离、安全防护、状态监视等系统性设计措施可以极大幅度降低故障模式影响概率时，应初步划分为重要特性；否则应初步划分为关键特性。例如，"风扇机匣采用完全包容性设计，可以极大幅度降低风扇转子叶片断裂导致非包容的影响概率，与风扇叶片断裂相关的特性应初步划分为重要特性"。

(2) 严酷度等级为Ⅱ级，当航空发动机已采取的故障诊断与隔离、安全防护、状态监视等系统性设计措施可以大幅度降低故障模式影响概率时，应划分为一般特性。

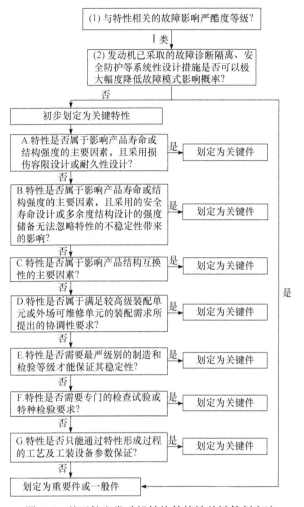

图 1-6　基于航空发动机结构件特性关键件判定法

2) 第二层

第二层即图 1-6 中的问题 A～G，进行特性的必要性分析。

(1) 当特性初步划定为关键特性时，应根据必要性分析进行最终确认，一旦出现"是"的回答，应划定为关键件；如果回答均为"否"，可适当降级为重要件或一般件。

(2) 当特性初步划定为重要特性时，应根据必要性分析进行最终确认，一旦出现"是"的回答，应划定为重要件；如果回答均为"否"，可适当降级为一般件。

通过结构件特性分析确定关键特性和重要特性，最后根据关键特性和重要特性并结合严酷度等级来确定关键件和重要件。

1.4.3　典型军民用航空发动机关键件

本节主要考虑涡扇、涡桨、涡轴三类航空发动机，调研国内航空公司和航空发动机主机单位，以及国外(如美国国家运输安全委员会(NTSB))相关网站等，收集涡扇、涡桨、涡轴航空发动机关键件。

1. 涡扇航空发动机关键件

涡轮风扇航空发动机简称涡扇航空发动机，如图 1-7 所示，由风扇(风扇转子实际上是一级或几级叶片较长的压气机)、压气机、燃烧室、驱动压气机的高压涡轮、驱动风扇的低压涡轮和排气系统组成[17,18]。对涡扇航空发动机，主要调研收集 CFM56、CF34、V2500、PW4000 以及"斯贝"航空发动机关键件。

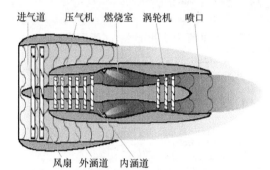

图 1-7　涡扇航空发动机工作原理

CFM56 系列航空发动机是世界上最普遍的涡扇航空发动机之一，主要装载于空客 A320 飞机以及波音 B737 飞机，如图 1-8 所示，其推力为 8900～10700daN (1daN=10N)，主要技术参数如表 1-6 所示。它是由美国通用电气公司和法国赛峰

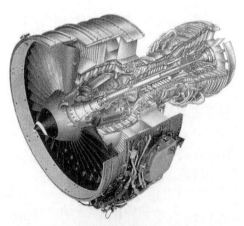

图 1-8　CFM56-5B 航空发动机结构图

航空发动机研制公司组成的国际公司研制生产的。该航空发动机包括 4 级整体的风扇和低压压气机(增压器)(1 级风扇，1 级风扇出口导向叶片，3 级增压器转子，4 级增压器静子)，由 4 级低压涡轮驱动；9 级高压压气机(9 级转子，1 级可调进口导向叶片，3 级可调静子叶片，5 级固定静子叶片)，由 1 级高压涡轮驱动；环形燃烧室。

表 1-6　CFM56 航空发动机技术参数

技术参数	值
起飞推力/daN	8900
巡航推力/daN	2070
推重比	4.90
涵道比	5
巡航耗油率/(kg/(daN·h))	0.678
风扇直径/mm	1524
长度/mm	2362
质量/kg	1941

CF34 系列航空发动机是美国通用电气公司于 20 世纪 70 年代中期在其军用涡扇航空发动机 TF34(用于 A-10A 攻击机)的基础上发展而来的，用于 50～150 座支线客机，且号称"安静与绿色的航空发动机"，其结构如图 1-9 所示，主要技术参数如表 1-7 所示。在发展中，核心机的压气机与涡轮不仅级数改动较多，而且气动设计与结构设计改动也较多，这在其他系列航空发动机发展中很少采用。CF34 系列航空发动机采用了单元体设计方法，共分 8 个单元体，使航空发动机便于维修。它还采用了气膜冷却技术。该航空发动机具有大涵道比、高推重比和低耗油率的特点，且可靠性和维修性好，翻修寿命已达 6000h。

图 1-9　CF34 航空发动机结构图

表 1-7 CF34 航空发动机技术参数

技术参数	值
起飞推力/daN	4106
涡轮进口温度/℃	1327
总增压比	21.1
巡航推力/daN	2070
推重比	5.68
涵道比	6.2
空气流量/(kg/s)	151.6
巡航耗油率/(kg/(daN · h))	0.717
风扇直径/mm	1244.6
长度/mm	2616
质量/kg	758

V2500 航空发动机是国际航空发动机公司(IAE)研制生产的双转子、轴流式、高涵道比涡轮风扇航空发动机，推力为 250001b(11100daN)级，主要技术参数如表 1-8 所示。航空发动机的低压转子包括 1 级风扇、4 级低压压气机、5 级低压涡轮；高压转子包括10级高压压气机和2级高压涡轮；环形燃烧室。V2500 航空发动机结构如图 1-10 所示。

表 1-8 V2500 航空发动机技术参数

技术参数	值
起飞推力/daN	11130
涡轮进口温度/℃	1427
总增压比	29.4
推重比	4.93
涵道比	5.40
空气流量/(kg/s)	355.5
巡航耗油率/(kg/daN · h))	0.592
风扇直径/mm	1613
长度/mm	3200
质量/kg	2303

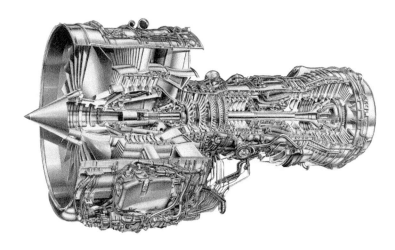

图 1-10　V2500 航空发动机结构图

　　PW4000 航空发动机是美国普惠公司研制生产的双转子、轴流式、高涵道比涡轮风扇航空发动机，推力为 24909daN 级，主要技术参数如表 1-9 所示。装备于 B767-200、A310 飞机。航空发动机的低压转子包括 1 级风扇、4 级低压压气机、4 级低压涡轮；高压转子包括 11 级高压压气机和 2 级高压涡轮；环形燃烧室。PW4000 航空发动机结构如图 1-11 所示。

表 1-9　PW4000 航空发动机技术参数

技术参数	值
起飞推力/daN	24909
涡轮进口温度/℃	1301
总增压比	30.0
推重比	5.50
涵道比	5.00
空气流量/(kg/s)	802
巡航耗油率/(kg/(daN·h))	0.602
风扇直径/mm	2390
长度/mm	3901

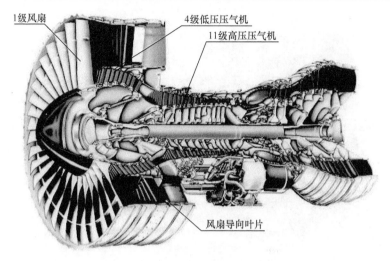

图 1-11　PW4000 航空发动机结构图

　　"斯贝"MK202 航空发动机是英国罗尔斯-罗伊斯公司在 20 世纪 60 年代中期研制的一种性能较为先进的涡扇航空发动机。如图 1-12 所示，"斯贝"MK202 航空发动机为双转子结构涡轮风扇航空发动机，采用 5 级风扇、12 级高压压气机、环管式燃烧室(10 个火焰筒)、全外涵结构，在涡轮后设置有内、外涵系气流混合器，设计上吸取了以前英国航空发动机的成功设计经验，在燃油调节系统、气冷式叶片和涡轮弹性支承等方面的设计较为突出。"斯贝"MK202 航空发动机的技术参数如表 1-10 所示。

图 1-12　"斯贝"MK202 航空发动机结构图

表 1-10　"斯贝"MK202 航空发动机技术参数

技术参数	值
最大推力/daN	54500
推重比	5.05
涵道比	0.62
最大军用耗油率/(kg/(N·h))	0.0684

续表

技术参数	值
风扇直径/mm	1093
长度/mm	5025
质量/kg	1850

表 1-11 对比几种典型的涡扇航空发动机关键件，绝大多数的关键件为转子件，只有极少数失效会产生危险性影响的部件，如燃烧室内套和外套、涡轮后框架等静子部件被判定为关键件。仅有个别军用航空发动机的静子件定义为关键件，例如"斯贝"MK202 航空发动机的核心机扩散器组件和燃烧室机匣等。一般情况下，涡扇航空发动机的风扇为单级轴流式，因此涡扇航空发动机风扇组件的关键件主要包括风扇盘、风扇轴、风扇驱动轴；压气机关键件通常包含压气机传动轴以及压气机封严盘，不同之处取决于采用不同轴流式，例如CFM56-5B 型航空发动机低压压气机采用三级轴流式；涡轮关键件通常包括低压涡轮轴、高压涡轮轴以及封严盘等。

表 1-11　几种典型涡扇航空发动机关键件清单对比

航空发动机型号	关键件总量/个	关键件清单
CFM56	19	风扇：风扇盘、增压器转子、风扇轴 压气机：前轴、1～2 级转子、3 级盘、4～9 级转子、压气机后封严盘、压气机前机匣 高压涡轮：前轴、高压涡轮轴、封严盘、盘、后轴 低压涡轮：1～4 级盘、低压涡轮轴、低压涡轮短轴、锥形支撑
CF34-1A	26	风扇：风扇盘、风扇轴、风扇驱动轴 压气机：1～2 级盘、前轴、前鼓筒、后鼓筒、后轴 CDP(compressor discharge pressure)封严盘、后轴、9 级盘 高压涡轮：平衡活塞封严环、高压涡轮轴、1～2 级盘、外扭矩连接器、内扭矩连接器 低压涡轮：低压涡轮轴、3～6 级盘、3/4 级封严环、4/5 封严环、5/6 级封严环、驱动锥壳
CF34-10E5	19	风扇：风扇盘、增压器转子、风扇轴 压气机：前轴、1～2 级转子、压气机 3 级轮盘、4～9 级转子、压气机后转子封严盘 高压涡轮：高压涡轮转子前轴、高压涡轮前转子封严盘、高压涡轮盘、高压涡轮盘后轴 低压涡轮：1～4 级低压涡轮盘、风扇机轴、燃烧室内套和外套、涡轮后框架
V2500	24	风扇：风扇盘、风扇轴 压气机：1～12 级盘、后轴、后旋转封严 涡轮：1 级涡轮毂、高压 1 级涡轮空气封严、高压 2 级涡轮空气封严、高压 2 级涡轮毂、高压 2 级涡轮叶片挡板、3～7 级涡轮空气封严、低压涡轮轴

续表

航空发动机型号	关键件总量/个	关键件清单
PW4000	40	压气机：低压压气机毂、盘鼓转子、2～4 盘、高压前毂、5 级盘、6～12 级盘鼓转子、6～15 级盘、盘鼓转子、15 级毂、高压压气机驱动轴、进口空气封严、扩压器空气封严 高压涡轮：涡轮轴、涡轮前毂、涡轮中后毂、高压 1 级涡轮空气封严、高压 2 级涡轮空气封严、高压 2 级涡轮叶片挡板 低压涡轮：低压 3 级涡轮盘、低压 4 级涡轮盘、后涡轮 5 级毂、低压 6 级涡轮盘、低压 3 级涡轮空气封严、低压 4 级涡轮空气封严、低压 5 级涡轮空气封严
"斯贝" MK202 航空发动机	27	风扇：风扇盘、风扇轴、风扇驱动轴 压气机：低压压气机盘、低压涡轮盘、低压压气机轴、中间轴、高压压气机盘 燃烧室：燃烧室机匣 高压涡轮：高压涡轮盘、涡轮盘套筒、高压压气机轴、涡轮轴、高压涡轮盘定心衬套等

2. 涡桨航空发动机关键件

涡桨航空发动机是由压气机、燃烧室、涡轮、喷管、减速器和螺旋桨等组成，如图 1-13 所示。燃气涡轮由驱动压气机的涡轮和驱动螺旋桨的动力涡轮组成。这种航空发动机靠动力涡轮把核心机出口燃气中大部分可用能量转变为轴功率，用以驱动空气螺旋桨，燃气中其余的少部分可用能量(约 10%)则在喷管中转化为气流动能，直接产生反作用推力[19]。对涡桨航空发动机主要收集了 PT6A 航空发动机以及 WJ9 航空发动机关键件。

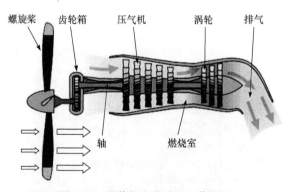

图 1-13　涡桨航空发动机工作原理

PT6A 航空发动机(图 1-14)是普惠加拿大公司 1957 年开始研制的一种涡轮螺旋桨型航空发动机，它是 PT6 系列航空发动机中的涡轮螺旋桨型编号，其技术参数如表 1-12 所示。该航空发动机系列自 1964 年出现以来，已经成为世界应用最普遍的涡轮螺旋桨航空发动机之一，所应用的飞机类型和型号比其他任何一种推力级别的航空发动机都多。

图 1-14　PT6A 航空发动机结构图

表 1-12　PT6A 航空发动机技术参数

技术参数	值
最大起飞功率/kW	1178
最大连续功率/kW	969
功重比/(kW/kg)	5.69
总增压比	10.0
风扇直径/mm	483

空气进口增压室位于航空发动机的后部，涡轮和排气部分位于航空发动机的前端。空气进入压气机后转几道弯再进入燃烧室、涡轮，最后排出。尽管经过大量改进，该航空发动机的基本设计还是没有发生变化。为满足变化的需求，该航空发动机系列有许多改型。例如，改进材料、改进热端，以产生更多的功率，并且可以获得更高的涡轮温度。经过改进，PT6A 的功率已经覆盖了 349～1047kW。

涡桨-9(WJ9)航空发动机(图 1-15)是以涡轴-8A(WZ-8A)涡轮轴航空发动机为基础改型设计的自由涡轮式单转子涡桨航空发动机。其设计思想是最大限度地满足现有运-12 飞机的要求，用以更换从加拿大进口的 PT6A-27 航空发动机。

图 1-15　WJ9 航空发动机结构图

　　WJ9 航空发动机总体布置对置轴形式，自由涡轮后接带集气腔的排气管，再接定轴式星形传动减速器。航空发动机的进气端与功率输出端位于航空发动机的两端。附件传动装置与航空发动机同轴线位于航空发动机最前端，整个航空发动机呈一条直线，结构紧凑。采用单元体结构设计，保留了原 WZ-8A 航空发动机的轴流压气机、燃气发生器和自由涡轮三个单元体。新设计了排气管、减速器和附件传动机匣(带有滑油箱和进气道)三个单元体以及相应的各个系统。各单元体之间的静止件和转动件分别用螺栓和中心螺栓连接在一起，易于外场检修与更换。表 1-13 给出了 WJ9 航空发动机的技术参数，表 1-14 给出了涡桨航空发动机关键件的清单。

表 1-13　WJ9 航空发动机技术参数

技术参数	值
起飞功率/kW	507
最大爬升功率/kW	462
最大巡航功率/kW	462
最大连续功率/kW	462
起飞耗油率/(kg/(kW·h))	0.359
最大爬升耗油率/(kg/(kW·h))	0.364
最大连续巡航耗油率/(kg/(kW·h))	0.371
最大巡航耗油率/(kg/(kW·h))	0.364
功重比/(kW/kg)	3.02
总增压比	8.0
涡轮进口温度/℃	1057
极限涡轮进口温度/℃	1090
空气流量/(kg/s)	2.5

表 1-14　涡桨航空发动机关键件清单

航空发动机型号	关键件总量/个	关键件清单
PT6A	15	压气机：1～3级转子、1～3级盘、压气机机匣、压气机盘、扩压器、压气机封严盘 燃气发生器涡轮：涡轮盘、涡轮轴、涡轮驱动轴 自由涡轮：涡轮盘、涡轮轴、涡轮驱动轴
WJ9	11	压气机：涡轮盘、涡轮轴、涡轮驱动轴、轴流叶轮 燃气发生器涡轮：1～2涡轮盘、1～2转子、涡轮驱动轴 自由涡轮：涡轮盘、涡轮轴、涡轮驱动轴

3. 涡轴航空发动机关键件

涡轴航空发动机(图 1-16)是直升机的主要动力，它的工作原理和结构与涡桨航空发动机基本相同，只是核心机出口燃气所含的可用能量几乎全部供给动力涡轮。部分涡轮轴航空发动机的动力涡轮直接以高转速输出，有些通过减速器大致以 6000r/min 的转速输出。直升机受旋翼转速的限制，在机上装有主减速器，航空发动机输出功率通过主减速器传给旋翼和尾桨。

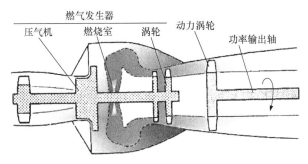

图 1-16 涡轴航空发动机工作原理

涡轴-8(WZ-8)航空发动机(图 1-17)，是我国在法国阿赫耶涡轴航空发动机的基础上研制的直升机用涡轮轴式航空发动机，是由中国南方航空动力机械公司生产的军民两用的航空发动机，该航空发动机采用组合式压气机和离心甩油环形折流燃烧室，采用单元体结构，分为附件传动箱、轴流压气机、燃气发生器、自由涡轮及减速器等五个单元体，主要用于直-9 系列直升机，其技术参数如表 1-15 所示。

图 1-17 WZ-8 航空发动机结构图

表 1-15　WZ-8 航空发动机技术参数

技术参数	值
起飞油耗率/(kg/(kW·h))	0.26
起飞涡轮前温度/℃	1037
巡航功率/kW	476
功重比/(kW/daN)	5.74
起飞空气流量/(kg/s)	2.48～2.50
宽度/mm	411
高度/mm	609
长度/mm	1166
干质量/kg	117

　　LTS101(图 1-18)是阿芙科·莱康明公司(后为联信航空发动机公司，现为霍尼韦尔国际公司)于 20 世纪 70 年代初在 T53 和 T55 涡轮轴航空发动机的基础上发展的一种低成本、高性能涡轮轴航空发动机。该航空发动机为多款直升机提供动力，其中包括 Bell222、空客 BK117、AS350 和中航直升机股份有限公司旗下的 AC311；选用高增压比的 1 级离心压气机，选择最佳叶片造型，采用没有冷却的 1 级涡轮，使航空发动机结构简单、紧凑、性能好、成本低、重量轻；采用回流环形燃烧室，使燃烧室不但燃烧效率高、燃料消耗量低，而且结构紧凑；采用两个支点、简单的封严装置和整体铸造部件。其技术参数如表 1-16 所示。表 1-17 为涡轴航空发动机关键件清单。

图 1-18　LTS101 航空发动机结构图

表 1-16　LTS101 航空发动机技术参数

技术参数	值
最大起飞功率/kW	462
最大连续功率/kW	436
起飞油耗率/(kg/(kW·h))	0.331
功重比/(kW/daN)	3.21
总增压比	8.5
空气流量/(kg/s)	2.31
直径/mm	592
长度/mm	914
干质量/kg	147

表 1-17　涡轴航空发动机关键件清单

航空发动机型号	关键件总量/个	关键件清单
WZ-8	17	压气机：跨声速轴流叶轮、超声速离心叶轮、叶片、轮盘、整流器、扩压器 燃烧室：火焰筒 燃气发生器：涡轮、转子叶片、涡轮盘 自由涡轮：转子叶片、自由涡轮盘、导向器 减速器：齿轮、减速机匣 传动机匣：齿轮、功率轴
LTS101	9	压气机：涡轮盘、涡轮轴、涡轮驱动轴 燃烧室：火焰筒 减速器：减速齿轮箱、附件齿轮箱、齿轮、超越离合器、功率轴

涡轴航空发动机的工作原理与涡桨航空发动机相似，但涡扇与涡桨航空发动机都能提供完整的动力系统，可以实现动力的全部做功能力，而涡轴航空发动机并非完整的动力单元，它的动力输出到轴上，必须通过其他的机构才能实现动力的功能，因此涡轴航空发动机关键件中包含齿轮以及功率轴等。此外，涡轴航空发动机一般装有自由涡轮，主要用于直升机和垂直/短距起飞飞机上。

1.4.4　航空发动机关键件判定应用案例

以 CFM56-5B 大涵道比涡轮风扇航空发动机为例，开展基于 FMECA 的航空发动机关键件确定方法与流程研究，通过 FMECA 方法确定了失效可能造成航空发动机危害性后果的结构件后，针对这些结构件分别开展工程计划、制造计划和使用管理计划的分析工作，判断结构件是否按照这三项计划，确定和保持安全使用寿命，满足完整性要求，对不符合三项计划要素要求的结构件予以剔除，最终确定 CFM56-5B 航空发动机关键件清单。

FMECA 是对航空发动机进行可靠性设计与分析的一种方法，首先找出各个层级(如零件、部件和航空发动机三个层级)所有可能出现的故障模式，然后确定各个故障对上、下和本层级造成的潜在影响，分析故障发生的概率以及故障造成影响的严重程度，再找出航空发动机及其零部件设计过程中的薄弱环节，提出有效的预防和改进措施。需要反复循环过程以消除所有可能发生的故障，避免航空发动机危害性后果发生。

CFM56 航空发动机系统由涡扇航空发动机、航空发动机燃油及控制、航空发动机操纵、航空发动机指示、滑油、启动等六部分组成。进行 FMECA 分析时规定的初始约定层次是航空发动机，最低约定层次为航空发动机零部件，航空发动机系统的功能框图和可靠性框图分别如图 1-19 和图 1-20 所示，图 1-21 所示为按照航空发动机规范标准确定的功能层次图。

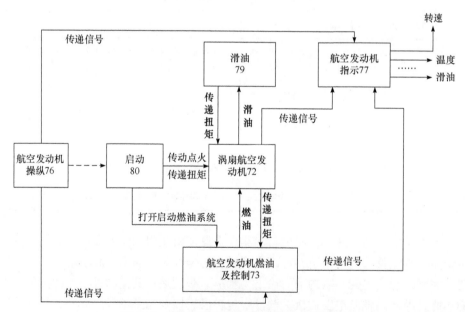

图 1-19　CFM56 航空发动机系统的功能框图

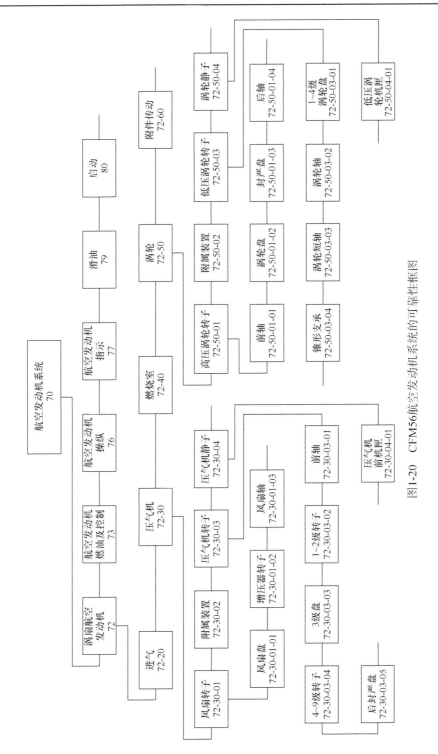

图1-20 CFM56航空发动机系统的可靠性框图

功能层次	系统	分系统	部件	组件	零件

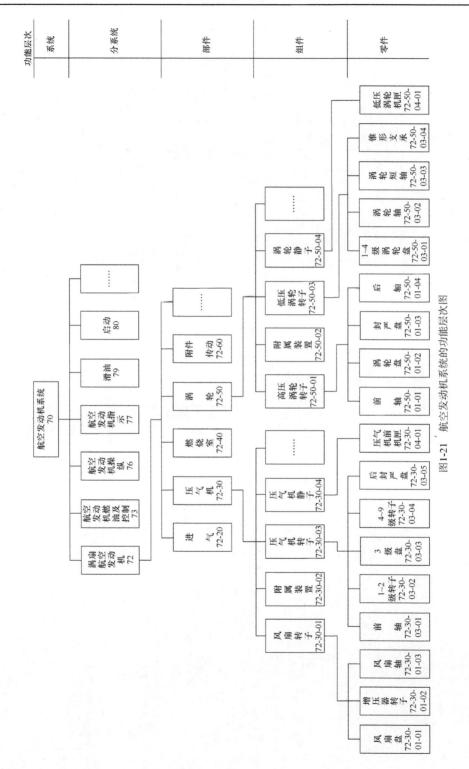

图1-21 航空发动机系统的功能层次图

航空发动机故障主要有损坏、疲劳、松脱和失调等类型，航空发动机关键件故障模式如表 1-18 所示。工作人员通过目视或诊断仪器发现故障，有目视检测、X 射线无损探伤、孔探仪检测和金属屑检测等方法。每个故障模式会对航空发动机各个层级造成不同程度的影响，根据后果的严重程度确定故障严酷度等级，如表 1-19 所示。认真分析航空发动机系统各个层级故障产生的原因，在航空发动机设计、生产制造和使用管理的各个阶段制定各种措施，来减轻或消除故障；按照标准 FMEA 表格填写相应内容，对航空发动机各个部附件分别进行 FMEA；通过 FMEA 后，确定失效引起航空发动机危害性后果的 CFM56-5B 部件及结构件分别为风扇转子、压气机转子、压气机静子、高压涡轮转子、低压涡轮转子、涡轮静子。

表 1-18　航空发动机关键件故障模式

故障类型	故障模式
损坏	断裂、碎裂、划伤、压痕、黏结、点蚀、烧蚀、腐蚀、弯曲变形、扭曲变形、伸长变形、压缩变形、蠕变
疲劳	退化、剥落、磨损、裂纹、失速、失稳、振动、异响、过热
松脱	松动、脱落
失调	间隙超差、转速超限、干涉、卡滞

表 1-19　严酷度等级

严酷度类别	严重程度定义
Ⅰ类(灾难的)	对航空发动机统丧失全部功能，系统严重损坏
Ⅱ类(致命的)	对航空发动机系统部分主要功能丧失，系统部分损坏
Ⅲ类(中等的)	对航空发动机系统有一定影响，系统轻微损坏
Ⅳ类(轻度的)	对航空发动机系统影响很小，几乎无影响

对 FMEA 结束之后，进行危害性分析(CA)。按每一故障模式的严酷度类别及故障模式的发生概率所产生的综合影响对其划等分类，以便全面地评价各种可能出现的故障模式的影响。CA 工作是 FMEA 的补充和扩展，未进行 FMEA 工作就不能做 CA 工作。CA 可采用定性分析和定量分析两种方法，本案例中采用定性的分析方法(表 1-20)。这里以涡轮组件为例说明进行 CA 定性分析工作的具体步骤。

表 1-20　航空发动机涡轮组件危害分析表(定性分析)

初始约定层次_航空发动机_　　　　　　　　　审核____第____页共_页

约定层次_涡轮_分析人员_____　　　　　　批准____填表日期___

序号	产品或功能标志	功能	故障模式	故障原因	任务阶段与工作方式	故障概率等级	严酷度
72-50-01	涡轮轴	将涡轮轴转子与压气机转子连接并传递扭矩与轴向力	(1) 涡轮轴前端套齿根部裂纹	(1) 涡轮轴套齿尺寸受发动机结构限制和装配方式的制约,其径向尺寸和轴向长度均较小,每个套齿所承受的载荷均较大 (2) 套齿根部的圆角半径很小,应力集中现象严重,此小区域的应力幅度一旦超过疲劳极限,就使材料产生损伤 (3) 套齿根部处加工困难,圆角尺寸及表面光洁度难以控制	各阶段	B	IV
			(2) 涡轮轴前端套齿根部掉块	有裂纹,并继续受力,使裂纹扩展	各阶段	E	I
			(3) 套齿工作面局部磨损	(1) 套齿基体刚性小,易变形;或者轴向尺寸太大,转扭时套齿产生轴向偏移,使套齿工作面局部接触,并有相对移动,引起磨损 (2) 表面接触应力过大 (3) 润滑不良	各阶段	C	IV
			(4) 套齿工作表面剥落	(1) 工作表面太小,接触应力过大,表面皮下产生过大的剪应力,使材料晶体脱落,或称掉晶 (2) 不良的滑油长期侵蚀,晶体产生应力腐蚀	各阶段	D	IV
72-50-02	涡轮工作叶片	生产功率	(1) 叶片背部裂纹	(1) 局部热应力过大,产生热疲劳裂纹 (2) 材料沿晶界有杂质	各阶段	C	IV
			(2) 叶片背部裂纹根部掉块	在外力作用下,原有裂纹扩展	各阶段	E	I
			(3) 叶片蠕变伸长	(1) 长期在高温及大载荷下工作 (2) 材料在高温下沿晶界滑移 (3) 超转	各阶段	C	III
			(4) 叶片表面烧伤	(1) 燃烧室燃烧不完全,火焰后延到涡轮叶片 (2) 冷却空气小孔堵塞或流通不畅	各阶段	C	IV

续表

序号	产品或功能标志	功能	故障模式	故障原因	任务阶段与工作方式	故障概率等级	严酷度
72-50-02	涡轮工作叶片	生产功率	(5) 叶身局部颈缩	(1) 涡轮前温度沿径向分布不均，产生局部高温区 (2) 高温疲劳与蠕变的交互作用，产生这两方面的永久变形，使局部表面突出	各阶段	D	IV
72-50-03	涡轮盘	固定涡轮叶片、传递力矩与轴向	(1) 榫齿裂纹	(1) 应力大 (2) 加工缺陷引起应力集中 (3) 工作温度高	各阶段	B	III
			(2) 轮盘尺寸长大	蠕变	各阶段	D	III

　　危害性矩阵用来确定和比较每一故障模式的严重程度，进而为确定改进措施的先后顺序提供依据。矩阵的横坐标表示严酷度类别，纵坐标表示故障模式概率等级。应根据严酷度类别和故障模式概率等级，将各产品的每一潜在故障模式标在矩阵中相应位置。这样绘制的矩阵图用以表示各产品每一故障模式危害性的分布情况：从原点开始，所记录的故障模式分布点沿着对角线方向距离原点越远，则危害性越大，越需优先采取改进措施。

　　图 1-22 给出了示例的危害性矩阵图，表 1-21 按各产品每一故障模式的危害性大小列出了示例中所有故障模式。

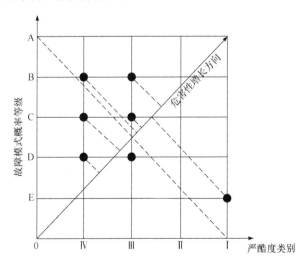

图 1-22　航空发动机涡轮组件危害性矩阵

表 1-21　某型航空发动机涡轮组件故障模式危害性顺序表

相应位置	产品代码-故障代码
Ⅳ-D	72-50-01-④ 72-50-02-⑤
Ⅳ-C	72-50-01-③ 72-50-02-① 72-50-02-④
Ⅳ-B	72-50-01-①
Ⅲ-D	72-50-03-②
Ⅲ-C	72-50-02-③
Ⅲ-B	72-50-03-①
Ⅰ-E	72-50-02-②

对于航空发动机本体构件，应根据产品潜在故障模式的危害性大小，确定关键件。本案例以图 1-22 中 A-Ⅰ 线为界，凡落在 A-Ⅰ 线右上侧的故障模式的产品为危害性影响结构件。表 1-22 给出了航空发动机涡轮组件造成危害性影响结构件的清单。

表 1-22　航空发动机涡轮组件造成危害性影响结构件清单

初始约定层次__航空发动机_____任务_____　　　　审核____第___页共__页

约定层次__涡轮__分析人员_____　　　　　　批准____　填表日期____

危害性	代码	产品名称	故障模式
Ⅲ-B	72-50-03	涡轮盘	① (同表 1-20)
Ⅰ-E	72-50-03	涡轮盘	② (同表 1-20)
	72-50-02	涡轮工作叶片	② (同表 1-20)
Ⅲ-C	72-50-02	涡轮工作叶片	③ (同表 1-20)
Ⅳ-B	72-50-01	涡轮轴	① (同表 1-20)

对压气机、燃烧室组件等重复上述步骤，得到发生故障造成航空发动机危害性影响的结构件。基于 FMECA 的结果，针对上述结构件开展工程计划、制造计划与使用管理计划的分析工作，判断上述结构件是否满足三项计划要素规定的完整性要求，能够保持安全使用寿命。对不符合三项计划要素要求的结构件予以剔除，最终确定 CFM56-5B 航空发动机关键件清单如表 1-23 所示。

表 1-23　CFM-5B 航空发动机关键件清单

组件序号	组件名称	零件序号	航空发动机关键件名称
72-30-01	风扇转子	72-30-01-01	风扇盘
		72-30-01-02	增压器转子
		72-30-01-03	风扇轴
72-30-03	压气机转子	72-30-03-01	前轴
		72-30-03-02	1～2 级转子
		72-30-03-03	3 级盘
		72-30-03-04	4～9 级转子
		72-30-03-05	后封严盘
72-30-04	压气机静子	72-30-04-01	压气机前机匣
72-50-01	高压涡轮转子	72-50-01-01	前轴
		72-50-01-02	涡轮盘
		72-50-01-03	封严盘
		72-50-01-04	后轴
72-50-03	低压涡轮转子	72-50-03-01	1～4 级涡轮盘
		72-50-03-02	涡轮轴
		72-50-03-03	涡轮短轴
		72-50-03-04	锥形支承
72-50-04	涡轮静子	72-50-04-01	低压涡轮机匣

1.5　小　　结

我国和欧美航空发动机关键件适航条款大体是相同的。第一，对航空发动机关键件与限寿件的定义是相同的，航空发动机关键件指的是失效可能导致航空发动机危害性后果的航空发动机转子和静子结构件；第二，都是通过制定工程计划、制造计划和使用管理计划，来满足航空发动机关键件的完整性要求；第三，欧美对工程计划、制造计划和使用管理计划的详细指南内容大体相同。

我国和欧美航空发动机关键件适航条款也有不同之处，美国联邦航空管理局和中国民用航空局都称为航空发动机限寿件，而欧洲航空安全局将航空发动机限寿件称为航空发动机关键件；欧美航空发动机关键件适航条款中都有详细指南，分别对工程计划、制造计划与使用管理计划进行了具体分析；欧美工程计划、制造计划和使用管理计划的详细指南中，有些细节方面的条款是不同的。例如工程计划要素不同，确定航空发动机转子件批准寿命的典型流程不同等。

本章以CFM56-5B大涵道比涡轮风扇航空发动机为例，给出了基于FMECA的航空发动机关键件确定方法与流程，确定了失效可能造成航空发动机危害性后果的结构件，通过工程计划、制造计划和使用管理计划的分析，判断结构件是否按照这三项计划，确定和保持安全使用寿命，满足完整性要求，对不符合这三项计划要素要求的结构件予以剔除，最终确定CFM56-5B航空发动机关键件清单。

第 2 章　航空发动机关键件典型失效模式
和影响因素分析

2.1　引　　言

本章收集了国内外典型军民用航空发动机关键件故障案例，包括：涡轮盘低循环疲劳失效、转子叶片高循环疲劳失效、压气机盘失效、非包容爆裂等，给出了关键件故障的原因等，系统梳理了发动机关键件的失效模式，并着重对高循环疲劳、低循环疲劳、高温蠕变、热疲劳等失效机理进行了分析，揭示了发动机关键件失效机理与影响因素之间的关联关系。

2.2　民用航空发动机关键件典型故障案例分析

2.2.1　涡轮盘低循环疲劳失效分析

燃气涡轮盘是航空发动机重要转子件，涡轮盘断裂会造成严重事故。低循环疲劳是关键件断裂的主要原因之一，设计之初要对组件的低循环疲劳寿命进行计算和试验验证，保证航空发动机的使用安全[20,21]。

1. 故障现象

某型航空发动机在进行燃气涡轮盘低循环疲劳试验时发生盘颈断裂故障，断口较粗糙，陪试的挡板和配重叶片也破裂成碎片。针对此故障，采用断口分析、金相组织检测等手段对失效性质及裂纹萌生原因进行分析，并给出改进建议。某航空发动机燃气涡轮盘进行低循环疲劳试验，进行至 3506 次时振动位移超限，试验件破坏，见图 2-1。盘后轴颈处断裂成多块，后挡板约 1/8 扇区断裂，叶尖大部分区域有碰磨痕迹。配重叶片在叶根与缘板转接 R 处断裂，转子其他多处部位可见损伤痕迹，断口都较粗糙，初步判断为瞬间过载。

2. 故障调查

航空发动机工作时燃烧室出口的高温、高压燃气对燃气涡轮工作叶片做功，工作叶片、前后挡板和盘体同时受到热载荷，而盘还承受了自身及叶片由高速转

图 2-1　某涡轮盘低循环疲劳试验

动产生的离心力。过高的热应力及离心力往往是燃气涡轮盘产生疲劳裂纹和断裂的主因。叶片和前后挡板如先于盘在高转速下出现断裂，也可能会打伤涡轮盘。另外，材料选用不合理、冶金缺陷及加工缺陷等同样影响零件的强度与寿命。对重要零件应严格把控材料质量控制加工误差及加工质量，例如，接刀痕、残余应力等都会影响产品的质量。

对破损件进行荧光检查，盘、叶片均无明显的荧光显示。前挡板有 2 处沟槽底部有荧光显示，后挡板有 4 处沟槽底部有荧光显示。如图 2-2 所示，涡轮盘后

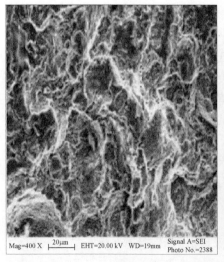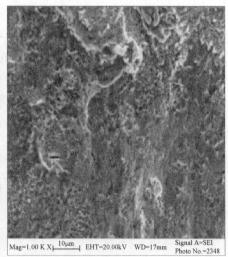

图 2-2　盘后轴颈断口和后挡板沟槽断口

轴颈断口多呈 45°分布，断面粗糙无疲劳特征。后挡板沟槽断口处较平坦未见明显宏观塑性变形，呈现疲劳断口特征断裂起始于沟槽底部为线源，源区附近可见较粗糙的机加工痕迹，扩展区域可见疲劳条带，断口断面可见少量瞬断区，瞬断区为韧窝；如图 2-3 所示，配重叶片仅 1 个断口磨损较轻微，断口断面粗糙可见明显的撕裂棱线，微观特征为韧窝。真实叶片局部掉块部位断面粗糙，高低差较大无疲劳特征。对涡轮盘和前、后挡板进行金相分析，显微组织正常，晶粒度为 9～10 级，如图 2-4 所示。将前、后挡板上有荧光显示的沟槽沿纵向剖开观察：前挡板该处有一条裂纹，位于加工刀痕底部，深度约 0.50mm，裂纹为穿晶扩展，如图 2-5 所示。

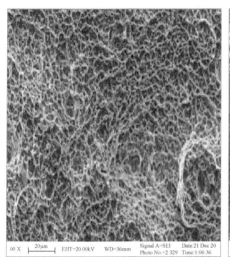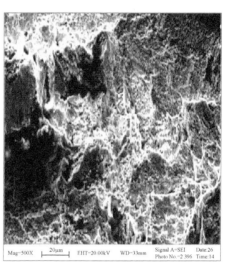

图 2-3　配重叶片断口和真实叶片断口

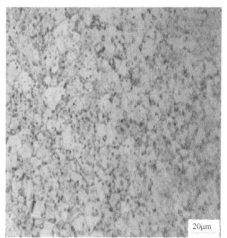

（a）晶粒度　　　　　　　　　　　　　　（b）显微组织

图 2-4　涡轮盘金相

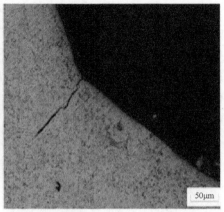

图 2-5　前挡板和后挡板沟槽处裂纹

3. 故障原因

在扫描电子显微镜 (SEM，简称扫描电镜) 下观察，源区未见明显的材质冶金缺陷，后挡板处有一条裂纹，裂纹位于加工刀痕底部，深度约 0.10mm，起始于沟槽底部，由穿晶断裂造成裂纹，扩展区域疲劳条带断口微观特征表现为韧窝。

经工艺复查，使用的工艺路线和加工刀具均是已应用于批产零件的成熟工艺和刀具，刀具磨损也在工艺标准允许的范围内。后挡板上有深度约 0.10mm 的裂纹，位于加工刀痕底部。试验中，后挡板沟槽首先发生断裂，导致该处过载从而撕裂挡板。断裂部位为疲劳断裂，源区可见较粗糙的机加工痕迹。同时，燃气涡轮盘断裂为过载断裂，配重叶片、真实叶片、转接轴均为过载断裂。

根据以上检查、分析可以看出，断裂部位存在如下共同特征：断裂部位均有接刀痕；接刀痕部位存在很大的应力集中；理化分析涡轮盘断裂部位为过载断裂。由于燃气涡轮盘本身承受载荷很大，应力水平高，盘颈倒圆处接刀痕加剧了应力集中，在离心力作用下，应力集中区域首先出现微裂纹后扩展。在低循环疲劳试验过程中，局部大应力导致燃气涡轮盘过载，最终产生断裂。所以，本次涡轮盘断裂是由加工缺陷的接刀痕造成的。后续改进措施为：对前、后挡板的沟槽采用成形刀具一次完成加工，避免沟槽在配修过程中底部形成转接刀痕，进而加剧了应力集中。

4. 排故措施

要严格控制加工质量，采取磨削等精加工措施提高沟槽底部的表面光洁度，保证底部圆滑。本案例进一步证明了航空发动机零件设计及加工过程中细节控制的重要性。涡轮盘的加工周期长、价格高，因此涡轮盘断裂的代价很大。只有在航空发动机设计和加工的整个过程中都关注细节，才能避免事故的发生。

2.2.2　转子叶片高循环疲劳失效分析

转子叶片是航空发动机的关键件，若其产生裂纹，将直接影响航空发动机的可靠性和寿命[22,23]。美国空军统计了 TF33、TF30-D-1/P-3、TF30-P100 和 FIOO 四型航空发动机自服役以来出现的结构问题，绝大部分属于疲劳破坏问题，叶片高循环疲劳占 A 等航空发动机故障的 56%，在我国占 30%～40%。

1. 故障现象

某型航空发动机压气机二级转子叶片在工作中出现裂纹，通过对叶片断口进行分析后认为，叶片失效是由高循环疲劳振动引起的。通过台架动频、动应力实测，叶片在某阶模态下的动频为4000Hz 左右。最大应力高达420MPa。共振转速为最高转速的 62%左右。对该叶片进行模态试验，静频也在4000Hz，振型为酒杯型(图 2-6)，做应力分布分析得最大应力在叶尖中部，同裂纹位置相吻合，进一步证明了该故障模式是由一级静子叶片尾迹引起的基频共振。

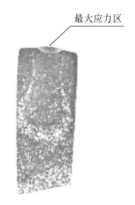

最大应力区

图 2-6　酒杯型振型

2. 故障调查

排除叶片故障的方法很多，一般常用的有改变静子叶片数目、改变叶片自振频率、设置减振凸台、设置阻尼等。由于该型航空发动机已经设计定型，若改变静子叶片数目，会影响航空发动机的性能，同时对航空发动机的改动也较大。

这里采用叶尖后缘削角，静频在原频率的基础上增加 4%。振型仍为酒杯型的变化，节线分离。在叶片距叶尖 8m 的位置设置减振凸台，静频在原频率的基础上增加 27%，振型为酒杯型不变。最大应力分布在叶尖中部向凸台延伸。结合气动分析对叶尖前缘修型进行优化设计。对该叶片进行模态试验，静频在原频率的基础上增加 10%，振型不变，最大应力分布在叶尖中部不变，如图 2-7 所示。

根据振动理论，在叶片和盘接触面之间设置阻尼，叶片的支承变化如图 2-8 所示，为了方便装配榫头选择了涂胶。在振动试验台上测量不同阻尼下叶尖的应力分布，涂胶前后模态频率不变，应力分布图如图 2-9 所示，在相同的激振能量下，涂胶后应力有所下降，涂 1#胶下降幅度较大，下降 34%左右。

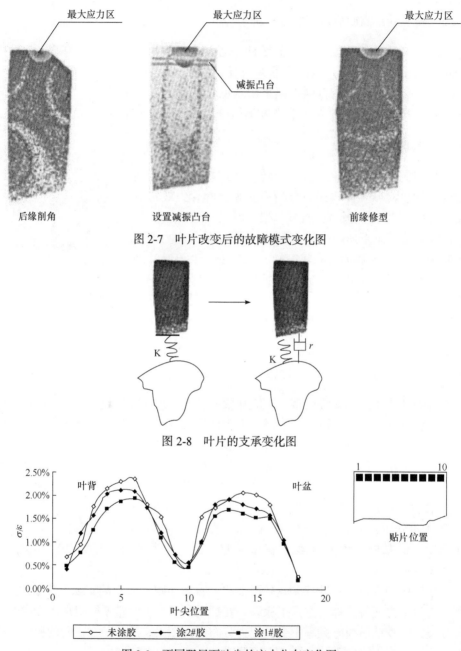

图 2-7　叶片改变后的故障模式变化图

图 2-8　叶片的支承变化图

图 2-9　不同阻尼下叶尖的应力分布变化图

　　对几种方法进行台架动频、动应力实测，对 54 片叶片在最大应力区布片，如图 2-10 所示，对 54 片叶片的测量数据进行统计比较，结果见表 2-1。

图 2-10　应变片在叶片上的分布图

表 2-1　在各改进状态下 T 台架的动频、动应力相对于原型的比较表

序号	叶片状态	平均共振速	平均动频增减/Hz	平均动应力增减/MPa	最大动应力增减/MPa
1	后沿削角	65%	3%	26.61%	27.11%
2	设置减振凸台	79%	26%	5.61%	−3.16%
3	前缘修型	67%	7%	−13.73%	−29.74%
4	涂腔	61.5%	−1%	−26.53%	−45.26%

3. 故障原因

(1) 由于要保持叶片的气动性能不变，则叶型的改动不能太大，要改变叶片的自振频率，只有局部增减质量。由表 2-1 中序号 1～3 可见，改变都使故障模态的频率增加，而最大应力位置没有改善。

(2) 从台架动频、动应力测量结果可以看出，单纯的局部增减质量，使得动频增大，共振转速增大，导致叶片共振负荷增大。叶片的动应力是增加的。而且，共振转速接近航空发动机工作转速，叶片的共振机率更大，见表 2-1 中序号 1～2。

(3) 结合气动分析的优化设计修型，使得叶片的动应力有所下降，但共振转速增大，接近航空发动机工作转速，叶片的共振概率也更大。

(4) 设置阻尼既保持了叶片的气动性能完整(不影响航空发动机的性能)，又降低了叶片的动应力，增加了叶片的安全系数。通过试验找到一个适当的频率比，是解决该类故障行之有效的方法。

4. 排故措施

从以上试验结果分析可知，对于改变叶片动频、降低叶片动应力，单纯对叶片质量增减(削角)并不能有效地实现降低应力水平和远离航空发动机工作转速的目的。而在保证叶片气动性能不变的前提下设置阻尼，是降低应力水平较好的方法，当然这不是唯一的。

2.2.3 低压涡轮导向叶片热疲劳失效分析

低压涡轮导向叶片是航空发动机中重要的热端部件之一，低压涡轮导向叶片需在高温燃气环境下工作，叶片表面承受较高的燃气热冲击，服役条件十分恶劣，其主要功能是将热能转化为动能[24]。

1. 故障现象

某型航空发动机分解检查后发现，第 20 组低压涡轮导向叶片组件叶身前缘部位表面有基体缺失烧蚀现象，并伴有裂纹生成。为探明叶片故障原因，这里对故障叶片进行外观检查、断口宏微观分析、材质分析、气膜孔检查、热模拟试验及力学性能试验，确定该故障叶片的裂纹性质，分析叶片产生疲劳裂纹和基体烧蚀的原因，并对叶片工作时经历的最高温度进行判断。图 2-11 为故障低压涡轮导向叶片的宏观图像。

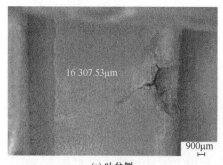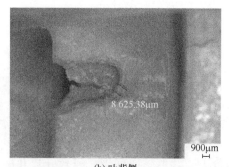

(a) 叶盆侧　　　　　　　　　　　　　　(b) 叶背侧

图 2-11　故障低压涡轮导向叶片的宏观图像

叶片表面存在较严重的高温氧化变色现象，叶片前缘热障涂层脱落部位的基体发生烧蚀，并伴有裂纹生成。裂纹沿叶片厚度方向裂透，裂纹在叶盆侧的长度约为 16mm，在叶背侧的长度约为 8mm。

2. 故障调查

这里将叶片前缘烧蚀部位沿裂纹打开，发现断口磨损较严重，断面起伏较大，表面氧化严重，呈灰黑色，大部分区域都无法观察到断裂形貌特征(图 2-12)。断口可见放射棱线和疲劳弧线特征，表明该断口的性质为疲劳，根据放射棱线会聚方向判断，疲劳起源于叶片叶盆侧表面区域，呈多源线性特征(图 2-13)。在 Sigma500 扫描电镜下对断口进行微观观察，结果如图 2-14 所示。可见热障涂层有开裂现象，裂纹从涂层外表面向基体方向扩展。根据放射棱线收敛方向判断，疲劳起源于叶片叶盆侧涂层与基体结合处(图 2-14(a))，扩展区可见高温氧化颗粒和疲劳条带特征(图 2-14(b))。

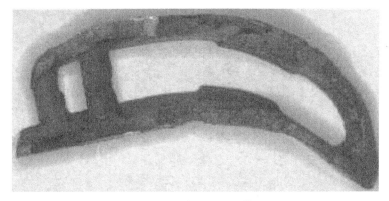

图 2-12　断口宏观图像

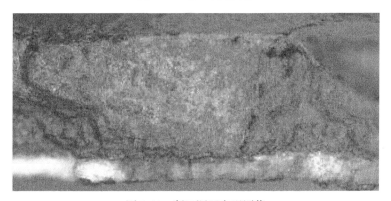

图 2-13　断口源区宏观图像

为明确叶片前缘发生烧蚀是否与气膜孔堵塞有关，这里对叶片烧蚀部位附近气膜孔进行解剖检查，气膜孔线切割位置如图 2-15 所示。气膜孔解剖后微观形貌如图 2-16 所示，气膜孔均未见堵塞现象。

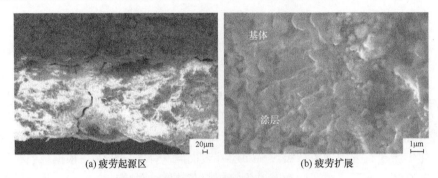

(a) 疲劳起源区   (b) 疲劳扩展

图 2-14 断口微观形貌

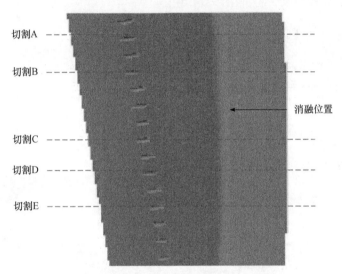

图 2-15 气膜孔线切割位置示意图

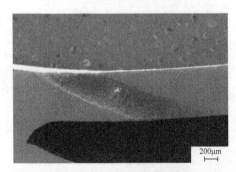

图 2-16 叶片气膜孔微观图像

利用 Oxford X-Max 能谱分析仪对叶片基体进行能谱分析，主要合金元素含量与 K417G 材料检验标准基本相符。沿叶片弦向前缘烧蚀部位附近基体取样后，经金相制备、研磨、抛光、清洗、腐蚀后，采用 Sigma500 扫描电镜对叶片基体组织及碳化物进行检查，用腐蚀液 HCl 进行腐蚀 30s。叶片金相组织如图 2-17 所示，可见叶片组织有明显的超温现象，γ' 相相互连通形成通道，晶界处可见明显的 MC 型块状碳化物。

K417G 高温合金长期许用温度在 950℃以下，为研究其组织随温度的变化规律，这里选取 900℃、950℃、980℃、1000℃、1050℃、1100℃、1150℃、1200℃、1250℃、1275℃、1300℃，共 11 个温度点进行热模拟试验，保温时间为 2h。为了确保试样初始组织状态与叶片故障部位初始组织的一致性，在没有工作过的低压涡轮一级导向叶片新件前缘部位取样。低压涡轮一级导向叶片取样位置如图 2-18 所示，沿红色虚线进行切割，共取 13 个试样，每个试样长度为 20.5mm，宽度为 3.5mm。

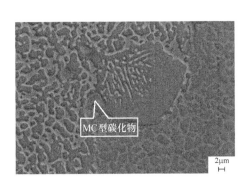

图 2-17 叶片金相组织及碳化物微观图像

图 2-18 低压涡轮一级导向叶片取样位置
(彩图请扫封底二维码)

热模拟试验组织演变图谱见图 2-19。室温至 950℃，叶片组织由 γ 基体和 γ' 相组成，γ' 相呈细小立方块状均匀地分布在 γ 基体上，并相互连接成网格状；980～1200℃时，叶片组织主要呈现为 γ' 相连通长大特征，其中，在 1150～1200℃时，γ' 相发生回溶，在 γ' 相上析出二次 γ' 相；1250～1300℃时，叶片组织主要呈现为 γ' 相完全回溶，析出二次 γ' 相特征。热模拟试验碳化物演变图谱见图 2-20。室温至 1200℃，发现在晶界处的共晶相中有 MC 型碳化物；当叶片温度达到 1250℃后，共晶相中的 MC 型碳化物开始分解，M23C6 型碳化物析出，并有裂纹生成。

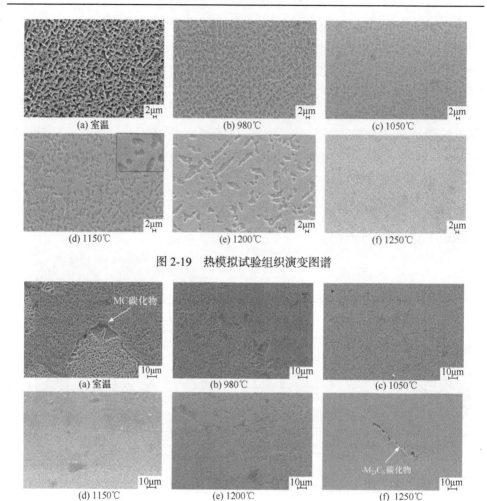

图 2-19　热模拟试验组织演变图谱

图 2-20　热模拟试验碳化物演变图谱

采用 V1774 全自动维氏硬度仪，在载荷为 100g、加载时间为 10s 的试验条件下，对完成热模拟试验后的各试样进行显微硬度测试，随着温度的升高，平均硬度值呈递增趋势(图 2-21)。

3. 故障原因

故障低压涡轮叶片裂纹断口均可见疲劳弧线和放射棱线特征，扩展区可见疲劳条带特征，表明断口的性质为疲劳，源区未见明显冶金缺陷。叶片组织检查结果表明，叶片组织 γ′相相互连通形成通道，有超温现象。叶片组织超温会降低基体的抗疲劳性能，易萌生疲劳裂纹。叶片气膜孔检查结果表明，低压涡轮叶片截面气膜孔没有发生堵塞，说明叶片在工作过程中气膜孔没发生颗粒堆积，叶片没

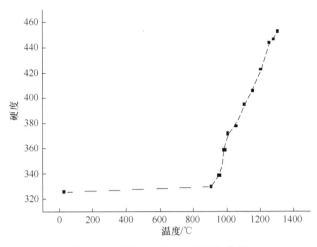

图 2-21　试样硬度随温度变化曲线

有丧失气膜冷却功能。气膜孔将冷却介质以横向射流的形式注入主流中，在主流的压力和摩擦力的共同作用下，覆盖于高温部件表面，形成冷气膜，从而对叶片起到隔热与冷却作用。

　　叶片组织热模拟试验结果表明，叶片基体组织形貌和碳化物类型随着温度的升高均发生明显的变化。在 1250～1300℃时，叶片组织主要呈现为 γ′相完全回溶，析出二次 γ′相特征。通过热模拟试验组织演变图谱与故障叶片组织对比可知，故障叶片工作时经历的最高温度范围为 1150～1200℃。另外，故障叶片晶界 MC 碳化物没有分解，根据热模拟叶片基体碳化物演变图谱可知，叶片温度达到 1250℃后，共晶相中的 MC 型碳化物开始分解，M23C6 型碳化物析出，并伴有裂纹生成，进一步佐证故障叶片工作时经历的最高温度没有超过 1250℃。热模拟叶片硬度测试结果表明，随着温度的升高，叶片基体硬度值呈递增趋势。K417G 高温合金 Cr、Mo 等 γ 相强化元素富集在枝晶干中，Al、Ti 等 γ′相形成元素富集在枝晶间。实际上热模拟试验相当于对 K417G 高温合金进行固溶强化热处理，在热处理过程中，枝晶间富集的元素向枝晶干扩展速率快，随着温度的不断升高，枝晶间的溶质原子逐渐发生溶解，扩散到枝晶干的基体内，对合金硬度起到增益作用。特别是在 1250～1300℃时进行高温固溶处理，使 γ/γ′共晶相与粗大的 γ′相完全溶入 γ 基中，从饱和的 γ 基中析出大量细小二次 γ′相粒子，进一步提高合金硬度值。叶片基体硬度值偏高会降低其塑性与抗冲击韧性，对疲劳裂纹的萌生起促进作用。低压涡轮导向叶片在工作过程中，超温造成叶片基体组织的损伤与硬度值的升高，从而降低叶片抗疲劳性能，最终导致叶片发生烧蚀并伴有疲劳裂纹萌生。

4. 排故措施

(1) 航空发动机低压涡轮导向叶片裂纹性质为疲劳开裂，裂纹起源于叶片叶盆侧涂层与基体结合处，源区未见明显冶金缺陷。

(2) 叶片前缘烧蚀现象与叶片组织超温有关，经过热模拟试验分析后判断，该叶片工作时经历的最高温度在 1150～1200℃。

(3) 随着温度的升高，叶片基体硬度值呈递增趋势。

(4) 叶片经历超温使其基体的抗疲劳性能下降，同时航空发动机工作过程中存在振动，促进疲劳裂纹的萌生。

2.2.4　航空发动机第八级压气机盘及叶片失效分析

某航空发动机进行大修时，发现第八级压气机盘的三个榫槽有不同程度的断裂，而且还有叶片从榫齿处开裂[25-27]。其上次翻修后的使用时间为 13382h，热循环次数为 3245 次。八级压气机盘的件号为 5001108-01，序号为 M62789，材料为 MPWA1209(Ti-6Al-4V)，叶片件号为 197908，材料为 MAMS4928(Ti-6Al-2Sn-4Zr-2Mo)。

1. 故障现象

这里分别对压气机盘和叶片进行硬度测试，其结果为：压气机盘的硬度为HRC35.5～36.8，叶片的硬度为 HRC34.6～36.0。然后，分别从盘和叶片取样,对其金相组织进行了观察和研究，发现其金相组织正常，如图 2-22、图 2-23 所示。在各裂纹源区未发现有明显的冶金及加工缺陷。压气机盘断裂榫槽及叶片如图 2-24 所示。

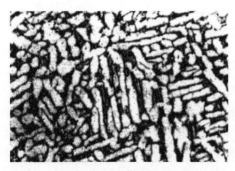
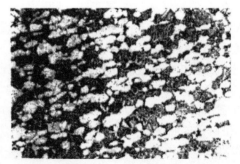

图 2-22　盘的金相组织　　　　　　　　图 2-23　叶片的金相组织

1 号榫槽的断裂在高压方向与叶盆边相接齿面上，2 号、3 号榫槽的开裂及断裂发生在低压方向与叶盆边相接齿面上。从断口上可看出，裂纹起始于榫槽的尖角处，断口上有比较明显的贝壳状花样，如图 2-25 所示。

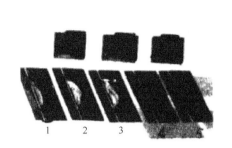

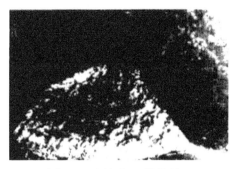

图 2-24　8 级压气机盘榫槽及叶片榫齿处断裂　　　图 2-25　压气机 1#榫槽断口

2. 故障调查

通过对压气机叶片的宏观分析，发现有 5 片叶片的榫槽断裂均在叶片内侧，断口处存在许多微裂纹，叶片的叶盆内侧榫槽磨损严重，目视可看到有一定深度的磨损，从开裂的缝隙中可看出裂纹起始于磨损最严重处。用扫描电镜对压气机盘的榫槽断口进行观察，发现裂纹起始于榫槽的尖角处，裂纹源处没有异常，在裂纹扩展区可观察到间距较宽的疲劳条带。

用扫描电镜对叶片断口进行观察，发现裂纹起始于榫槽面的严重磨损处，如图 2-26 所示。在裂纹源区没有发现除磨损外的异常现象，在裂纹扩展区也可观察到明显的疲劳条带及二次裂纹，如图 2-27 所示。从裂纹张开的缝隙可看到，裂纹均起始于榫齿面的凹坑处。

图 2-26　叶片榫齿处磨蚀及疲劳源区　　　　图 2-27　叶片断口的疲劳带及二次裂纹

3. 故障原因

经分析可确定，叶片断口疲劳断裂发生在裂纹源的侧表面，而微动磨损面上有大量的微裂纹、表面金属掉块等，这即为微动磨损疲劳最为明显的断口特征。微动磨损疲劳裂纹萌生于表面损伤处。叶片开裂原因是压气机盘榫槽所涂的减磨涂料(PWA544)不均匀，致使榫槽与榫齿间配合不好，从而航空发动机在工作状态时萌生微动磨损区，造成损伤而产生微裂纹。微动磨损不仅导致疲劳裂纹的萌生，还伴有表面应力状态的逐步恶化，使疲劳裂纹扩展速率增加，疲劳寿命下降，最后导致断裂。

2.2.5 图-154M 飞机航空发动机非包容性爆裂事故分析

1. 故障现象

我国民航某航空公司的一架图-154M 飞机执行航班任务，从广州白云机场起飞。起飞后约 10min，在爬升到 5400m 高空时，第 2 号航空发动机突然爆裂，第 4 级低压涡轮盘及涡轮静子全部被甩出机体，造成严重的低压涡轮非包容性破坏事件，如图 2-28 所示。由于第 2 号航空发动机所安装位置处于机尾垂直尾翼下方，故没有严重损伤飞机的操纵系统和飞机的重要结构，加上飞行机组的冷静、正确操纵，飞机安全返航并着陆。

图 2-28 事件飞机航空发动机非包容性事故现场

低压涡轮的第 4 级涡轮盘及静子全部丢失；低压涡轮轴的断裂处有明显的弯曲和塑性变形痕迹；低压涡轮轴的断口呈高应力快速拉伸断裂特征；与低压涡轮轴连接的低于传动轴也已经断裂；低压传动轴断裂处表面有严重的摩擦痕迹，并粘接大量的异金属；低压传动轴的断口大部分已经磨损，在残存的断口上可观察到金属扭转断裂特征；在低压传动轴断裂处的高压压气机轴内的隔热套筒上有一长 80mm、宽 40mm 的向内凹陷的磨损痕迹，并已被磨穿；隔热套筒的磨损长度与低压传动轴断裂处的磨损宽度相吻合；高压压气机第 7 级、第 8 级盘上有偏磨痕迹；航空发动机各转动部分的轴承及供油均正常。对飞机的飞行数据记录器数据进行译码分析后，数据表明，事件前航空发动机工作正常，事件中飞行员操作及处理正确。双方专家一致认为：航空发动机爆裂是由于低压压气机传动轴断裂后低压涡轮载荷急剧下降，低压涡轮产生了飞转，超出涡轮盘承载能力而使涡轮盘爆裂，击穿航空发动机机匣、机体。

2. 故障调查

对高压压气机转子偏磨进行分析后，提出冷转时间不足所产生的不均匀轴向压力不可能造成高压压气机转子的偏磨。经计算指出，这种偏磨是由低压传动轴断裂时的瞬间冲击载荷造成的。进行了高压压气机高压端的温度场计算，此区域的温度可达 370℃。利用纸板筒进行了隔热套筒轴向压力失稳的试验，发现失稳产生的变形与此事件的变形形态有明显差别，并进行了初步的理论计算，断裂的涡轮低压传动轴如图 2-29 所示。转动轴断口截面低倍金相组织如图 2-30 所示。

 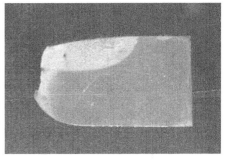

図 2-29　断裂的涡轮低压传动轴　　　图 2-30　传动轴断口截面低倍金相组织

在检查中发现低压传动轴的断裂处边缘有明显的塑性变形痕迹，而且在没有损伤的断口边缘看到明显的"缩颈"现象。缩颈断裂特点在金属断裂中是典型拉伸过载断裂特征，在疲劳断裂中是绝不可能出现的。选择低压传动轴有"缩颈"现象的位置切割纵向金相试片进行检查，发现低压传动轴断口处外表面有一层"白亮"的金相组织，"白亮"层组织与轴的正常组织界线非常明显，这层"白亮"组织同高频淬火或摩擦焊接的金相组织相近，可以确定这层组织是在高速加热、冷却条件下形成的。由于某种原因，低压传动轴与隔热套筒发生干涉、摩擦(图 2-31)，在高、低压传动轴转速差的转速下，摩擦部位产生 810℃以上的高温，使低压传动轴材料发生相变。随后在较快速度的冷却下淬火，形成了马氏体组织，这层"白亮"组织占传动轴的有效截面积的 36.7%。当低压传动轴截面积 36.7%被加热到 810℃以上时，按照给出的低压传动轴的设计应力 63kg/mm^2 计算，剩余的截面积的受力状态已经达到 99.7kg/mm²，已超过此轴正常状态下的材料屈服强度，不能承受载荷传递的要求，导致一次性扭断。

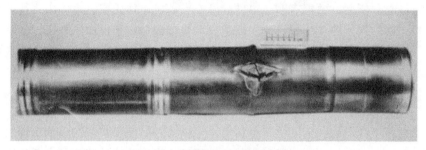

图 2-31   隔热套筒上的磨损破洞

航空发动机停车冷转时间不足时由温度差所产生的应力，不足以造成隔热套筒的轴向失稳(如使套筒失稳则需要保持套筒的工作温度，同时需要高压压气机轴迅速冷却至−776.9℃)；同时，轴向失稳的失稳波形与事件的波形不同，轴向失稳的失稳波形为菱形，长轴方向是沿套筒的径向。外压失稳的失稳波形也为菱形，长轴方向是沿套筒的轴向，事件套筒的凹陷痕迹符合外压失稳波形。计算结果表明，该套筒的外压失稳所需压力为 11.3atm^①。

对隔热套筒仔细检查发现，隔热套筒的高温端密封老化，密封胶圈已经由原来的 O 形变成矩形。经测量，变形后的胶圈不能满足公差配合要求，不能起到防止滑油流入高压压气机轴和隔热套筒间的空隙作用。仔细检查高压压气机轴的内腔，发现有滑油流入的痕迹，并在轴内腔发现有很多直径为 0.02mm 的深棕色粒状物质和较大的不规则黑色块状物质。经分析，深棕色粒状物质是结合能为 284.0eV 的石墨态碳；不规则的黑色块状物质是结合能为 285.1eV 的 CH_2 结合态碳，以及结合能为 283.0eV 的碳与 Cr、Mo、W 结合的结合物。不规则的黑色块状物质是航空发动机滑油系统中常见的结焦物质，而石墨态碳是由碳氢化合物在高温下不完全燃烧或爆燃下分解产生的。此航空发动机使用的滑油牌号为 HP-8，它的自燃温度为 240℃左右，在高压压气机高温端的温度可达 370℃，有可能引起滑油的燃烧或爆燃。

滑油长期在 200～300℃环境下会发生氧化和热分解效应。氧化会使碳氢化合物首先变成甲醛，当温度升至 350℃或更高时，则发生热分解现象。热分解中碳氢燃料析出难以燃烧的高分子碳氢化合物和碳粒。甲醛的沸点在 −19.5℃，与空气混合可形成爆炸性混合物，爆炸极限为 7%～73%(体积比)，它的着火点为 300℃。按爆炸力学公式计算，一旦甲醛产生爆炸，其最大压力可达 18.48kg/cm²。

---

① 1atm=1.013 × 10⁵Pa。

进行滑油蒸汽爆燃试验，试验的思路是制作一个和高压轴与隔热套筒间的密闭空腔相同容积的密闭容器，安装压力表和热电偶，加装电火花点火装置，加入不同量的滑油，在高压轴高温端温度下保温 30min 后记录容器内的压力。后启动点火装置观察压力变化情况，如压力增加，将证明产生了爆燃。

进行"双金属效应"试验和故障再现试验，"双金属效应"试验是加工一个与隔热套筒结构相同的钛合金套筒，内有一个 4500r/min 的旋转轴(相当于航空发动机高压轴与低压传动轴的转速差的转速)，预先将钛合金套筒变形并与旋转轴接触，并测量过盈量为 0.55mm。旋转摩擦后再测量磨损量为 0.43mm，试验结果表明，没有发生"双金属效应"。

隔热套筒外压失稳试验是按航空发动机隔热套筒和传动轴的实际尺寸加工，只是受试验设备的长度限制，长度有所缩短，经计算缩短的钛合金套筒的失稳压力应为 20.5kg/cm²。在传动轴旋转到 4500r/min 后，逐渐向套筒外侧加压，当压力加至 18.5kg/cm² 时，突然听到轴与套筒摩擦的尖叫声，12s 后声音消失，同时外压发生泄漏。停车后检查发现试验件轴发生磨损，如图 2-32 所示，套筒上有两个菱形失稳变形坑，其中一个已经被磨穿，如图 2-33 所示，失稳变形坑的形貌和套筒内的摩擦痕迹与故障件基本相同。

 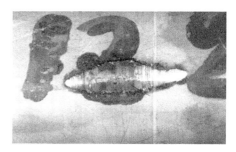

图 2-32　试验件轴的磨损　　　　　图 2-33　试验件隔热套筒的磨损

3. 故障原因

(1) 低压传动轴是在红热状态下一次性扭断的。

(2) 隔热套筒的破损形态符合典型的薄壳理论的外压失稳模型。

(3) 在高压压气机轴内腔收集到滑油高温和燃烧产物，经化学结合能的测试，为石墨态碳颗粒和滑油高温结焦产物。

(4) 隔热套筒高温端密封胶圈老化、变形，已失去密封作用。

(5) 高压压气机轴与隔热套筒间的空腔中如有足够量的滑油，则在航空发动机的工作温度下足可产生使隔热套筒产生外压失稳的压力。

(6) 滑油蒸汽可以产生爆燃现象。

(7) 低压传动轴的断裂是由于隔热套筒与低压传动轴的摩擦产生了高热，引起了低压传动轴在红热状态下的一次性扭断；隔热套筒与低压传动轴的摩擦是由隔热套筒的外压造成了套筒的失稳变形而引起的；外压的产生是由滑油的漏入造成的；而滑油的漏入是由隔热套筒的密封胶圈老化引起的。

4. 排故措施

(1) 对隔热套筒由原来的弯板成形、焊接制造改为直接车削加工，并且壁厚增加 1mm。

(2) 在高压轴的中间轴承安装区域打一斜孔，以减少由滑油流入可能产生的压力。

(3) 更换隔热套筒的密封胶圈，以改善该胶圈的耐高温和抗老化性能。

(4) 在航空发动机低压涡轮处加装转速传感器，一旦发生低压涡轮超速时立即切断燃油。

(5) 改变低压涡轮转子和静子间轴向间隔，一旦发生低压传动轴断裂则涡轮转子产生后退，与静子产生摩擦并产生刹车效应。

(6) 改进高、低压压气机间的轴间轴承和润滑线路，降低轴承负荷和提高润滑效果。

2.2.6　波音 707 飞机燃油总管故障分析

1. 故障现象

波音 707 飞机发动机先后共发生了 24 次因燃油总管漏油而造成的烧坏航空发动机、空中停车、空中火警等事故征候。燃油总管的泄漏，会使燃油喷射到航空发动机机匣内部，致使航空发动机扩散机匣烧穿，烧坏轴承以及封严装置等，严重地影响飞行安全，构成事故隐患。在 1980 年 2 月 8 日发生了第一起由燃油总管漏油造成空中停车，并烧坏航空发动机机匣的事件，如图 2-34 所示。

图 2-34　燃油总管因漏油烧穿

2. 故障调查

针对我国民航的波音 707 飞机发动机燃油总管故障，民航局曾多次组织国内外各方面专家进行过讨论，其意见归纳如下：

(1) 燃油总管在修理运输、安装过程中有违规现象，造成总管的非正常应力，使钎焊处开裂；

(2) 燃油品质问题，使燃油总管内积炭，造成局部高压而引起钎焊处开裂；

(3) 制造质量问题，导致燃油总管泄漏。

燃油总管故障的起因可以归纳为如图 2-35 所示的各种因素。

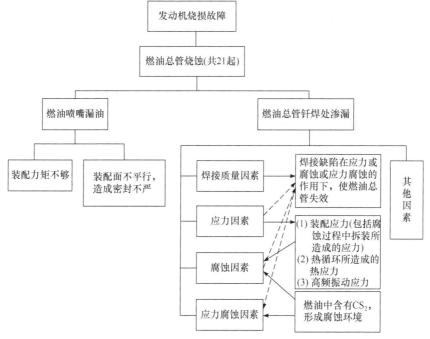

图 2-35　波音 707 飞机发动机燃油总管漏油故障因素

绘制出故障率和故障密度曲线(表 2-2、图 2-36)，可以看出，随着燃油总管工作时间的增加，故障率以抛物线形式发展；在燃油总管工作到 3500～4000h 和 5000～5500h 时，出现两个故障密度高峰区。

对所有可收集到的故障燃油总管进行检查，发现泄漏主要发生在喷嘴和输油管相连的钎焊部位。这里分别选取工作过 2731h、4998h、5331h 和 9328h 的故障总管进行钎焊区的解剖，共检查了 50 余处钎焊面，发现所有可接触到燃油一侧的钎焊缝内都产生不同程度的腐蚀，腐蚀产物呈黑色。对腐蚀产物用 X 射线衍

表 2-2　　136 套燃油总管故障统计

序号	故障之前总管总工作时间A_1/h	经历时间工作小时总台数B_1	故障率(同一工作小时内)$C_1=1/B_1×100\%$	每百小时内故障率密度D_1
1	2 731	136	0.735	0.055
2	3 050	118	0.847	0.161
3	3 783	113	0.885	0.885
4	3 850	110	0.909	0.631
5	4 071	104	0.961	0.265
6	4 574	94	1.064	0.236
7	4 973	97	1.265	0.468
8	5 114	57	1.754	1.328
9	5 237	56	1.786	1.920
10	5 300	55	1.818	3.868
11	5 331	54	1.852	4.409
12	5 384	52	1.923	5.827
13	5 397	51	1.961	2.723
14	5 528	46	2.174	1.018
15	5 824	42	2.381	0.283
16	7 210	22	4.545	0.387
17	8 172	12	8.333	0.787
18	9 326	4	25	2.483
19	10 185	1	100	11.64

注：只对前 19 次故障情况进行了统计。

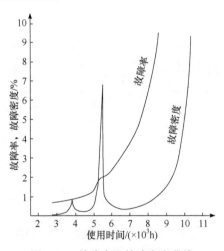

图 2-36　故障率和故障密度曲线

射仪进行分析，黑色的腐蚀产物为 Cu_9S_5 和 CuS。在检查钎焊部位时还发现，总管的钎焊质量存在问题：一是套合长度的分散度较大(a_2 处最长的套合长度为 3.1mm，而最短的套合长度仅有 1.13mm)；二是钎焊面中有未充满和气孔存在(最大气孔长轴 4mm，最大气孔面积近 $5mm^2$)。在使用时间较短的燃油总管钎焊面上这两种缺陷较多，说明制造质量直接影响到其使用寿命。同时还发现，在刚发生穿透性腐蚀，泄漏状态处于渗漏时，喷嘴固定耳片处会产生淡淡的黑色积炭；在严重的穿透性腐蚀，泄漏状态处于滴漏时，喷嘴固定耳片处会产生大量积炭，积炭呈"鳞片"状；继续发展将发生燃油总管的烧损或机匣烧穿现象。图 2-37 给出了燃油喷嘴的结构图，图 2-38 给出了喷嘴和输油管相连的钎焊部位。

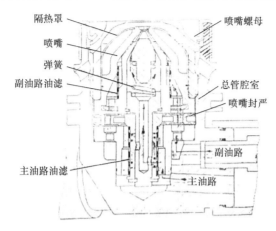

图 2-37 燃油喷嘴结构图

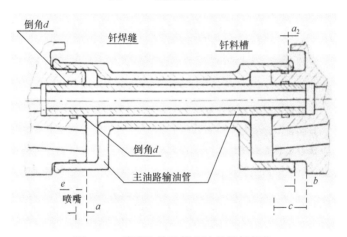

图 2-38 喷嘴和输油管相连的钎焊部位

我国航空发动机为了防止燃气烧蚀，在航空燃油中添加 33 号添加剂，用以保护燃烧室和涡轮叶片。33 号添加剂的主要成分有二硫化碳，它的加入对保护发动机热部件是有益的，但却增加了燃油中的含硫量，提高了对输油管路的腐蚀敏感性。铜和硫的亲和力比较强，很容易发生化学反应。这种反应受温度影响极大，当温度升高时，反应速度呈指数关系增长。

在分析中发现，输油管与喷嘴的套合长度直接影响总管的使用寿命，故障首先发生在套合长度短的一侧。通过 X 射线探伤方法检查燃油总管套合长度时发现，每组喷嘴总是 3 号、4 号喷嘴处的套合长度最短，经分析认为这与制造装配过程有关，把最不利的公差都累积到 3 号、4 号喷嘴处的套合长度上

(后被普惠公司证实)。确定此处套合长度作为基本使用寿命的依据，在达到基本使用寿命后的总管，在正常安检时增加对喷嘴固定耳片积炭的检查。

3. 故障原因

改型航空发动机燃油总管的设计存在一定缺陷，美国《金属手册》第九版第六卷中明确指出：不建议铜钎焊暴露在含有腐蚀性物质中，如喷气式飞机燃料中的硫和含硫气氛中。此外，铜钎焊料在温度升高时，它的抗氧化性降低，不允许暴露在426.7℃以上使用。

通过大量的分析、试验，得出了如下结论：

(1) 改型航空发动机燃油总管的漏油故障是由总管喷嘴钎焊处提前失效所致；

(2) 钎焊处提前失效是由于燃油总管的原设计中没有考虑燃油可能产生的腐蚀问题，同时也不符合美国《金属手册》的有关要求；

(3) 燃油中的硫和33号添加剂中的硫导致钎焊部位的腐蚀，钎焊存在较多焊接缺陷进一步导致总管使用寿命的缩短；

(4) 通过使用X射线检查钎焊套合长度可确定总管的基本使用寿命，通过维修中对喷嘴耳片处积炭检查，可及时、准确地发现漏油故障。

4. 排故措施

(1) 中国民用航空局航空器适航审定司制定适航指令；

(2) 为减小燃油总管在使用中的腐蚀问题，取消民用航空燃油中的 33 号添加剂；

(3) 选择耐腐蚀的钎焊料进行总管焊接。

2.2.7　WJ5A 航空发动机 1 级涡轮叶片断裂事件分析

1. 故障现象

某航空公司的某飞机在起飞过程的推油门时，发生了右侧航空发动机1级涡轮转子叶片(图 2-39)全部折断，航空发动机关车并中止起飞的不安全事件。该航空发动机型号为 WJ5A-1，总使用时间为 1219h。随后，又有一家航空公司的一架运7飞机在空中发生单发空中停车事件，单发着陆。经内场分解检查，航空发动机1级涡轮转子叶片折断，该航空发动机总使用时间为2338h。随后，第三家航空公司的一架运7飞机在合肥准备起飞，在推油门时右航空发动机一声闷响，紧接着飞机剧烈抖动，飞行员迅速关车。经内场分解检查，航空发动机1级涡轮转子叶片折断，该航空发动机总使用时间为521h。1992 年 1 月，某航空公司的一架运7飞机在南京某机场滑行过程中，左航空发动机突然剧烈抖动，飞行员立即采取停车措施，中止起飞。经内场分解检查，航空发动机 1 级涡轮转子叶片折断，该航空发动机总使用时间为 556h[28]。

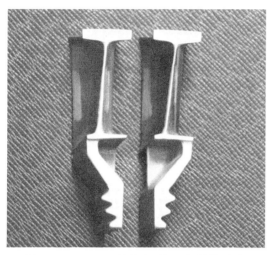

图 2-39　WJ5A-1 航空发动机一级涡轮叶片

2. 故障调查

该航空发动机 1 级涡轮转子共有 70 片叶片，分 35 对装在涡轮盘的榫槽内，是用 K405 镍基高温合金真空精密铸造成型。出现故障的 4 台航空发动机返厂分解检查，给出的前三次分析结论是：

(1) 3 起故障均由 1 级涡轮叶片低循环疲劳断裂失效所致；

(2) 疲劳裂纹起源于严重超标的冶金缺陷处；

(3) 该叶片伸根段结构复杂，加强筋设计不合理，在铸造过程中该处易形成疏松、气孔、夹砂、氧化皮及夹渣等冶金缺陷，且该处出现的缺陷难以检测发现。

3. 故障原因

此型航空发动机是仿苏制的 AN-20 航空发动机，在仿制时为了增加叶片强度，在伸根段增加了加强筋设计，致使加强筋处产生一个大的应力区。

该航空发动机由于连续多次发生相同故障，中国民用航空局航空器适航审定司为保障民用航空运行安全和公众利益，根据所发生故障时航空发动机的总使用时间，将原来 3000h 的翻修时限更改为 500h 进行翻修的要求，并要求航空发动机制造企业彻底查找原因，并制定相应整改措施。

4. 排故措施

(1) 航空制造企业制定了加严的 X 射线探伤方法。

(2) 改进加强筋的设计厚度，由原来的厚度 2.0mm 改为 3.0mm，避免铸造时合金流动不畅。

(3) 重新研制、设计新型叶片(图 2-40)。

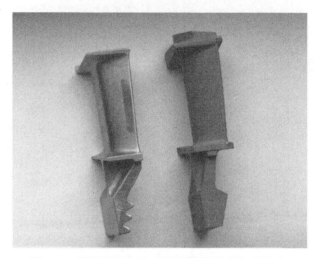

图 2-40　原设计叶片(左)和改进设计后叶片毛胚(右)

2.2.8　ALF502R-5 航空发动机空中停车事件分析

1. 故障现象

1990 年 8 月，某航空公司的一架 BAe146-100 飞机执行兰州—上海航班任务，在兰州中川机场起飞后不久，3 号航空发动机振动指示超标，航空发动机空中关车。落地后检查航空发动机滑油系统中有大量金属屑，并且航空发动机内部损坏严重。

该航空发动机型号为 ALF502R-5 型涡轮风扇航空发动机(图 2-41)，航空发动机高压涡轮驱动压气机，低压涡轮经行星减速器减速后向风扇输出动力。行星减速器的两个重要部件是行星齿轮和环齿轮，工作负荷大并且条件严酷。为减少减速器的振动，在机匣内加装了一个筒状减振弹簧，图 2-42 为航空发动机行星减速器处剖面图。

2. 故障调查

对该航空发动机进行分解，打开减速器后发现，减速器损坏严重，环状齿轮碎裂成 5 块，筒状减振弹簧的弹性部分全部成碎片(图 2-43)，从环状齿轮的断口看，有明显的疲劳痕迹。对环齿断口和弹簧碎片开展材质及断口的分析工作，在减速机匣的前端的拐角处发现筒状减振弹簧的弹性边的边缘圈。图 2-44 为正确的桶状减振弹簧。

图 2-41　航空发动机立体图

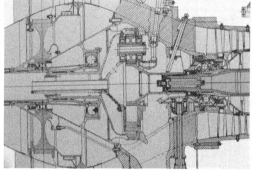

图 2-42　航空发动机行星减速器处剖面图

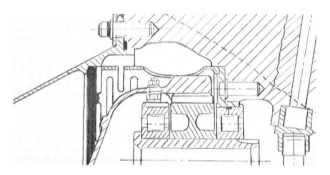

图 2-43　机匣中减振弹簧残件(红色)(彩图请扫封底二维码)

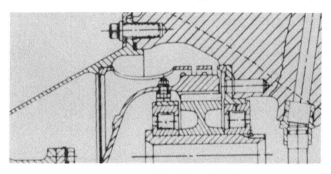

图 2-44　正确的桶状减振弹簧

3. 故障原因

分析和讨论筒状减振弹簧的工作原理，认为振动源应是行星齿轮，筒状减振弹簧的弹性边靠近振动源会迅速吸能，降低振动幅度达到减振效果，如筒状减振弹簧的刚性边靠近振动源时将起到放大振动幅度的作用，有可能导致筒状减振弹簧的提前失效。一旦减振弹簧失效，势必导致环齿的工作条件恶化，引起环齿的疲劳断裂或损坏。

2.2.9　某型航空发动机非包容爆裂事件原因分析

1. 故障现象

某航空公司 B757 型飞机发生航空发动机非包容爆裂事件。某航空公司在北京执行航班任务，飞机起飞爬升至高度 245m 时左发突发巨响，航空发动机空中自动停车，飞机返航并安全落地。地面检查发现：左发高压压气机 8 级转子叶片及其安装叶片的 8 级盘轮缘飞出机匣，高压压气机机匣约 1/4 圆周被击穿，见图 2-45、图 2-46；左反推整流罩内圈约 11 点钟位置被飞出物击穿一个约30cm×40cm 的孔洞；左右整流罩由于锁扣空中打开，分别敲击 4 号缝翼和机翼下表面，造成轻微磕碰伤；航空发动机飞出物造成机身多处的不同程度损坏，形成高压压气机非包容性损伤事件。

经对此台航空发动机履历核查，该航空发动机出厂后于 1990 年 7 月 15 日装机服役，经历了 5 次修理，事件发生前共使用 27623h/16820 次循环，自最后一次翻修后使用 4093h/2354 次循环，且航空发动机的性能趋势、滑油耗量、振动、近期孔探检查情况均未见异常。制造商给出的此高压压气机 8 级高压压气机盘的使用总寿命为 20000 次循环，在现场检查中发现 8 级压气机盘轮缘处的疲劳特征(图 2-47、图 2-48)。

图 2-45　8 级盘轮缘飞出机匣

图 2-46　高压压气机机匣破裂

图 2-47　飞出的 8 级盘轮缘

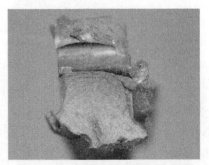

图 2-48　8 级盘轮缘上的疲劳痕迹

2. 故障调查

对航空发动机进行分解，未发现低压压气机、燃烧室、高压涡轮、低压涡轮有明显的损伤。高压压气机 8 级盘破裂，盘轮缘与盘辐分离，并击穿高压压气机机匣(10 点钟位)飞出，有一段盘轮缘卡在机匣的破口处，见图 2-49。8 级盘辐板沿径向开裂，并仍套在低压压气机传动轴上。由于该辐板破裂断口张开并卡在毂筒内，没有发生相对位移，所以断口保存较好，非常有利于开展断口分析。高压压气机 8 级盘前级和后各级叶片均有不同程度的损伤，破裂的压气机 8 级盘轮缘残件见图 2-50。在分解现场发现有一台体视显微镜，在第一时间对 8 级盘盘辐断口进行初步检查，发现盘辐处有明显的疲劳扩展痕迹和疲劳源点，在疲劳源点处有一个凹坑。经对航空发动机分解检查和分析得出，除压气机 8 级盘破裂和导致的损伤外，未发现其他异常损伤现象。为了确定航空发动机事故前是否曾发生过故障，制造商代表提出对航空发动机电子控制器(EEC)中的航空发动机使用历史故障信息记录信息进行下载、分析，其数据分析结果表明，该 EEC 的电源和存储系统功能正常，且无任何故障记录。

此 8 级盘是用钛合金锻压成型的，材料牌号为 AMS 4928(Ti-6Al-4V)。锻造后机械加工成型，并与其他级高压压气机盘组合焊接，构成高压压气机毂筒，见图 2-51。

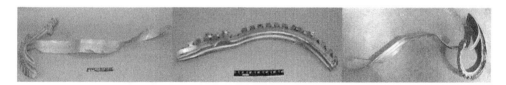

图 2-49　撕裂的 8 级盘轮缘

图 2-50　破裂的压气机 8 级盘辐板

对破裂的 8 级盘断口进行观察，除盘辐板处径向断口外，所有周向断口的断裂形貌均为快速发展和快速撕裂特征。盘辐板的径向断口有明显的疲劳开裂特征，裂纹起始于盘背向侧的辐板面上(9 级盘方向侧)，距盘内孔 38.1mm 处的一个直径约为 0.76mm、深 0.20mm 的不规则凹坑处，见图 2-52。经断口清洗后可观

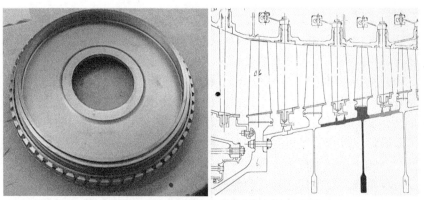

图 2-51 正常的 8 级盘(左)和高压压气机结构图(右)

察到源区断口表面有浅金黄色的氧化色，表明断口生成时间较长，在工作环境中充分氧化，见图 2-53，辐板两侧匹配断口的源区凹坑见图 2-54。随后制造商的实验室人员开始对断口进行疲劳寿命和裂纹扩展速率分析，这是一个细致和需要一段时间的分析工作，进行断口的断裂花样的识别、裂纹走向确定、不同时间段的疲劳条带间隔测量和疲劳裂纹扩展速率计算分析等。在等待分析结果时，盘辐板径向断裂源区的断口正好放在桌上，利用等待试验结果的空隙时间仔细观察断口周边的状况。调查人员突然发现在断裂源区的辐板两侧有打磨过痕迹，用手仔细摸可以感觉到有凹陷感；在辐板的正面与裂纹源相对应处有一明显的划伤后打磨痕迹，两侧凹陷处的表面状态与正常区表面状态相同(经喷丸处理，是制造状态的原始表面)。用卡尺进行测量，证实确实存在疲劳源区辐板变薄现象，见图 2-55。调查人员要求让计量人员正式测量疲劳源区辐板厚度并记录打磨特点。经计量人员测量，断裂源处的辐板厚度实测为 0.086in(1in=2.54cm)，正常部位的辐板厚度实测为 0.104in，而图纸要求辐板厚度为 0.10~0.11in，这明显不符合图纸要求。后用激光表面粗糙度测量仪测量，断裂源处的辐板正、反两面情况如图 2-56 所示。调查人员要求调出当时的生产及检验记录，检验记录表明"此区在制造过程中曾发生碰伤，经修磨"，但未记录对此进行过超差处理。

图 2-52 8 级盘辐板处断口全貌

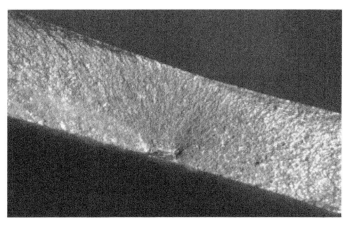

图 2-53　源区断口形貌

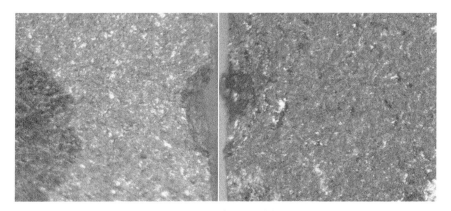

图 2-54　两个匹配断口的裂纹源处凹坑

图 2-55　板正面处的划伤痕迹

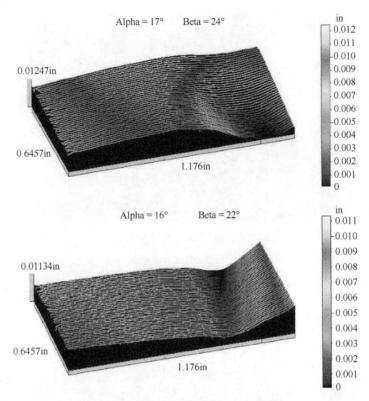

图 2-56　裂纹源两侧表面粗糙度测量

　　经用扫描电子显微镜对裂纹源及裂纹扩展区的断口进行观察，在裂纹的疲劳扩展区遍布低循环疲劳条带。经测量和计算，裂纹自起始至穿透辐板约经历了 7505 次以上次航空发动机启动循环，见图 2-57～图 2-61。

　　对裂纹源的凹坑进行截面金相检查，可以看到坑表面有金属变形痕迹，判定凹坑是由机械损伤造成的，见图 2-62。

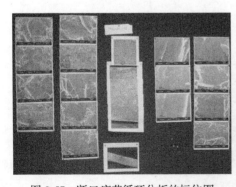

图 2-57　断口疲劳循环分析的标位图

图 2-58　疲劳源点断口形貌

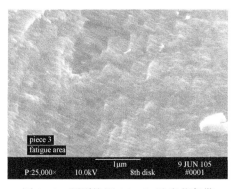

图 2-59　距裂纹源 0.015in 处疲劳条带

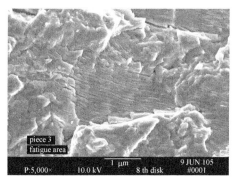

图 2-60　距裂纹源 0.022in 处疲劳条带

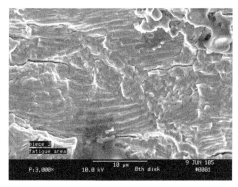

图 2-61　距裂纹源 0.075in 处疲劳条带

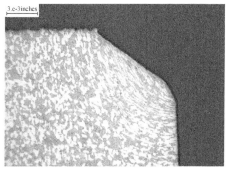

图 2-62　裂纹源凹坑金属变形痕迹

在对 8 级压气机盘的检查中还发现，盘辐板与外缘相接处有明显的加工台阶，而且盘缘与盘辐的快速撕裂多沿此台阶发展，见图 2-63。为确定此台阶在断裂过程中是否有"贡献"，对台阶处进行测量，其结果是台阶处厚度为 0.097in，小于图纸规定的 0.10～0.11in 要求，也属于加工超差。

在分析中还注意到，8 级压气机盘的径向裂纹发展到盘辐和外缘交接处时，裂纹转向并分叉，一路继续沿径向扩展，一路沿周向扩展，如图 2-63 所示。检查结果是：在盘辐与外缘交接处的流线方向约为 45°(一般情况下，锻件的流线应沿零件外形分布。复杂零件的锻造流线，应保证关键部位流线与最大拉应力方向一致，我国航空模锻件的流线要求其流线方向与主应力方向夹角不应大于 30°)，见图 2-64 和图 2-65。

根据裂纹生成至裂纹快速扩展经历了 7505 次航空发动机启动循环的结果，航空发动机在此期间必然经历一次大修，应进行低压气机毂筒的无损探伤检查。

 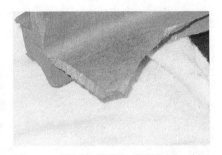

图 2-63　8 级压气机盘裂纹沿周向扩展　　　图 2-64　辐板与外缘相接处的加工台阶

图 2-65　8 级压气机盘的锻造流线

3. 故障原因

通过此次对航空发动机的分解检查和 8 级压气机盘的断口分析，得出如下结论。

(1) 8 级压气机盘断裂源是在盘辐板的机械损伤处生成的，以低循环疲劳形式扩展。

(2) 断裂源区的辐板处两侧表面均有打磨痕迹和由打磨引起的超差。残存的凹坑表明，此处曾发生过碰伤、划伤；打磨痕迹处的表面状态与正常区的表面状态相同，表明此打磨是在单盘状态进行，并进行了盘整体表面喷丸强化处理，证明故障在制造过程中产生。

(3) 断裂源区辐板处两侧的超差使此处板厚度损失了 14%，将使此处产生应力集中。应力大幅增加，是导致疲劳裂纹生成的重要原因。

(4) 8 级压气机盘辐板与外缘相接处有明显的加工台阶并超差，金属流线是导致辐板裂纹发展至此时沿周向快速开裂的原因。

(5) 后续的翻修无损检查方法不能确保发现该处出现的初期裂纹(裂纹形核并经历 2500 次循环扩展)。

4. 排故措施

(1) 对该型盘的生产和修理记录做必要的复查；

(2) 对鼓盘式结构采用荧光渗透检查的有效性做评估;

(3) 对 8 级压气机盘进行应力分析,包括辐板正常厚度情况的应力分布有限元计算和此超差状态下的应力分布有限元计算分析等;

(4) 要对发动机最后一次大修时采用的无损检测方法进行调查。

2.3 军用航空发动机关键件典型故障案例分析

2.3.1 军用航空发动机典型故障

按损失与危害的程度,美国空军将战斗机出现的故障分为 4 个等级,如表 2-3 所列。据美国空军安全局刊物 *Flying Safety* 报道的资料,对 FY1994～FY2007(为美国 1994～2007 年度财政,下同)美国空军战斗机发生的重大故障和由航空发动机引发的重大故障的数据进行了统计,如表 2-4 所列。从表 2-4 可以发现:由航空发动机引发的战斗机 A 等故障率为 31%;由航空发动机引发的战斗机坠毁故障率为 26%。

表 2-3   美国空军飞行故障等级

故障等级	标准
A 等故障	(1)财产损失超过 100 万美元;或(2)造成人员死亡或者永久残废;或(3)飞机坠毁或损伤到很难修理的程度
B 等故障	(1)财产损失为 20 万～100 万美元;或(2)造成人员部分残废;或(3)5 人以上住院
C 等故障	(1)财产损失为 1 万～20 万美元;或(2)造成人员损伤,需要休息 1 个工作日以上
D 等故障	(1)财产损失为 0.2 万～1 万美元;或(2)造成人员损伤,需要休息 1 个工作日以下

表 2-4   美国空军战斗机发生的与航空发动机相关的重大故障数据

年份	空军飞机故障数/次(架)			由航空发动机引发的故障数/(次(架)/%)		
	A 等故障	B 等故障	损伤战斗机	A 等故障	B 等故障	损伤战斗机
FY1994	—	—	—	/31	6/	/16.7
FY1995	34	20	—	13/38	7/35	/31.0
FY1996	46	13	—	/43.0	/37.4	/40.0
FY1997	68	—	—	19/28.0	/35.0	/38.5
FY1998	24	13	20	6/25	7/54	4/20.0
FY1999	30	—	26	9/30	—	9/34.6

续表

年份	空军飞机故障数/次(架)			由航空发动机引发的故障数/(次(架)/%)		
	A 等故障	B 等故障	损伤战斗机	A 等故障	B 等故障	损伤战斗机
FY2000	25	—	17	—	—	3/17.6
FY2001	24	—	21	9/37.5	—	8/38.1
FY2002	35	—	25	10/28.6	—	3/12.0
FY2003	31	—	11	5/16.1	—	2/18.1
FY2004	32	—	11	12/37.5	—	2/18.1
FY2005	33	—	11	7/21.2	—	2/18.1
FY2006	18	—	8	5/27.8	—	3/37.5
FY2007	18	—	14	7/38.9	—	3/21.4
平均值	—	—	—	/31	—	/26

根据美国空军安全局 *Flying Safety* 报道的资料，对 FY1995～FY2007 美国空军战斗机发生的与航空发动机相关的重大故障的因素分布数据进行了统计，如表 2-5 所列。

从表 2-5 可以发现：由设计不当造成的占 21.1%，由维护不当造成的占 19.7%，由后勤保障不当造成的占 17.1%，由使用不当造成的占 21.8%，由质量因素造成的占 1.8%，由故障件造成的占 4.5%，由外来物损伤造成的占 2.5%，由风险管理不当造成的占 1.7%，由未知因素或不确定因素造成的占 9.8%。

根据美国空军安全局 *Flying Safety* 报道的资料，对 FY1998～FY2005 美国空军战斗机发生的与航空发动机相关的重大故障涉及的部件分布数据进行了统计，如表 2-6 所列。

表 2-5　美国空军战斗机发生的与航空发动机相关的重大故障的因素分布

原因	年份												
	1995	1996	1997	1998	1999	2000	2001	2002	2003	2004	2005	2007	统计
	故障率/%												
设计	69	30	35.8	38	30	15	—	—	14	—	—	21	21.1
维护	8	40	14.3	31	—	—	34	20	5	43	28.6	14	19.7
后勤	—	—	7.1	—	—	20	22	70	—	29	57.1	—	17.1

续表

原因	年份												统计
	1995	1996	1997	1998	1999	2000	2001	2002	2003	2004	2005	2007	
	故障率/%												
使用	—	15	—	—	32	60	11	—	72	14	—	58	21.8
质量	8	15	—	—	—	—	—	—	—	—	—	—	1.8
故障件	—	—	21.5	15	19	—	—	—	—	—	—	—	4.5
外来物	—	—	—	—	—	5	—	10	9	—	—	7	2.5
风险	—	—	7.1	8	6	—	—	—	—	—	—	—	1.7
未知	15	—	14.2	8	13	—	33	—	—	14	14.3	—	9.8

表 2-6　美国空军战斗机发生的与航空发动机相关的重大故障涉及的部件分布

部件	年份								统计
	1998	1999	2000	2001	2002	2003	2004	2005	
	故障率/%								
风扇	—	—	33	—	10	17	21	—	10.1
压气机	30.5	22	33	13.3	—	17	30	28.6	21.8
燃烧室	—	—	—	—	20	—	7	—	3.4
高压涡轮	30.5	12	—	13.3	—	32	14	28.6	24.8
低压涡轮		22	34	13.3	—				—
加力燃烧室	15	22	—	—	—	—	—	28.6	8.3
控制器	8	22	—	—	20	—	—	—	6.2
轴承	—	—	—	33.5	40	17	7	—	12.2
滑油系统	8	—	—	13.3	—	17	7	—	5.7
外来物	8	—	—	—	—	—	—	—	1
未知	—	—	—	13.3	10	—	14	14.2	6.5

从表 2-6 可以发现，故障所涉及的航空发动机部件包括：由风扇造成的占 10.1%，由压气机造成的占 21.8%，由燃烧室造成的占 3.4%，由涡轮造成的占 24.8%，由加力燃烧室造成的占 8.3%，由控制器造成的占 6.2%，由轴承造成的占 12.2%，由滑油系统造成的占 5.7%，由外来物造成的占 1%，由未知因素或不确定因素造成的占 6.5%。也就是说，叶轮机部件占 56.7%，是最大的故障源；控制与附件占 24.1%，是第二大故障源；燃烧部件占 11.7%，是第三大故

障源。

由上述数据可知，航空发动机是美国空军战斗机发生重大故障的主要原因之一，而设计、使用、维护与保障方面的问题是航空发动机发生故障的主要原因。

2002 年，美国空军对 F-15 与 F-16 战斗机从投入使用到 FY2001 年这段时间在使用中出现的 A 等故障、B 等故障和坠毁飞机的数据进行了统计，如图 2-66～图 2-69 所示。

从图 2-66～图 2-69 可以发现以下规律。

(1) F-15 战斗机在最初近 10 年(1972～1980 年，飞行时间为 342965h)的使用中，故障率很高，降低幅度也较大。其中，A 等故障从 22.02 降低到 4.57；B 等故障从 94.79 降低到 18.30。在之后的 20 多年(1981～2007 年)的使用中，随着使用时间的显著增长，故障率呈现降低的趋势，但降低的幅度已经不明显，如平均 A 等故障率为 2.18，变化幅度为 0.50～3.78。

(2) F-16 战斗机在近 10 年(CY1975～CY1983，飞行时间为 350515h)的使用中，故障率很高，但降低幅度很大；在之后的 20 多年(CY1984～CY2007)的使用中，随着使用时间的增长，故障率呈现降低的趋势，但降低的幅度不太明显，如平均 A 等故障率为 3.49×10^{-6}h，变化幅度为 0.56～6.80。

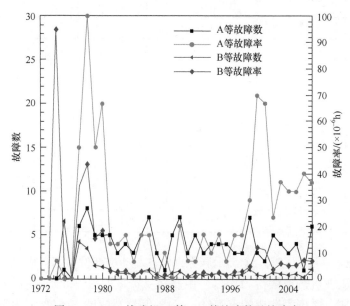

图 2-66　F-15 战斗机 A 等、B 等故障数及故障率

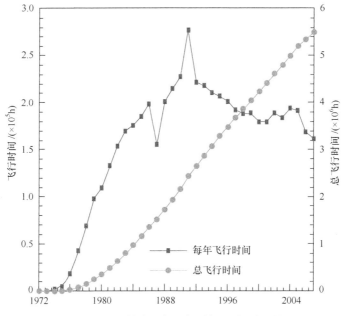

图 2-67　F-15 战斗机年飞行时间及总飞行时间

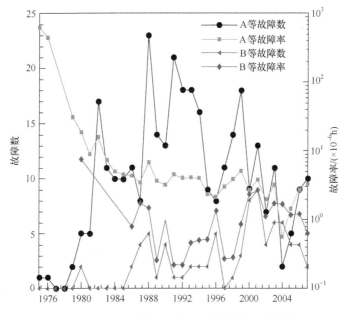

图 2-68　F-16 战斗机 A 等、B 等故障数及故障率

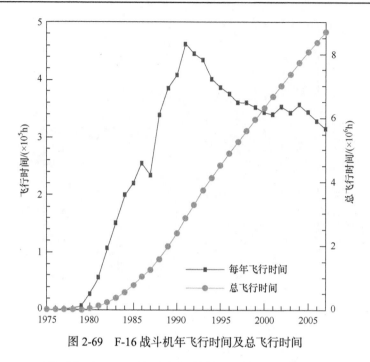

图 2-69　F-16 战斗机年飞行时间及总飞行时间

总之，F-15 战斗机和 F-16 战斗机的故障贯穿整个使用过程，只是在使用的前 10 年或 350000h 左右，故障率很高，之后逐步降低，但故障仍时有发生。

20 世纪 60 年代末到 70 年代初，普惠公司成功地为 F-15 战斗机和 F-16 战斗机研制了世界上最早的推力比 8 级的双转子加力式涡扇航空发动机 F100-PW-100/200。该航空发动机的跨声速/超声速性能取得了显著提高，但是可靠性和耐久性远没有达到期望的目标。为此，20 世纪 70 年代中期到 80 年代中期，普惠和通用电气公司又分别在 F100-PW-100/200 航空发动机和 F101-GE-100 航空发动机核心机的基础上，改型研制了 F100-PW-220 和 F110-GE-100 航空发动机，取得了性能与可靠性、耐久性的综合平衡。20 世纪 90 年代初，普惠和通用电气公司又陆续改进研制了推力增大型的 F100-PW-229/232 和 F110-GE-129/132 航空发动机。在投入使用后，F100 和 F110 系列航空发动机出现了一系列的重大故障，如表 2-7 和表 2-8 所列。

表 2-7　F100 航空发动机在 1973 年投入使用以来出现的重大故障

时间	故障	时间	故障
1973～1979	F100-PW-100/200(1100 台，25×10⁴h)，发生 547 次喘振与悬挂失速，47 次涡轮工作叶片与导向叶片故障，60 次主燃油泵故障，10 次加力燃油泵、轴承故障及电子调节系统故障，造成 F-15 与 F-16 多次重大故障	FY1994	F100-PW-200 航空发动机第 5 号轴承、控制系统和第 3 级风扇盘出现故障 F-16/F100-PW-220，1 次 A 等故障

续表

时间	故障	时间	故障
1979～1982	F-16/F100-PW-200，9 次 A 等故障	FY1995	F-16/F100-PW-200/220E，3 次 A 等故障 F-15/F100-PW-200/220E，2 次 B 等故障 F-15/F100-PW-229，1 次 B 等故障
1982～1983	F-15/F100-PW-100，25 次加力燃烧室烧穿故障 F-16/F100-PW-200，4 次 A 等故障	FY1996	F-16/F100-PW-220/220E，1 次 A 等故障和 1 次 B 等故障 F-15/F100-PW-100/220，3 次 A 等故障和 1 次 B 等故障
1985	F-15/F100-PW-100，1 次 A 等故障 F-16/F100-PW-200，3 次 A 等故障 F-15/F100 和 F-16/F100，多次 B 等故障	FY1997	F-16/F100-PW-200/220/229，4 次 A 等故障(美国 3 次，韩国 1 次) F-15/F100-PW-100/229，2 次 A 等故障 F-15/F100-PW-100，4 次 B 等故障
1986	F-15/F100-PW-100，1 次 A 等故障 F-16/F100-PW-200，4 次 A 等故障	FY1998	F-15/F100-PW-100/229，2 次 A 等故障 F-16/F100-PW-229，1 次 A 等故障 F-15/F100-PW-100，5 次 B 等故障 F-16/F100-PW-200/220，2 次 B 等故障
1989	F-16/F100-PW-200，4 次 A 等故障	FY1999	F-16/F100-PW-220，5 次 A 等故障 在中国台湾，F-16A/F100，5 次 A 等故障
1990	F-15/F100，2 次 A 等故障 F-15/F100，4 次 B 等故障 F-15/F100，多次 C 等故障	FY2000	F-16/F100-PW-220，2 次 A 等故障
1991	F-16/F100-PW-220，美国和韩国各 1 次 A 等故障	FY2001	F-16/F100-PW-200，2 次 A 等故障
FY1992	F-16/F100-PW-200，5 次 A 等故障和 3 次 B 等故障	FY2006	F-15/F100-PW-220，1 次 A 等故障 F-16/F100-PW-220，1 次 A 等故障
FY1993	F-16/F100-PW-200，2 次 A 等故障，5 次 B 等故障	FY2007	F-16/F100-PW-220，3 次 A 等故障

表 2-8　F110 系列航空发动机在 1986 年投入使用后出现的重大故障

时间	故障	时间	故障
1988	F110-GE-100 航空发动机第 1 级高压压气机工作叶片 3 次出现裂纹	FY1996	F-16/F110-GE-100，3 次 A 等故障 F-16/F110-GE-129，1 次 A 等故障
1990	F-16/F110-GE-100，2 次 A 等故障	FY1997	F-16/F110-GE-100，3 次 A 等故障和 1 次 B 等故障

续表

时间	故障	时间	故障
1992	F-16/F110-GE-100, 2次A等故障	FY1998	F-16/F110-GE-100, 2次A等故障 F-16/F110-GE-129, 1次A等故障
1985	F100-PW-200, 3次A等故障 F-15/F100和F-16/F100, 多次B等故障	FY1999	F-16/F110-GE-100, 3次A等故障 F-16/F110-GE-129, 1次A等故障
1993	F-16/F110-GE-100, 2次A等故障 F-15E/F110-GE-100, 2次A等故障	FY2000	F-16/F110-GE-100, 1次A等故障
FY1994	F-16/F110-GE-100, 3次A等故障 F-16/F110-GE-129, 1次A等故障 F-15/F110-GE-100, 2次A等故障 在埃及和以色列, F-15/F110-GE-100, 4次A等故障, 致使350架F-15战斗机停飞	FY2001	F-16/F110-GE-100, 4次A等故障 F-16/F110-GE-129, 1次A等故障
FY1995	F-16/F110-GE-129, 2次A等故障 F-16/F110-GE-100, 2次A等故障 F-15/F100-PW-100, 2次B等故障 在德国, F-16C/D/F110-GE-129, 1次A等故障	FY2002	F-16/F110-GE-129, 1次A等故障 F-16/F110-GE-129, 1次A等故障
		FY2005	F-16/F110-GE-100, 1次A等故障 F-16/F110-GE-129, 1次A等故障
		FY2006	F-16/F110-GE-100, 1次A等故障

从表 2-7 可以发现，在 1973~1986 年间，F100-PW-100/200 航空发动机在可靠性、耐久性、维护性和作战适用性方面出现了大量且严重的问题。这些问题的出现，增加了检查、修理、更换、故障隔离等工作，导致维护人时的储备和维护/补给航空发动机的超计划供应，甚至造成 F-15 与 F-16 战斗机不得不停飞排故，严重地影响了战时作战能力与使用战备状态。究其原因，是当时航空发动机研制理念的不成熟。

(1) 在研制理念方面，采用轻质的新材料和显著改进的新设计提高航空发动机的性能，而没有充分研究新材料与新设计对疲劳或一些耐久性限制特性的敏感性。具体表现包括：设计寿命没有明确规定；预期用法没有明确；正式的结构分析不需要进行；应力和温度几乎不测量；试验循环不结合实际用法确定。

(2) 在研制过程中，F100-PW-100/200 航空发动机，不但采用了没有充分验证的新材料与新设计，而且试验验证的内容、强度、范围又明显不全和不够。

(3) 在使用过程中，当 F-15 与 F-16 战斗机进行大的机动动作以及频繁推拉油门杆时，在经历包括快速变化的温度/转速和应力循环等苛刻工作条件后，部件就很可能出现过早的损坏或失效等故障。

从表 2-7 和表 2-8 可以发现，在 1988～2007 年间，F100 和 F110 系列航空发动机故障不断。在研制过程中，以结构完整性大纲（ENSIP）为指导、以成熟的 F100 和 F101 航空发动机核心机为基础，增加符合实际工作条件的试验验证内容，如低循环疲劳、寿命循环试验、高空试验、300h 耐久试验等，但 F100-PW-220/229/232 和 F110-GE-100/129/132 航空发动机在使用中仍然出现较多严重的问题，导致 F-15 与 F-16 战斗机服役过程中备受航空发动机故障的困扰，需要进行大量排故和改进设计工作，严重影响美国空军的战备完好性。其原因是在研制过程中，为提高航空发动机性能，航空发动机结构愈加复杂，通过扩展试验内容，加重试验的苛刻度，加长试验时数，通过地面、高空试验模拟外场的极端工作条件下零部件和整机的性能、强度、振动、耐久性、可靠性等，无法覆盖千变万化的实际工作环境和工作状态，最终导致使用过程中难免出现一些无法预料的问题和故障。

2.3.2　军用航空发动机典型故障的原因

（1）由于涉及学科广泛、技术水平领先、工作环境苛刻、工作状态多变诸多固有特性，在使用过程中，战斗机航空发动机在前 10 年或工作 35000h 左右，故障次数多，故障率高；在之后的较成熟时期，故障明显减少，但还是时有发生。

（2）不论是没有考虑结构完整性的 F100-PW-100/200 航空发动机，还是按结构完整性大纲研制的 F100-PW-220、F100-PW-229、F110-GE-100、F110-GE-129 等航空发动机，在使用过程中都出现了较多的故障，但是前者的出现数量与频率明显高于后者。

（3）在部件故障分布方面，航空发动机叶轮机是最主要的故障源，控制系统和附件也是出现较多故障的部件。

（4）在影响因子分布方面，设计、维护、保障和使用的不当是航空发动机出现故障的最主要原因，质量、故障件、外来物的损伤等是导致航空发动机故障的较次要因素。

2.4　航空发动机关键件典型失效模式和机理分析

本节收集了国内外一些典型的航空发动机关键件在使用过程中由其结构件引起的航空发动机事故案例，分析故障原因，梳理航空发动机关键件典型失效模式。航空发动机关键件内在失效原因可能包含下列项目中的一项或几项的组合：

（1）高循环疲劳；
（2）低循环疲劳；
（3）蠕变；

(4) 热疲劳。

在这些内在失效因素之外的情况下，一些其他因素也可能诱发部件的提前报废或失效。上述大多数的失效原因和外界的因素相关，而且不会在特定的航空发动机机队中发生。这些可能导致失效的原因有：

(1) 侵蚀；

(2) 材料缺陷；

(3) 微振磨损；

(4) 制造缺陷；

(5) 腐蚀；

(6) 错误的维修；

(7) 声学/运行环境；

(8) 操纵者的手动损伤；

(9) 外来物的损伤；

(10) 摩擦、损耗、摩擦力。

2.4.1　高循环疲劳

振动及颤振是诱发高循环疲劳的较为典型的原因。一般可以将由低循环疲劳产生的应力叠加看作是高循环疲劳应力。通常用有关低循环疲劳的百分比表达式来表示，因此将可能降低整体寿命。在设计层次上，尽量避免高循环疲劳在正常运行的时候发生，或者尽量改变其特征，用来保证这种应力不至于造成任何部件的不正常运行。一般这样可以保证部件将不会或者是与相邻的结构发生互相作用从而产生共振，避免严重后果的发生。但是，飞机尤其是用在军用方面的飞行器，因为会在和初始定义不一样的角色及状态的情况下运行，这样不可避免地会造成高循环疲劳。纵然高循环疲劳不将产生新的裂纹或裂纹组，但是一些结构，尤其是航空发动机叶片上的裂纹会将在高循环疲劳的影响下快速产生而导致部件失效。要想了解高循环疲劳，就应该详细地知道结构的温度、应力(含循环的及静止的)以及材料特性。

2.4.2　低循环疲劳

与高循环疲劳相比较，低循环疲劳是由更低的频率，但更高的应力振幅造成的。在材料所具有的弹性限度内在不一样的应力水平情况下重复循环运动，其导致的应力偏移可能产生低循环疲劳，最终会产生无法正常运行的后果。低循环疲劳也被称为疲劳极限，是零件在正常情况下工作所能允许的最大应力值，能够有效地实现材料的特性，对构件、零件的应力较高，通常是低于 10^5 的循环次数的疲劳。扭转载荷、离心载荷和气压载荷都有可能造成低循环疲劳应力，这些因素都是能够单独或者一起引发疲劳压力。在特殊航空发动机运行的环境中将导致网状应力的产生。许多转动的部件，特别是盘和轴，很容易产生低循环疲劳。所以针对航空发动机关键件来看，对安全寿命造成最大影响的因素是低循环疲劳。而其他不是转动的构件，像支撑设备、导管和安装座，也同样会受不同原因引起的低循环疲劳应力的影响。许多转动部件的主要载荷是与转速相关的离心载荷。离心载荷的数值和其转速平方形成正比例关系，在起飞时转速的变化将导致相应的应力变化，与航空发动机处于慢车时转速所产生的应力波动相比较，这时候将会产生大幅度的应力波动。在低转速状态下的油门运动所引起的损伤会比高转速状态下油门运动所造成的损伤少很多。由于商用飞机不需要经常大推力地使用油门，所以民航航空发动机的低循环疲劳的产生次数比战斗机航空发动机的低。

2.4.3　高温蠕变

对于长时间是在大推力情况下的飞机，蠕变是比低循环疲劳对关键件影响更为严重的因素。在商用飞机上，蠕变一般不会在巡航时段发生，但在起飞以及爬升阶段有可能发生。由于晶体结构的滑动以及含有颗粒极限材料的流动，从而金属在高温和持续稳定的负载情况下可能会发生微小但永久的尺寸变化。这可能导致涡轮的一些部件的尺寸变化，这将引起部件所能承受的运行应力峰值的变化。假如这些变化没有被后续的检查发现，那么它们将会导致部件的失效。部件运行时所处的环境的最高温度和在最高温度下的运行时长，是影响蠕变的两个重要变量。

2.4.4　热疲劳

热疲劳是由于温度变化导致的交变热力载荷所产生的疲劳损坏，对于部件或系统的热疲劳通常采用热梯度和热流密度等其他形式表达。一般在短暂的温度变化下容易产生最大热应力。突然的加速或者减速都将会导致热疲劳的产生，如快速改变发动机功率时，燃气温度的改变非常迅速，这样容易产生很大的热梯度，特别是对于热端部件。由于航空发动机部件有着不同的几何构造模式，这样导致了不一样的加热及冷却速度，膨胀差就会在这种情况下出现。因此，在一些情况下可以将热疲劳视为低循环疲劳的一部分。

2.5　小　　结

本章梳理了国内外典型的航空发动机关键件在使用过程中引起的航空事故案例，分析了故障的原因，在部件故障分布方面，航空发动机转子部件是最主要的故障源，控制系统和附件也是较多出现故障的部件；在影响因素分布方面，设计、维护、保障和使用的不当是航空发动机出现故障的最主要原因，质量缺陷、故障件、外来物的损伤等是导致航空发动机故障的较次要因素。航空发动机关键件内在失效因素可能是一种或者是多种因素的组合，包括高循环疲劳、低循环疲劳、蠕变、热疲劳等，一些其他因素也可能诱发部件的提前报废或失效，可能导致失效的原因有侵蚀、材料缺陷、微振磨损、制造缺陷、外来物的损伤等。

第 3 章 航空发动机关键件安全性指标分析

3.1 引 言

本章综合军用航空发动机适航标准规范要求，从适航和标准规范角度系统分析军用航空发动机的安全性顶层要求，提出适用于军用航空发动机的安全性定量指标制定原则，研究军民用航空发动机的安全性定量指标的差异性，给出航空发动机安全定量指标的定义和建议值，分析导致航空发动机危害性后果的典型失效状态相关的安全性设计要求，涵盖军机适航、航空发动机军用标准等要求。针对航空发动机关键件安全性指标要求，研究影响航空发动机关键件安全的不同类别危险发生的程度，以及影响航空发动机关键件运行安全的不同类别危险发生的边界指标。

3.2 航空发动机关键件安全性指标

航空发动机关键件安全性指标是指衡量航空发动机关键件危险等级、危险发生可能性以及危险发生的边界指标要求。本章按照航空发动机关键件安全性指标类型，将航空发动机关键件安全性指标分为两级指标，如图 3-1 所示。

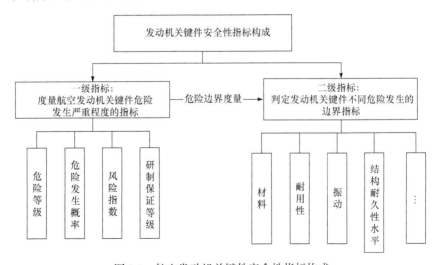

图 3-1 航空发动机关键件安全性指标构成

(1) 一级指标：是指根据航空器使用任务的不同，度量航空发动机关键件危险发生严重程度的指标。人们通过危险发生等级和概率指标度量危险发生的严重性和严重性等级，例如，FAR-33 部将航空发动机危险等级指标分为三个等级，危害的、重大的及轻微的。危险严重性等级发生的概率要求为：危害的失效概率小于 $10^{-9} \sim 10^{-7}$/飞行小时，重大的失效概率小于 $10^{-7} \sim 10^{-5}$/飞行小时，轻微的则未制定失效概率。

(2) 二级指标：针对一级指标不同的危险等级和危险发生的失效概率指标，判定航空发动机关键件不同危险发生的边界指标要求，形成航空发动机的二级指标，主要考虑 I 类危险边界指标，可以是定性或定量的要求。对于民用航空发动机关键件安全性指标，将航空发动机适航规章(CCAR-33、FAR-33 以及 CS-E)的要求作为危险发生的约束性指标；对于军用航空发动机关键件安全性指标，主要以 GJB 241A/242A 和 GJB 900A—2012 为主体，以军机适航(MIL-HDBK-516C)为补充，作为航空发动机关键件危险发生的约束性指标。以航空发动机发生"航空发动机转子非包容"失效状态为例，该事件危险等级为危险的，要求该失效状态导致航空发动机发生失效概率小于 $10^{-9} \sim 10^{-7}$/飞行小时，轮盘破裂导致"航空发动机转子非包容"危险发生的边界指标要求为，当轮盘材料承受最大温度梯度和最高工作温度时，轮盘的设计破裂转速不低于稳态最高允许转速的 122%。

3.3　军用航空发动机关键件安全性指标分析

3.3.1　军用航空发动机关键件安全性一级指标

军用航空发动机关键件安全性一级指标如下所述。

(1) 军用航空发动机关键件以军用航空发动机安全性要求(GJB 241A/242A 和 GJB 900A—2012)为主，以军机适航(MIL-HDBK-516C)中相关安全性要求为补充。

(2) 军用航空发动机与民用航空发动机使用环境与条件有所不同，民用航空发动机安全要求没有灾难的，军用航空发动机参照 MIL-STD-882E、Defence Standard 00-970 及 GJB 900A—2012 标准等，军用安全性的等级可以分为灾难的(catastrophic)、危险的(hazardous)、主要的(major)、次要的(minor)、无安全性影响的。

1. 军用航空发动机关键件安全性定性一级指标

对于军用航空发动机关键件安全性定性一级指标，主要通过对比分析 GJB 241A—2010 和 GJB 242A—2018 得到。GJB 241A—2010《航空涡轮喷气和涡轮风扇发动机通用规范》中的 3.13 节给出了航空发动机安全性要求，具体如下所述。

一般要求：

最大限度地降低由于航空发动机故障引起的飞机严重损失率。任何航空发动机故障或多重失效及任何可能的不正常操作，均不应引起航空发动机出现下列情况：

(1) 着火；

(2) 非包容；

(3) 单发飞机不可恢复的空中停车；

(4) 航空发动机失去停车能力；

(5) 座舱引气使人员工作能力受影响；

(6) 安装系统失效，不能支承航空发动机；

(7) 大于标准中规定的极限载荷。

GJB 242A—2018《航空涡轮螺桨和涡轮轴发动机通用规范》中的 3.13 节给出了航空发动机安全性要求，具体如下所述。

一般要求：

应按照 GJB 900A—2012 的相关规定进行航空发动机安全性设计，最大限度地降低由于航空发动机故障引起的飞机严重损失率。任何航空发动机故障或多重失效及任何可能的不正常操作，引起航空发动机出现下列情况的可能性应降到最小：

(1) 非包容的高能碎片；

(2) 客舱用航空发动机引气中有毒物质浓度足以使机组人员或乘客失去能力；

(3) 与驾驶员命令的推力方向相反的较大的推力；

(4) 不可控火情；

(5) 航空发动机安装系统失效，导致非故意的航空发动机脱开；

(6) 如果适用，航空发动机引起的螺旋桨脱开；

(7) 完全失去航空发动机停车能力；

(8) 单发飞机不可恢复的空中停车。

表 3-1　GJB 241A—2010 与 GJB 242A—2018 定义的 I 类安全性事件对比

序号	GJB 241A—2010	GJB 242A—2018
1	着火	不可控火情
2	非包容	非包容的高能碎片
3	单发飞机不可恢复的空中停车	单发飞机不可恢复的空中停车
4	航空发动机失去停车能力	完全失去航空发动机停车能力
5	座舱引气使人员工作能力受影响	客舱用航空发动机引气中有毒物质浓度足以使机组人员或乘客失去能力
6	安装系统失效，不能支承航空发动机	航空发动机安装系统失效，导致非故意的航空发动机脱开
7	大于标准中规定的极限载荷	如果适用，航空发动机引起的螺旋桨脱开
8	—	与驾驶员命令的推力方向相反的较大的推力

表 3-1 可以看出，根据以往航空发动机运行经验，军用标准航空发动机给出了通用的Ⅰ类事件，上述事件可能会对飞机运行产生灾难性或者危险性影响后果。通过对比 GJB 241A—2010 和 GJB 242A—2018 规定的危险事件可以看出两者的异同点。

1) 共性

GJB 241A—2010 定义了 7 个典型Ⅰ类安全性影响后果事件，GJB 242A—2018 定义了 8 个典型Ⅰ类安全性影响后果事件，其中有 6 个典型Ⅰ类事件基本相似：

(1) 不可控火情；

(2) 非包容；

(3) 单发飞机不可恢复的空中停车；

(4) 航空发动机失去停车能力

(5) 座舱引气使人员工作能力受影响；

(6) 安装系统失效，不能支承航空发动机。

2) 差异性

(1) GJB 241A—2010 中主要面向的对象是涡轮和涡扇航空发动机，没有考虑"航空发动机螺旋桨脱开"失效事件，而 GJB 242A—2018 主要面向的对象是涡桨和涡轴航空发动机，因此涵盖了"航空发动机螺旋桨脱开"。

(2) GJB 241A—2010 定义了"大于标准中规定的极限载荷"失效事件，是由于军用航空发动机特殊的作战任务和运行环境，对于结构承载提出了特殊要求。

(3) GJB 241A—2010 规定的Ⅰ类安全性影响后果事件不包含"与驾驶员命令的推力方向相反的较大的推力"。对于反推，通常情况下军用航空发动机无反推装置，因此 GJB 241A—2010 没有定义反推失效事件，而在实际型号中，军用运输机存在反推情况，GJB 242A—2018 将反推导致的失效涵盖到航空发动机Ⅰ类事件中。

2. 军用航空发动机关键件安全性定量一级指标

军用航空发动机关键件是其失效将会危及飞行安全，或者由于其失效和失效后引起更多零件失效并引起灾难性的航空发动机失效的零件。对于单发飞机而言，关键件应包括那些由于失效将引起功率损失，从而不能持续飞行的零件。制定军用航空发动机关键件安全性定量一级指标需考虑以下几个方面。

(1) 军用航空发动机安全性等级的定义。

军用安全性的等级可以分为灾难的、危险的、主要的、次要的、无安全性影响的。区分于不同类型的飞机，航空发动机对上述不同类型的安全性等级定义有所差异，在制定航空发动机安全性等级定义时，主要考虑对航空发动机和飞机以及人员的安全性影响。英国国防部国防标准 DEF Stan 00-970《飞机用设计和适航性要求》11 部航空发动机中定义军用航空的四类航空发动机安全性等级：灾难的、危险的、临界的、微小的，如表 3-2 所示。

表 3-2　DEF Stan 00-970 中航空发动机的安全性定义

序号	等级	定义	发生概率
灾难性的	CAT I	妨碍继续安全飞行和着陆	$<10^{-6}$
危险的	CAT II	危及继续安全飞行和着陆，导致任务终止	$10^{-6} \sim 10^{-3}$
临界的	CAT III	不影响继续安全飞行和着陆，不能达到任务目标	$10^{-3} \sim 10^{-2}$
微小的	CAT IV	不影响完成任务，要求提前维修	$10^{-2} \sim 10^{-1}$

对于军用航空发动机安全性目标制定原则也可以参考 MIL-STD-882E 和 GJB 900A—2012，其中 MIL-STD-882E 对于所有系统的每个风险引起的潜在危险严重性分类和危险发生可能性等级可参见表 3-3～表 3-5。

表 3-3　航空发动机后果严重性等级划分

严重度类别	危险后果评定准则
I 类(灾难的)	可能导致以下一个或多个后果：人员死亡、永久性残疾、不可恢复的严重环境影响或财产损失
II 类(危险的)	可能导致以下一个或多个后果：永久性部分残疾、伤害或者导致至少三个人员住院治疗的伤残、可恢复的严重环境影响或财产损失
III 类(临界的)	可能导致以下一个或多个后果：人员伤害或者导致人员在一个或一个以上工作日不能工作的职业病、可恢复的中等环境影响或财产损失
IV 类(微小的)	可能导致以下一个或多个后果：人员伤害或职业病但是不影响工作、轻微的环境影响或财产损失

表 3-4　发生可能性等级划分

发生频率	等级	单个项目	机群
频繁	A	寿命周期内可能经常发生	连续发生
可能	B	在寿命周期内可能发生几次	经常发生
偶尔	C	在寿命周期内有时会发生	发生几次
极少	D	不易发生，但是在寿命周期内有可能发生	极少发生，但是有理由预期可能发生
不可能	E	很不容易发生，在寿命周期内可能不发生	极少发生，有理由认为几乎不可能发生
忽略	F	不会发生，当识别到潜在危险且该危险被排除时，使用该级别	不会发生，当识别到潜在危险且该危险被排除时，使用该级别

表 3-5　风险发生概率等级

发生频率	等级	单个项目	机群	概率要求
频繁	A	寿命周期内可能经常发生	连续发生	大于等于 10^{-1}
可能	B	在寿命周期内可能发生几次	经常发生	大于等于 10^{-2}, 小于 10^{-1}
偶尔	C	在寿命周期内有时会发生	发生几次	大于等于 10^{-3}, 小于 10^{-2}
极少	D	不易发生，但是在寿命周期内有可能发生	极少发生，但是有理由预期可能发生	大于等于 10^{-6}, 小于 10^{-3}
不可能	E	很不容易发生，在寿命周期内可能不发生	极少发生，有理由认为几乎不可能发生	小于 10^{-6}
忽略	F	寿命周期内不会发生，识别到潜在危险且该危险被排除，使用该级别		

以上述军用航空发动机关键件安全性等级定义作为参考，航空发动机型号单位研制人员可以适当地进行剪裁，形式适用于不同型号的航空发动机关键件安全性等级。

(2) 明确军用航空发动机关键件安全性等级后，定义不同安全性等级的定量指标要求。与民用航空发动机不同，军用航空发动机安全性定量指标的定义需要考虑航空器类型(如战斗机、预警机、运输机、轰炸机、加油机和教练机)以及单发和双发。根据 MIL-HDBK-516C 在第 7 章 "推进和推进系统" 中 *Propulsion risk management*(推进风险管理)[29]，提出 "验证安全关键的推进系统风险可以被识别，概率已经被确认，并且风险控制是适当的"，要求任何推进系统或部件的失效不会导致超过该系统的航空器失效率。推进系统风险管理中的风险水平能应满足确定的安全阈值，即对单发/双发飞行中不可恢复的停车率小于 0.5×10^{-5} 次/发动机飞行小时，在整个动力寿命期内推进系统相关的飞机损失率小于 0.5；对多发来说，不可恢复的飞行停车率须低于百万分之一。

(a) 对于单发/双发，推进系统飞行中不可恢复的停车率小于 5×10^{-7} 次/发动机飞行小时。

(b) 对于多发来说，不可恢复的飞行停车率低于 10^{-6} 次/发动机飞行小时。

根据 MIL-HDBK-516C 中对于推进系统的定义，按照单发/双发和多发飞机对航空发动机安全性指标进行分类：

(a) 对于单发/双发飞机的 I 类安全性指标为 5×10^{-7} 次/发动机飞行小时；

(b) 对于多发(大于等于 3 个发动机)飞机的 I 类安全性指标为 10^{-7} 次/发动机飞行小时。

表 3-6 和表 3-7 参照 MIL-HDBK-516C 对单发和双发飞机航空发动机安全性指标进行定义。

表 3-6　单发飞机航空发动机安全性指标

说明	等级	次/航空发动机飞行小时
灾难的	I	小于 5×10^{-7}
危险的	II	小于 10^{-5}
较大的	III	小于 10^{-3}
较小的	IV	小于 10^{-1}
无安全影响的	V	无

表 3-7　双发飞机航空发动机安全性指标

说明	等级	次/航空发动机飞行小时
灾难的	I	小于 7×10^{-4}
危险的	II	小于 10^{-2}
较大的	III	无
较小的	IV	无
无安全影响的	V	无

3.3.2　军用航空发动机关键件安全性二级指标

这里综合国军标、军机适航中相关要求(GJB 241A—2010、GJB 242A—2018、MIL-HDBK-516C 以及 DEF Stan 00-970)，针对一级指标的危险等级和危险发生的失效指标，制定军用航空发动机关键件不同危险发生的边界指标要求，形成航空发动机关键件的二级指标，主要考虑 I 类的危险边界指标。

1. 与航空发动机关键件"非包容的高能碎片"相关的安全性指标

与航空发动机关键件"非包容的高能碎片"相关的安全性指标如图 3-2 所示。

与航空发动机关键件"非包容的高能碎片"相关的安全性指标具体要求如表 3-8 所示。

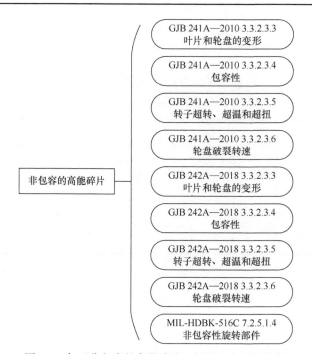

图 3-2　与"非包容的高能碎片"相关的安全性指标

表 3-8　与航空发动机关键件"非包容的高能碎片"相关的安全性指标

序号	安全性设计要求	具体要求	要求来源
1	叶片和轮盘的变形	除了封严件和叶尖外，叶片和轮盘不应接触航空发动机任何静止件。在航空发动机所有工作状态，包括发生喘振和失速时，在各种工作载荷作用下，封严和间隙均应保持有效	GJB 241A—2010 3.3.2.3.3
			GJB 242A—2018 3.3.2.3.3
2	转子超转、超温和超扭	在下述超转、超温和超扭状态时与超转、超温和超扭状态后，航空发动机应满足下述的所有要求： (1) 在最大允许涡轮温度或第一级涡轮转子进口燃气温度限制值下，航空发动机转子转速至少为 115%的稳态最高允许转速，持续时间为 5min； (2) 在稳态最高允许转速下，测量的燃气涡轮叶片金属温度或燃气涡轮转子进口燃气温度超过稳态最高允许温度至少 45℃或高于第一级涡轮转子进口燃气温度限制，持续时间为 5min； (3) 航空发动机附件转子转速为 115%的稳态最高允许转速，持续时间为 5min； (4) 在稳态最高允许转速下，航空发动机附件燃油、滑油、液压油的进口温度高于稳态最高允许工作液体温度 25℃，持续时间为 5min； (5) 动力涡轮轴的转速不超过最小为 115%的瞬态转速限制，或根据航空发动机在中间功率状态和动力涡轮在最高额定转速下工作时，预测的负载损失后可达的转速，取其中大者，预测的最高转速应在型号规范中规定；	GJB 241A—2010 3.3.2.3.5
			GJB 242A—2018 3.3.2.3.5

续表

序号	安全性设计要求	具体要求	要求来源
2	转子超转、超温和超扭	(6) 航空发动机的稳态最大允许输出轴扭矩限制值至少应大于规定值的20%，并在稳态最高允许温度下工作 15min	GJB 242A—2018 3.3.2.3.5
3	包容性	在最高允许瞬态转速下，压气机或涡轮叶片在叶身与榫头转接部位断裂时，航空发动机应能完全包容。此外，航空发动机还应包容由单个叶片损坏而被打坏以致飞出的全部零件。航空发动机应进行下列安全设计，避免灾难性故障： (1) 在超转和超温等不正常工作情况下，应使叶片首先破坏以保护压气机盘和涡轮盘； (2) 主轴轴承或润滑系统的故障不应引起轴的断裂和松脱； (3) 轴万一松脱，涡轮转子叶片与涡轮导向叶片接触以制动涡轮，或采取其他措施阻止涡轮超转； (4) 转子轴承万一损坏，支承转子的结构应能尽量减小航空发动机转动零件的偏心度	GJB 241A—2010 3.3.2.3.4 GJB 242A—2018 3.3.2.3.4
4	轮盘破裂转速	当轮盘材料承受最大温度梯度和最高工作温度时，轮盘的设计破裂转速不低于稳态最高允许转速的122%	GJB 241A—2010 3.3.2.3.6 GJB 242A—2018 3.3.2.3.6
5	非包容性旋转部件	验证由未封闭防护转动零件损伤引起的航空器飞行安全性safety of flight)/安全性关键项目(critical safety item)的故障概率是可接受的。转子非包容性相关的所有危害严重度减小到可接受的程度，残余风险按照 GJB 900A—2012 的要求确定并可接受	MIL-HDBK-516C 7.2.5.1.4

2. 与航空发动机关键件"大于规定的极限载荷"相关的安全性指标

与航空发动机关键件"大于规定的极限载荷"相关的安全性指标如图 3-3 所示。

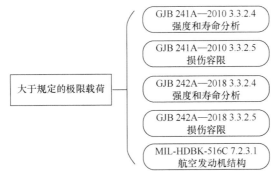

图 3-3　与航空发动机关键件"大于规定的极限载荷"相关的安全性指标

　　与航空发动机关键件"大于规定的极限载荷"相关的安全性指标的具体要求如表 3-9 所示。

表 3-9　与航空发动机关键件"大于规定的极限载荷"相关的安全性指标

序号	安全设计要求	具体要求	要求来源
1	强度和寿命分析	初始飞行前规定试验开始前应进行强度与寿命分析，并提出初步报告。此报告应在定型试验前进一步完善。应力分析的项目包括航空发动机机匣、盘、轴、静子叶片、转子叶片、安装节、火焰筒、轴承座、齿轮、支架和管路等。报告应包括低循环疲劳试验所要求的工作循环与工作时间的分析	GJB 241A—2010 3.3.2.4 GJB 242A—2018 3.3.2.4
2	损伤容限	在航空发动机规定的检查间隔时间内，航空发动机关键件应具有对由材料质量、制造过程和搬运损伤等引起缺陷的损伤容限，可通过材料选择与控制、应力水平控制、抗断裂设计、制造和工艺控制、可靠的检查方法实现。应在型号规范中确定航空发动机(断裂、安全和任务)关键件清单，对关键件进行下述损伤容限分析 (1) 初始裂纹尺寸。应规定由于材料、制造和工艺异常而产生的假设初始裂纹尺寸。假设的初始裂纹尺寸应取决于材料固有缺陷的分布、制造工艺及零件加工时所采用的无损检测(Non-Destructive Inspection)方法 (2) 使用中检查的裂纹尺寸。应规定在基地级检查后构件在使用中假设存在裂纹的尺寸 (3) 剩余强度。应对所有关键件规定剩余强度要求，剩余强度应不小于在要求的设计用法状态下工作时出现的最大应力(包括与这些零件和部件有关的静力和动力载荷条件) (4) 检查间隔。应根据要求的设计寿命期确定检查间隔，分如下两类： A. 在使用中不可检查的——在一个设计寿命期结束时作一次检查； B. 在修理厂或基地级可检查的——按修理间隔作检查 (5) 裂纹扩展。在两倍的检查间隔时间内，上述 A.中规定的初始裂纹尺寸和 B.中规定的使用中检出的裂纹尺寸不应由于施加要求的剩余强度载荷而扩展到临界尺寸，并引起零件破坏	GJB 241A—2010 3.3.2.5 GJB 242A—2018 3.3.2.5
3	航空发动机结构	当航空发动机在飞行和地面包线范围内工作至限制载荷条件(单独或组合的)时，验证航空发动机结构未出现会使其工作或性能在一定程度上衰减的有害的永久性变形或扰曲。验证在极限载荷或极限载荷组合条件下，航空发动机结构不会经受灾难性的故障	MIL-HDBK-516C 7.2.3.1

3.4　民用航空发动机关键件安全性指标分析

3.4.1　民用航空发动机关键件安全性一级指标

　　根据 FAR-33.70 条款对航空发动机限寿件的有关规定，航空发动机限寿件是指失效可能导致危害的航空发动机转子静子结构件。航空发动机寿命限制转子件通常包括，而不限于盘、轮、衬套、毂和轴；静子结构件通常包括，但不限于高压机匣和非冗余的安装部件。危险性的航空发动机影响是规章 FAR-33.75 条款中所列举的任意一种情况。

目前最新版的 FAR-33.75 条款中定义了三类航空发动机影响，危害性的航空发动机影响(hazardous engine effect)、重大的航空发动机影响(major engine effect)和轻微的航空发动机影响(minor engine effect)，并规定了不同影响等级事件的最大允许发生概率，见表 3-10。FAR-33.75 通过控制单个航空发动机风险的可接受的水平，来达到可接受的航空发动机总设计风险，要求事件发生的可能性或概率的减少正比于它影响的严重性。

表 3-10　FAR-33.75 条款中对航空发动机的安全要求

失效等级	失效影响	最大允许发生概率/ (次/航空发动机飞行小时)
危害性的航空发动机影响	(1) 高能碎片不包容； (2) 座舱用航空发动机引气中有毒物质浓度足以使机组人员或乘员失去活动能力； (3) 与驾驶员指令方向相反的相当大的推力； (4) 不可控的着火； (5) 航空发动机安装系统失效，导致航空发动机意外脱开； (6) 航空发动机引起的螺旋桨脱开； (7) 不能使航空发动机完全停车	$10^{-9} \sim 10^{-7}$
重大的航空发动机影响	(1) 受控的着火(即通过关闭航空发动机或采用机载灭火系统控制)； (2) 可以表明不会引起灾难性事故的机匣烧穿； (3) 可以表明不会引起灾难性事故的低能量碎片飞出； (4) 导致机组成员不舒服的振动； (5) 座舱用航空发动机引气中有毒物质的浓度足以降低飞行组成员的操作能力； (6) 与驾驶员指令方向相反的推力，低于危害性的航空发动机影响规定的水平； (7) 产生的推力大于最大额定推力； (8) 航空发动机支撑载荷路径失去完整性，但航空发动机没有脱开； (9) 显著的无法控制的推力振荡； (10) 其他的严重性在危害性的与轻微的航空发动机影响之间的影响	$10^{-7} \sim 10^{-5}$
轻微的航空发动机影响	一台航空发动机失效，其唯一的后果是该航空发动机部分或全部丧失推力或功率(和相关航空发动机使用状态)，这种失效将被认为是轻微的	—

民用航空发动安全性等级划分没有灾难性等级，因为民用飞机配发的航空发动机基本构型为双发以上，不会导致飞机灾难性后果。而军用航空发动机存在装配单航空发动机情况，因此军用航空发动机存在导致飞机灾难性等级。

CCAR-33R2 版《航空发动机适航规定》第 33.70 条款对于航空发动机限寿件

的定义为："航空发动机限寿件指的是其主要失效可能导致危害性航空发动机后果的转子和主要静子结构件。典型的航空发动机限寿件包括，但不限于，盘、隔圈、轮级、轴、高压机匣和非冗余的安装部件。"对于 CCAR-33.70 条款的要求，危害性航空发动机后果包括 CCAR-33.75 条款中列举的任何一种情况，并规定了不同影响等级事件的最大允许发生概率，见表 3-11。

目前最新版的 CCAR-33.75 条款中定义了三类航空发动机影响：危害性的航空发动机影响、重大的航空发动机影响和轻微的航空发动机影响。

表 3-11　FAR-33.75 条款中对航空发动机的安全要求

失效等级	失效影响	最大允许发生概率/ (次/航空发动机飞行小时)
危害性的航空 发动机影响	(1) 高能碎片不包容； (2) 座舱用航空发动机引气中有毒物质浓度足以使机组人员或乘员失去活动能力； (3) 与驾驶员指令方向相反的相当大的推力； (4) 不可控的着火； (5) 航空发动机安装系统失效，导致航空发动机意外脱开； (6) 航空发动机引起的螺旋桨脱开； (7) 不能使航空发动机完全停车	$10^{-9} \sim 10^{-7}$
重大的航空发 动机影响	介于危害性的航空发动机影响与轻微的航空发动机影响之间	$10^{-7} \sim 10^{-5}$
轻微的航空发 动机影响	一台航空发动机失效，其唯一的后果是该航空发动机部分或全部丧失推力或功率(和相关航空发动机使用状态)，这种失效将被认为是轻微的	—

根据 CS-E 卷 2 的 AMC 515 条款 *Engine Critical Parts*，航空发动机关键件的失效很可能导致危险性的航空发动机影响，因此有必要采取预防措施，避免此类部件故障的发生。根据 CS-E 510 条款(c)，它们必须符合规定的完整性规范。CS-E 510 条款中定义了三类航空发动机影响：危害性的航空发动机影响、重大的航空发动机影响和轻微的航空发动机影响，并规定了不同影响等级事件的最大允许发生概率，见表 3-12。

表 3-12　CS-E 510 条款中对航空发动机的安全要求

失效等级	失效影响	最大允许发生概率/ (次/航空发动机飞行小时)
危害性的航空 发动机影响	(1) 高能碎片不包容； (2) 座舱用航空发动机引气中有毒物质浓度足以使机组人员或乘员失去活动能力； (3) 与驾驶员指令方向相反的相当大的推力； (4) 不可控的着火； (5) 不能使航空发动机完全停车	$10^{-7} \sim 10^{-9}$

续表

失效等级	失效影响	最大允许发生概率/ (次/航空发动机飞行小时)
重大的航空发动机影响	(1) 可控火灾(即通过关闭航空发动机或机载灭火系统来控制的火灾); (2) 机匣烧伤,可以证明没有传播到危险的引擎影响; (3) 低能量部件的释放,它可以证明没有传播到危险的航空发动机影响; (4) 导致机组人员不适的振动水平; (5) 航空发动机排气中有毒物质的浓度降低机组人员的工作性能; (6) 飞行员指令方向相反的推力,低于危险水平; (7) 航空发动机支撑系统在没有实际航空发动机分离的情况下,负载路径的完整性丧失; (8) 产生的推力大于最大额定推力; (9) 明显的不可控制的推力振荡	$10^{-5} \sim 10^{-7}$
轻微的航空发动机影响	一台航空发动机失效,其唯一的后果是该航空发动机部分或全部丧失推力或功率(和相关航空发动机使用状态),这种失效将被认为是轻微的	—

3.4.2 民用航空发动机关键件安全性二级指标

航空发动机适航条款要求的本质和来源是设计安全性需求,对于任何一个设计类条款要求,都体现出条款本身具有的"表象的独立性"以及条款内含的"隐象的关联性"特征。"表象的独立性"是针对该条款所涉及具体对象的设计安全性需求的满足;"隐象的关联性"是指针对各条款作为航空发动机全过程系统安全性分析子系统下的设计安全性需求的满足,对于"隐象的关联性"特征,在具体的条款上存在"关联性和关联范围的强弱",依据这种关系可将设计类条款分为"全局性"条款以及"局部性"条款两类。"全局性"条款,该条款所针对对象的设计需求涉及航空发动机的大多数部件以及关键安全件,对于航空发动机设计安全性起到决定性作用;"局部性"条款,该条款只针对航空发动机某一或几个具体部件的设计安全性需求,不是航空发动机全过程系统安全性分析中的决定性因素。

FAR-33.70 条款"关键件",是针对失效将产生危害性后果的转子和主要静子结构件,如盘、隔圈、轮毂、轴、高压机匣和非冗余的安装部件,所以 FAR-33.70 条款几乎包含了航空发动机所有的关键安全件,且与大多数条款有很强的关联性,包括 FAR-33.15 条款"材料",FAR-33.75 条款"安全分析",FAR-33.27 条款"涡轮、压气机、风扇和涡轮增压器转子"等。航空发动机关键件失效概率,是难以通过试验严格进行证明的,失效概率数值无法合理估计。因此在 AC

33.70-1 中指出，为避免发生危险的航空发动机影响，必须为各限寿件制定运营限制或寿命限制，而运营限制或寿命限制应当指定部件被强制移除前的最大允许飞行循环次数。

航空发动机关键件的边界指标是航空发动机关键件的二级指标，其度量边界指标通常为耐久性和强度要求，包括定性的指标与定量的指标，对于民用航空发动机，是将航空发动机适航规章(CCAR-33、FAR-33 以及 CS-E)的要求作为危险发生的约束性指标。这里针对民用航空发动机关键件一级指标不同的危险等级和危险发生的失效概率，制定民用航空发动机关键件不同危险发生的边界指标要求，形成航空发动机关键件的二级指标，主要考虑 I 类的危险边界指标。

1. 与航空发动机关键件"非包容的高能碎片"相关的安全性指标

与航空发动机关键件"非包容的高能碎片"相关的安全性指标如图 3-4 所示。

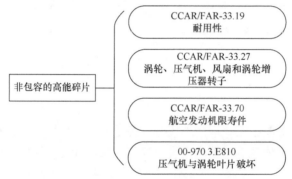

图 3-4　与航空发动机关键件"非包容的高能碎片"相关的安全性指标

与航空发动机关键件"非包容的高能碎片"相关的安全性指标的具体要求如表 3-13 所示。

表 3-13　与航空发动机关键件"非包容的高能碎片"相关的安全性指标

安全设计要求	具体要求	要求来源
耐用性	航空发动机的设计与构造必须使得航空发动机在翻修周期之间不安全状态的发展减至最小。压气机和涡轮转子机匣的设计必须对因转子叶片失效而引起的破坏具有包容性。必须确定由于转子叶片失效，穿透压气机和涡轮转子机匣后的转子叶片碎片的能量水平和轨迹	FAR-33.19 CCAR-33.19
涡轮、压气机、风扇和涡轮增压器转子	(1) 涡轮、压气机、风扇和涡轮增压器转子具有足够的强度以便能承受本条(3)款规定的试验条件 (2) 除 FAR/CCAR-33.28 要求之外的航空发动机系统、仪表和其他方法的设计和功能必须给予合理的保证，使影响涡轮、压气机、风扇和涡轮增压器转子结构完整性的航空发动机使用限制在使用中不会超出	FAR-33.27 CCAR-33.27

安全设计要求	具体要求	要求来源
涡轮、压气机、风扇和涡轮增压器转子	(3) 根据分析或其他可接受的方法确定的每个涡轮、压气机和风扇中经受最关键应力的转子部件(除叶片外)，其中包括航空发动机或涡轮增压器中的整体鼓筒转子和离心式压气机，必须在下列条件下试验 5min： A. 除了本条款(3) B.(d)的规定外，以其最大工作温度进行； B. 以下列适用的最高转速进行： (a) 如果在试验台上试验并且转子部件装有叶片或叶片配重块，则以其最大允许转速的 120%进行； (b) 如果试验在航空发动机上进行，则以其最大允许转速的 115%进行； (c) 如果试验在涡轮增压器上进行，由一特制燃烧室试验台提供炽热燃气驱动，则以其最大允许转速的 115%进行； (d) 以 120%的某个转速进行，冷转时，转子部件承受的工作应力相当于最高工作温度和最大允许转速导致的应力； (e) 以 105%的最高转速进行，此最高转速是航空发动机典型安装方式中导致最关键的部件或系统失效时的转速； (f) 在航空发动机典型安装方式中，任一部件或系统失效并和飞行前例行检查中或正常飞行使用期间一般不予以检测的部件或系统发生的任一故障相组合时，所导致的最高转速。 试验后，在某种超转情况下的每个转子必须在批准的尺寸限制内，并且不得有裂纹	FAR-33.27 CCAR-33.27
航空发动机限寿件	必须通过中国民用航空局批准的程序，指定使用限制中航空发动机每个限寿件的最大允许飞行循环数。航空发动机限寿件指的是其主要失效可能导致危害性航空发动机后果的转子和主要静子结构件。典型的航空发动机限寿件包括，但不限于，盘、隔圈、轮毂、轴、高压机匣和非冗余的安装部件。对于 CCAR-33.75 条的要求，危害性航空发动机后果包括第33.75条中列举的任何一种情况。申请人将通过以下各项确定每个限寿件的完整性： (1) 工程计划。通过执行该计划，根据已经过验证的分析、试验或使用经验，充分了解或预测载荷、材料性能、环境影响和工作条件的组合，包括对这些参数有影响的零件的作用，使每个航空发动机限寿件，达到批准的使用寿命时，在危害性航空发动机后果发生前，从使用中拆下。还应通过执行该计划，始终保持符合上述要求。申请人必须进行适当的损伤容限评估，以确定在零件的批准寿命期内，由于材料、制造和使用引起的缺陷导致的潜在失效。必须按 CCAR-33.4 的要求在持续适航文件的适航限制条款中公布航空发动机限寿件明细和批准寿命 (2) 制造计划。该计划明确了必须符合生产航空发动机限寿件要求的具体制造过程，使航空发动机限寿件具有工程计划要求的特性 (3) 使用管理计划。该计划规定航空发动机限寿件使用维护过程和修理限制，航空发动机限寿件保持工程计划要求的特性。这些过程和限制必须包含在持续适航文件中	FAR-33.70 CCAR-33.70
压气机与涡轮叶片破坏	如果用分析方法证明符合本要求，则该方法应涉及每级压气机和涡轮的： (1) 转子最大转速时的叶片动能； (2) 机匣最大工作温度下的机匣和包容防护罩(安装时)的强度； (3) 航空发动机关闭前，不平衡力的影响，如果适用，还有航空发动机关闭后的影响	00-970 3.E810

续表

安全设计要求	具体要求	要求来源
压气机与涡轮叶片破坏	分析应该表明，每个转子的哪一级压气机和涡轮，对包容是最危险的。对最危险的各级，应该评定叶片的动能和机匣强度之间的关系。只要它是在经同意的，类似设计结构和材料的航空发动机上，以前已经证明的极限值以内，就可以接受它作为航空发动机包容叶片能力的满意证据。但是，如果新的叶片包容要求落在以前验证过的能力之外，则要求进行试验 分析应该证明： (1) 被航空发动机包容，航空发动机外机匣没有明显的破裂或危险的变形，或者叶片通过航空发动机机匣或包容罩飞出； (2) 即使包容在航空发动机外部结构以内，由于叶片穿透转子机匣，可能产生的内部损伤对飞机没有任何伤害	00-970 3.E810

2. 与航空发动机关键件"不可控着火"相关的安全性指标

与航空发动机关键件"不可控着火"相关的安全性指标如图 3-5 所示。

图 3-5　与航空发动机关键件"不可控着火"相关的安全性指标

与航空发动机关键件"不可控着火"相关的安全性指标的具体如表 3-14 所示。

表 3-14　与航空发动机关键件"不可控着火"相关的安全性指标

安全设计要求	具体要求	要求来源
防火	(1) 航空发动机的设计和构造及所用的材料必须使着火和火焰蔓延的可能性减至最小。此外，涡轮航空发动机的设计和构造必须使出现导致结构失效、过热或其他危险状态的内部着火的可能性减至最小 (2) 除(3)条规定外，在航空发动机正常工作期间存留或输送易燃液体的每一外部管路、接头和其他部件，必须由民用航空局确认是耐火的或是防火的。上述部件必须有防护或正确安装以防止点燃泄漏的易燃液体 (3) 属于航空发动机部分并与航空发动机相连的易燃液体箱和支架必须是防火的或用防火罩防护，任一非防火的零件被火烧坏后不会引起易燃液体泄漏或溅出则除外，活塞式航空发动机上容量小于 23.7L(25 qt)的整体湿油池，既不必是防火的，也不需用防火罩防护 (4) 用于防火墙的航空发动机零件，其设计、构造和安装必须是： A. 防火的 B. 构造上不会使任何危险量的空气、液体或火焰绕过或穿过防火墙 C. 防腐蚀的	FAR-33.17 CCAR-33.17

续表

安全设计要求	具体要求	要求来源
防火	(5) 除(1)和(2)条要求外，位于指定火区内的航空发动机控制系统部件必须由中国民用航空局确定是防火的或者耐火的 (6) 必须通过排放和通风的方法防止航空发动机内易燃液体非故意的积聚达到危险量 (7) 任何容易或者具有潜在产生静电放电或电气故障电流的部件、单元或设备，必须设计和构造成与航空发动机基准点等电势接地，以使可能出现易燃液体或蒸汽的外部区域点燃的风险减至最小	FAR-33.17 CCAR-33.17

3. 与"航空发动机安装系统失效，导致航空发动机意外脱开"相关的安全性指标

与"航空发动机安装系统失效，导致航空发动机意外脱开"相关的安全性指标如图 3-6 所示。

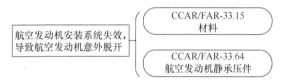

图 3-6　与"航空发动机安装系统失效，导致航空发动机意外脱开"相关的安全性指标

与"航空发动机安装系统失效，导致航空发动机意外脱开"相关的安全性指标具体如表 3-15 所示。

表 3-15　与"航空发动机安装系统失效，导致航空发动机意外脱开"相关的安全性指标

安全设计要求	具体要求	要求来源
材料	航空发动机所用材料的适用性和耐久性必须满足下列要求： (1) 建立在经验或试验的基础上； (2) 符合经批准的规范(如工业或军用规范)，保证这些材料具有设计资料中采用的强度和其他性能	FAR-33.15 CCAR-33.15
航空发动机静承压件	(1) 强度。申请人必须通过试验、已验证的分析或两者结合的方法，确定承受较大气体或液体压力载荷的所有静子零件，可以稳定保持一分钟，不会： A. 当承受以下较大的压力作用时，出现超过使用限制的永久变形，或者发生可能导致危害性航空发动机后果的泄漏： (a) 1.1 倍的最大工作压力； (b) 1.33 倍的正常工作压力； (c) 大于正常工作压力 35kPa(5 psi) B. 当承受以下较大的压力作用时，发生破裂或爆破：	FAR-33.64 CCAR-33.64

续表

安全设计要求	具体要求	要求来源
航空发动机静承压件	(a) 1.15 倍的最大可能压力； (b) 1.5 倍的最大工作压力； (c) 大于最大可能压力 35kPa(5 psi) (2) 在满足本条要求时必须考虑： A. 零件的工作温度； B. 除压力载荷外的任何其他重要静载荷； C. 代表零件材料和工艺的最低性能； D. 型号设计允许的任何不利的几何形状	FAR-33.64 CCAR-33.64

3.5　小　　结

　　本章结合航空发动机适航规章 FAR-33、CCAR-33、CS-E，以及相关标准规范要求 MIL-STD 882E、GJB 241A/242A 等，梳理了航空发动机关键件安全性指标要求。将发动机关键件安全性指标分为两级，一级指标是度量航空发动机危险严重程度的概率指标，通过危险等级和概率指标度量危险发生的严重性和严重性等级；针对一级指标不同的危险等级和危险发生的失效概率指标，判定航空发动机关键件不同危险发生的边界指标要求，形成发动机的二级指标，主要考虑 I 类危险边界指标。

第4章 航空发动机关键件安全寿命预测方法

4.1 引 言

航空发动机关键件的安全性概率指标要求较高，不大于 $10^{-9} \sim 10^{-7}$ 次/航空发动机飞行小时，但由于数据缺乏(飞行数据)，难以通过试验验证概率指标。根据 CCAR-33.75、FAR-33.75 以及 CS-E 510 条款"安全分析"的规定，"由于对单个失效估计的概率可能不够精确，导致申请人不能评估多个危害性航空发动机后果发生的总概率，所以可以通过预测，单个失效引起的危害性航空发动机后果的概率不大于 10^{-8} 次／航空发动机飞行小时，来表明本条款的符合性。如果不能绝对证明可以得到这样低的数量级的概率，那么可以通过依靠工程判断和以往经验并结合正确的设计和试验原理来表明本条款的符合性"。

FAA 发布的咨询通告 AC 33.70-1 针对 FAR-33.70 条款提出了建议性的符合性方法，指出寿命限制可以飞行循环、运行时间或二者的组合表示；提出关键件应采取安全寿命分析方法，并要求在发展进入危险状态(初始裂纹出现)前更换部件，制定了一个典型的用于确定航空发动机旋转件安全寿命的流程。英国军用航空涡轮航空发动机通用规范 DEF Stan 00-970 Part 11，在 2.13 节(*Design Target Life*)对航空发动机设计目标寿命提出了要求，指出航空发动机型号规范应包括以航空发动机工作剖面为基础，符合热件寿命、冷件寿命、低循环疲劳(LCF)寿命的设计目标寿命要求的说明。除了规定工作小时寿命要求外，也应考虑给出以年为单位的最短日历寿命。在 DEF Stan 00-970 Part 11 附录 A 中给出了旋转和非旋转关键件的定寿流程，详述了四种基本批准的安全寿命法，包括传统的安全寿命法、损伤容限法、因故退役法。根据历史经验，安全寿命的理念有效地提高了航空发动机的安全性。

因此，目前工程上通常是通过航空发动机关键件裂纹萌生到零件功能失效之间稳定的裂纹扩展时间来提供安全裕度，该安全裕度应使零件在按它的预定安全循环寿命使用时，超过 2/3 功能失效寿命的概率小于或等于 1/750，置信度为 95%。因此可将安全性指标转化为耐久性指标，主要考虑寿命，包括安全循环寿命、包容性指标以及安全性系数等，进而对航空发动机关键件安全指标进行验证[30-34]。

4.2　航空发动机关键件寿命预测与验证要求

关键件寿命的确定，是基于验证对零件工作环境的认识和批准在该环境下工作时零件的寿命。批准寿命是基于有代表性的零件结构的循环试验，该寿命乘以系数以考虑材料的分散度和提供安全裕度。除考虑材料分散度外，还要求考虑在使用中达到可以接受的失效率，关键件安全寿命确定的具体要求如下所述。

(1) 必须考虑对安全寿命验证有影响的所有因素，应考虑每个关键部位。

(2) 根据可以得到的寿命数据，应对相关的关键部位用插值法确定预期的预定安全循环寿命。它应代表最低的零件材料强度。对于预期的预定安全循环寿命大于或等于 10^5 次标准循环的关键部位，不必进行进一步的研究。对于预期的预定安全循环寿命小于 10^5 次标准循环的关键部位，应要求得出预定安全循环寿命，并用有代表性的循环试验加以验证。试验载荷在每个相关的关键部位上都与航空发动机上产生的一致，并应考虑所有的稳态及瞬态温度。当实际情况不是这样时，应使用材料的疲劳性能数据，将试验寿命修正到航空发动机情况。

(3) 为避免在没有代表性的条件下进行试验，要求经温度修正后试验器的试验应力既不小于航空发动机的应力，也不大于该应力的 1.3 倍。在许多情况下，合适的应力系数是 1.10～1.15，这导致在预定安全循环寿命计算时要用一个大约为 2.0 的寿命系数。

(4) 由试验器试验结果导出的安全循环寿命，偶尔可能高于用设计曲线预定的寿命。这种情况是否正常，应根据起主要作用的环境条件加以判定，并可导致要求进行附加的试验。在既没有试验，又没有使用过的零件作参考结果的情况下，预定安全循环寿命应以 1/2 理论寿命为基础。

(5) 在正常情况下，推荐的使用循环寿命是分阶段逐步延长的，最后达到预定安全循环寿命。

基于仿真分析的航空发动机关键件概率评估方法涉及两项关键技术：一是仿真模型构建，二是仿真算法实现。因此本章主要围绕以上两项关键技术开展研究工作。

仿真模型包括物理模型和概率模型，这里将针对航空发动机关键件的疲劳失效机理(航空发动机疲劳是其失效主要机理)，结合应力-强度干涉模型理论，针对航空发动机关键件的退化行为，定义航空发动机关键件的概率评估模型。

航空发动机关键件的退化过程可以看作是由物理、化学和机械过程单独作用或联合作用引起的，表现失效机理上，主要为疲劳。在工程上，退化机理模型可以通过半经验广义模型即广义退化量 D 来表示，通过试验或仿真分析的方法得到。广义退化量 D 是关于退化性能参数 Z 以及时间 t 的函数，即

$$D(t) = M(Z, t) \tag{4-1}$$

在典型的疲劳退化机理中，通过疲劳危险部位的累积损伤量表示广义退化量；对于航空发动机关键件，通常可以通过危险部位的裂纹扩展尺寸来表示广义退化量。

因此，在已知航空发动机关键件的疲劳退化机理基础上，可通过疲劳退化参数表示广义退化量。为了表征航空发动机关键件的寿命，根据航空发动机关键件的设计要求，确定广义退化强度 $\overline{D}$，其中 $\overline{D}$ 可以是航空发动机关键件的疲劳强度极限等，从式(4-1)看出，广义退化量通常随时间而单调递增。因此，在航空发动机关键件的疲劳退化机理分析基础上，结合试验数据或仿真分析方法，可以得到航空发动机关键件的广义退化模型。

这里通过时变极限状态函数描述航空发动机关键件的疲劳退化过程，式(4-1)疲劳退化模型中的参数 Z 具有不确定性，退化参数的不确定性通过随机变量以及联合概率密度函数来描述，随时间变化的广义退化量是随机的，因此航空发动机关键件的退化轨迹可通过时变极限状态函数来描述。

设 $Z = [Z_1, Z_2, \cdots, Z_n]$ 表示退化模型中随机向量，航空发动机关键件退化过程中状态(安全或者失效)通过时变应力-强度干涉模型来描述，如图 4-1 所示。这里的广义退化强度指的是航空发动机关键件设计当中许用退化量，明显看出，在不同时间点，由于广义退化量和广义退化强度的时变特性，应力-强度干涉模型的干涉区域也发生变化，即退化过程中，失效概率也是一个时变过程。进一步，定义在使用期 $[0, T]$ 基于退化过程的时变极限状态函数 $G(t, Z), t \in [0, T]$：

$$G(t, Z) = \overline{D} - D(t) = \overline{D} - M(t, Z) \tag{4-2}$$

(1) 当 $G(t, Z) > 0$ 时，表示安全状态；

(2) 当 $G(t, Z) = 0$ 时，表示极限状态；

(3) 当 $G(t, Z) < 0$ 时，表示失效状态。

因此，可以用时变极限状态函数来描述航空发动机关键件的退化轨迹 $G(t, Z), t \in [0, T]$。设随机向量 Z 的联合概率密度函数为 $f_Z(z)$，则轮盘退化过程中随时间变化的失效概率为

$$p_{f,c}(0, t) = \int_{G(t, Z) < 0} f_Z(z) \mathrm{d}z \tag{4-3}$$

式(4-3)也可表示为

$$p_{f,c}(0, t) = \int_{\Omega_f = \{z | G(t, Z) < 0\}} I[G(t, Z)] f_Z(z) \mathrm{d}z \tag{4-4}$$

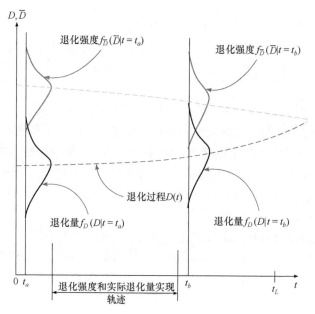

图 4-1　实际退化量与退化强度的时变应力-强度干涉模型

其中,

$$\begin{cases} I[G(t,Z)]=1, & G(t,Z) \leqslant 0 \\ I[G(t,Z)]=0, & G(t,Z) > 0 \end{cases} \tag{4-5}$$

　　综上所述,本节定义了航空发动机关键件的物理模型——基于疲劳退化机理的时变极限状态函数,下面将在物理模型基础上,构建航空发动机关键件的失效概率模型。

　　基于疲劳退化机理的航空发动机关键件的风险概率模型,其研究的是疲劳寿命和危险概率之间的关系,建立基于疲劳退化机理的时变极限状态函数:

$$G_f(t,Z) = \bar{D}_f - D_f(t) = \bar{D}_f - M_f(t,Z) \tag{4-6}$$

这里, $\bar{D}_f$ 表示疲劳退化强度; $D_f(t)$ 表示航空发动机关键件在疲劳载荷作用下疲劳退化量。具体来说,如果通过疲劳累积损伤量来度量广义退化量,则 $\bar{D}_f$ 表示航空发动机关键件必须满足设计要求的累积损伤量, $D_f(t)$ 表示在疲劳载荷作用下的实际损伤量;同理,在航空发动机关键件结构中,如果用疲劳裂纹扩展量来描述广义退化量,则 $\bar{D}_f$ 表示航空发动机关键件的许用疲劳裂纹扩展量, $D_f(t)$ 表示实际的疲劳裂纹扩展量。本节将构建以疲劳累积损伤量为退化量度量指标的风险概率模型。

　　传统的描述航空发动机关键件的疲劳寿命模型是基于 S-N 曲线,通常用疲劳

应力幅值 σ_i 对应的应力循环次数 N_i 表示结构寿命，在低循环疲劳段 $(N_i \leqslant 10^6)$，S-N 模型通常用幂函数来表示，即

$$N_i = k\sigma_i^{-m} \tag{4-7}$$

两边取对数可得

$$\lg N_i = \lg K - m\lg\sigma_i \tag{4-8}$$

式中，m 和 K 为材料参数。在工程中，m 和 K 有一定的分散性，可通过随机变量描述其分散特性。式(4-8)对航空发动机关键件结构的疲劳寿命进行保守估计，在时变极限状态函数中，如果用应力幅值 σ_i 对应的循环次数 n_i 表示航空发动机关键件结构疲劳的退化量，即 $M_f(t,\boldsymbol{Z}) = n_i$；根据 S-N 模型，可用该应力水平下的满足航空发动机关键件结构疲劳结构设计要求的应力循环次数表示退化强度，即 $\bar{D}_f = K\sigma_i^{-m}$，则以应力幅值水平 σ_i 对应的应力循环次数为寿命度量指标的时变极限状态函数定义为

$$G_f(t,\boldsymbol{Z}) = \bar{D}_f - D_f(t) = K\sigma_i^{-m} - n_i \tag{4-9}$$

式中，n_i 可以是确定值，也可以是随机变量，也可以通过泊松随机过程来描述。在实际工程问题中，应力幅值也是随机的，因此 $\boldsymbol{Z} = [\sigma_i, K, m]$，$\sigma_i, K, m$ 三个参数为随机变量。由 Palmgren-Miner 线性累积损伤法则，得到各级应力水平 $\sigma_i(i=1,2,\cdots,n)$ 作用下的累积损伤量 D：

$$D = \sum_{i=1}^{n}\frac{n_i}{N_i} \tag{4-10}$$

其中，n 表示疲劳应力水平数，把式(4-10)代入式(4-11)转化为

$$D = \sum_{i=1}^{n}\frac{n_i}{N_i} = \sum_{i=1}^{n}\frac{n_i}{K\sigma_i^{-m}} = \sum_{i=1}^{n}n_iK^{-1}\sigma_i^{m} \tag{4-11}$$

　　工程上，线性累积损伤量 D 通常在 0.9～1.5，由于 σ_i, K, m 的随机特性，累积损伤量 D 也是随机的，工程上疲劳损伤量通常服从对数正态分布，其变异系数在 0.4～0.7。

　　当给定应力幅值 σ_i，材料参数 K, m 的随机性时(即分布类型和均值、方差都已知时)，可以确定寿命 N_i 和线性累积损伤量 D 的分布类型，则以损伤量 D 为广义退化量度量指标的时变极限状态函数定义为

$$G_f(t,\boldsymbol{Z}) = \bar{D}_f - D_f(t) = D_0 - x_0\sum_{i=1}^{n}n_iK^{-1}\sigma_i^{m} \tag{4-12}$$

式中，D_0 为航空发动机关键件疲劳设计中的许用累积损伤量，这里定义为广义

退化强度；x_0 为疲劳应力的修正系数，包括应力集中系数、尺寸系数、表面加工影响系数等，其中这些系数也可以看成服从某一分布的随机变量，具体的分布类型通过材料试验数据统计得到，时变极限状态函数中包含四个随机变量，即 $\boldsymbol{Z}=[x_0,\sigma_i,K,m]$。综上所述，完成以疲劳累积损伤量为退化量度量指标的航空发动机关键件风险概率模型的构建。

4.3　航空发动机结构疲劳寿命预测方法

4.3.1　基于名义应力的疲劳寿命预测方法

名义应力法是以材料的 $S\text{-}N$ 寿命曲线为基础，结合试验件的名义应力和应力集中系数，用疲劳损伤累积理论来计算试验件的安全寿命。名义应力法的假设是：如果两个部件是相同材料制成，载荷谱相同，应力集中系数相同。那么其疲劳失效寿命相同，用名义应力法进行安全寿命估计的步骤如图 4-2 所示。

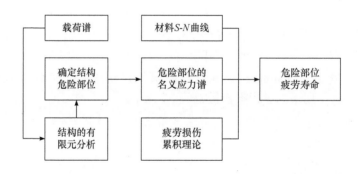

图 4-2　名义应力法步骤

(1) 通过载荷谱和结构的有限元分析找到部件结构危险部位；
(2) 找到危险部位的名义应力谱；
(3) 求出危险部位的应力集中系数和名义应力；
(4) 查 $S\text{-}N$ 寿命曲线表，找到当前应力集中系数和名义应力下的 $S\text{-}N$ 寿命曲线；
(5) 结合疲劳损伤累积理论，给出部件危险部位的疲劳寿命。

名义应力法的优点在于步骤相对较为清晰，原理容易理解，但由于不同部件的应力集中情况不同，因此 $S\text{-}N$ 寿命曲线皆不同，需进行大量试验来得到，会耗费较多人力物力。而且，名义应力法未考虑到变幅载荷及局部塑性，相对准确性有所不足。

4.3.2　基于局部应力-应变的疲劳寿命预测方法

局部应力-应变法是在名义应力法的基础上，考虑了在某些状况下某些部件的高应力集中区域会发生塑性变形，因而其精度更高。

局部应力-应变法的假设是：若部件的重要部位的最大应力-应变过程与相同材料的光滑试样的应力-应变过程相同，则它们的疲劳寿命相同，其步骤如图 4-3 所示。

(1) 通过载荷谱和结构的有限元分析找到部件结构危险部位；

(2) 找到危险部位的名义应力谱；

(3) 将名义应力谱转化为应力-应变谱；

(4) 查找循环应力-应变(σ-ε)曲线；

(5) 结合疲劳损伤累积理论，给出部件重要部位的结构寿命。

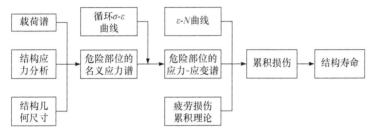

图 4-3　局部应力-应变法分析步骤

局部应力-应变法根据材料的循环应力-应变(σ-ε)曲线，通过有限元分析或修正的 Neuber 方法等其他方法，得到关键部位的局部应力-应变历程，然后按照材料的应变-寿命(σ-N)曲线和累积损伤理论进行寿命预测。局部应力-应变法又分两种：稳态法和瞬态法。稳态法假设材料的循环硬化/循环软化、循环蠕变/循环松弛可由循环 σ-ε 曲线表示，在应力应变分析中，σ-ε 曲线是不变的。瞬态法遵循材料在循环加载过程中的循环硬化/循环软化、循环蠕变/循环松弛等行为，在应力-应变分析中，σ-ε 曲线是不断变化的。

4.3.3　基于场强法的疲劳寿命预测法

应力场强法通过有限元分析部件缺口处的应力场强度，再结合 S-N 寿命曲线和疲劳损伤累积理论可估算缺口处的失效疲劳寿命，其步骤如图 4-4 所示。

应力场强法的假设是：对于相同材料制造的部件，如果其危险部位的应力场强相同，则其缺口处的失效疲劳寿命相同。应力场强法相比较于前两种方法，更加符合疲劳损伤机理，考虑了缺口处轴向应力的影响，且结合了缺口处应力对场强的影响，结果更加准确，但在计算过程中必须采用有限元软件对部件缺口处的应力进行分析，计算过程相对复杂。

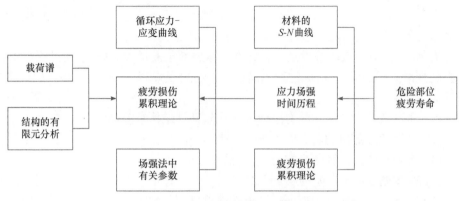

图 4-4　应力场强法步骤

1. 应力-应变场强法模型和方法

1) 应力-应变场强法分析模型

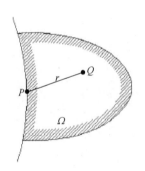

图 4-5　应力-应变场强
法分析模型

通过结构件的缺口区域定义场强参数，其中场强参数反映结构的破坏程度，同时，危险部位的场强随时间的变化曲线与同样材料的光滑试件变化历程相同，对于航空发动机来说，其结构危险位置，如销钉孔、榫槽处发生结构形式突变，可以看作是危险位置，应力集中位置就是疲劳危险区域，如图 4-5 所示，其中 P 点表示应力最大值。

事实上，以航空发动机关键件–压气机轮盘为例，应力集中通常是由疲劳危险区域的结构形式突变导致的，因此用场强法来预测轮盘结构元素疲劳寿命具有合理性。将针对航空发动机轮盘的结构元素展开研究，轮盘螺栓孔如图 4-6 所示，应力场强计算公式如下：

$$\sigma_{FI} = \frac{1}{V} \int_{\Omega} f(\sigma_{ij}) \varphi(r) \mathrm{d}v \tag{4-13}$$

式中，σ_{FI} 为集中区域的应力场强；Ω 为疲劳危险区域，V 为 Ω 的体积；$f(\sigma_{ij})$ 为应力破坏函数；$\varphi(r)$ 为权函数，在物理上表征 Q 点处的应力对峰值应力处疲劳开裂的贡献；r 为 Q 点到峰值应力处的距离。对于平面问题，式(4-13)可写为

$$\sigma_{FI} = \frac{1}{S} \int_{\Omega} f(\sigma_{ij}) \varphi(r) \mathrm{d}s \tag{4-14}$$

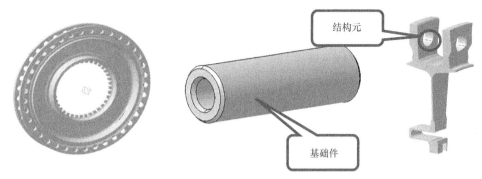

图 4-6　航空发动机轮盘的结构元素

光滑构件的应力集中系数 $K_T=1$，因此 $\varphi(r)=1$。由于光滑构件载荷分布均匀，因此其应力破坏函数为常数。对于光滑构件的应力场强可以定义为

$$\sigma_{FI} = f(\sigma_{ij})=\text{常数} \tag{4-15}$$

光滑构件的疲劳破坏依据为 $\sigma = \sigma_{FI}$，对于危险区域应力集中的构件，破坏依据为

$$\sigma_{FI} = f(\sigma_{ij}) \geqslant \sigma_f \tag{4-16}$$

综上所述，场强法考虑材料应力，给出控制疲劳寿命的控制参数。

2) 应力-应变场强法参数计算

对于航空发动机关键件，$f(\sigma_{ij})$ 和 $\varphi(r)$ 均为隐函数，只能用数值求解来实现，这里需要注意以下两点。

(1) 不同的材料适用的场强理论也不尽相同，因此应力函数选取方法也不同。

(2) 权函数 $\varphi(r)$ 描述结构危险区域附件的点对场强半径的贡献。从疲劳失效机理看，疲劳损伤区域不仅与最大应力有关，而且与最大应力区域附近的变化程度有关。

$\varphi(r)$ 需要满足以下条件：

(1) $0 \leqslant \varphi(r) \leqslant 1$，且 $\varphi(r)$ 为与 $|r|$ 有关的单调函数；

(2) $\varphi(r)=1$ 描述最大应力位置对疲劳寿命影响最大。

$\varphi(r)$ 的具体形式有多种，$\varphi(r)$ 应与距离 $|r|$ 和方向 θ 有关，此处取

$$\varphi(r) = 1 - cr(1+\sin\theta) \tag{4-17}$$

其中，c 为与应力梯度有关的系数，可取相对应力梯度：

$$c = 1 - \frac{\sigma_i}{\sigma_{max}} \tag{4-18}$$

式中，σ_{max} 为危险位置的最大应力；σ_i 为 r 处的等效应力。

3) 应力场强法与其他方法比较

在实际工程中，寿命预测应更接近于真实数值，选择的方法应尽可能满足如下条件：

(1) 疲劳假设和机理与真实的情况尽可能符合；

(2) 对疲劳裂纹扩展规律的描述越正确越好；

(3) 减少材料数据的依赖性，数据容易获取；

(4) 采用的分析方法尽可能简单，减少假设条件；

(5) 疲劳寿命的预测值与实际值满足一定的误差要求。

将应力-应变场强法与传统的疲劳寿命预测方法进行比较，结果如表 4-1 所示。

表 4-1　应力-应变场强法与其他方法比较

预测方法	名义应力法	局部应力-应变法	应力-应变场强法
损伤区域	应力集中区	局部危险点	局部区域
疲劳控制参数	名义应力	局部应力-应变	应力-应变场强
材料参数	不同应力集中系数和循环比下的 S-N 曲线	光滑试件的 σ-ε 循环曲线和 σ-N 曲线	σ-ε 循环曲线和 ε-N 曲线
对多轴应力的处理	不能	不能	优秀
预测的寿命范围	高循环疲劳	低循环疲劳	高循环疲劳

通过表 4-1 可以看出，应力-应变场强法是对传统的疲劳寿命预测方法的改进。

(1) 当损伤区域 Q 趋近于零时，可以得到局部场强法的疲劳控制参数，即

$$\varepsilon_{\text{FI}} = \lim_{\Omega \to 0} \frac{1}{V} \int_{\Omega} f(\varepsilon_{ij}) \varphi(r) \mathrm{d}v = \varepsilon_{max} \tag{4-19}$$

(2) 最大应力表示为 σ_{max}，则

$$\sigma_{max} = K_{\text{T}} S \tag{4-20}$$

式中，K_{T} 为应力集中系数；S 为名义应力。

$$\sigma_{\text{FI}} = \lim_{\Omega \to 0} \frac{1}{V} \int_{\Omega} f(\sigma_{ij}) \varphi(r) \mathrm{d}v = K_{\text{T}} S \tag{4-21}$$

确定名义应力法中的控制参数：

$$K_{\text{T}} = \sigma_{\text{FI}} / S \tag{4-22}$$

综上所述，场强法是对疲劳破坏的机理进行改进。

2. 案例分析

选取 40Cr 钢带圆缺口的中厚壁管试件，是假拉-扭复合载荷，基于应力-应变场强法的疲劳寿命预测分析疲劳始裂纹长度扩展至 0.2mm 时的疲劳寿命，如图 4-7 所示。

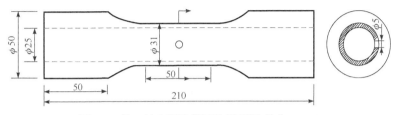

图 4-7　缺口的中厚壁管试件剖面图(单位：mm)

缺口试验件与光滑试验件的 $S\text{-}N$ 曲线之间具有一定的关系，其差异主要是由缺口效应造成的，应力场强寿命预测值与试验值的对比，如图 4-8 所示。

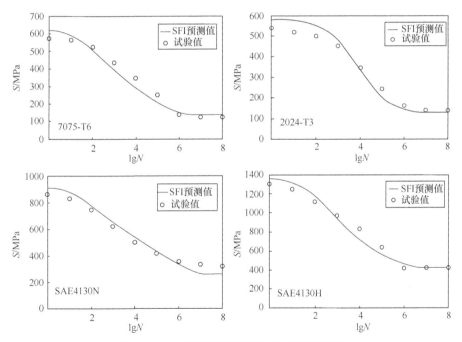

图 4-8　应力场强寿命预测值与试验值的比较

试验件名义应力和场强计算结果如表 4-2 所示。

表 4-2 疲劳参数计算结果

试验件缺口	K_T	K_f	S_{nom}/MPa	σ_{max}/MPa	σ_{FI}/MPa
圆孔	2.27	2.19	80	286.11	247.62
			150	363.55	320.06
腰形孔	3.42	2.68	80	297.66	239.44
			150	366.55	319.24

疲劳寿命计算结果的对比如表 4-3 所示。

表 4-3 疲劳寿命计算结果的对比

危险部位＼方法	名义应力法	局部应力法	应力场强法	试验
圆孔	706891	42053	202770	135885
腰形孔	780981	46509	96746	61597

从以上计算结果与试验结果的对比可以看出，相比于名义应力法和局部应力法，场强法的计算精度更好一些。

4.4 航空发动机压气机轮盘寿命预测案例分析

在求得所有转速下缺口根部的应力后，进行应力场和应变场的计算，以应力场为例，为计算应力场，需对积分 $\sigma_{FI} = \dfrac{1}{V}\displaystyle\int_{\Omega} f\left(\sigma_{ij}\right)\varphi(r)\mathrm{d}v$ 进行求解。破坏区内各位置 σ_{ij} 的确定有两种方法：

(1) 通过周围几个点插值获得；

(2) 拟合出整个破坏区的应变场函数。

考虑到计算结果应与网格无关，且计算结果要有较高精度，因此选取第二种方法，即拟合出整个破坏区的应变场函数。采用多项式进行拟合，拟合函数如下：

$$W(x,y,z) = A_1 + A_2 z^2 + A_3 z^3 + y\left(A_5 + A_6 z + A_7 z^2\right) + y^2\left(A_8 + A_9 z\right) + A_{10} y^2$$
$$+ x\left(A_{11} + A_{12} z + A_{13} z^2\right) + xy\left(A_{14} + A_{15} z\right) + A_{16} x y^2 + x^2\left(A_{17} + A_{18} z\right)$$
$$+ A_{19} x^2 + A_{20} x^3$$

采用最大继承法对轮盘疲劳危险点应力场进行拟合，根据上面的应力结果，确定节点 417172 处为疲劳危险点，如图 4-9 所示。以 9550r/min 为例，经过拟合，$A_1 \sim A_{20}$ 的取值如表 4-4 所示。

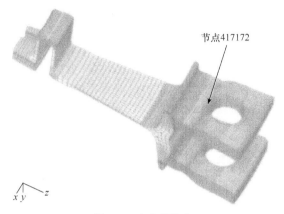

节点417172

图 4-9　疲劳危险点

表 4-4　拟合函数的参数取值

A_1	1.16×10^4	A_6	-5.50	A_{11}	1.66×10^2	A_{16}	-9.70×10^{-2}
A_2	-1.80×10^2	A_7	4.59×10^{-2}	A_{12}	-2.21	A_{17}	5.65×10^{-2}
A_3	8.72×10^{-1}	A_8	1.39×10^2	A_{13}	-7.23×10^{-3}	A_{18}	-3.11
A_4	-3.06×10^{-3}	A_9	-8.42×10^{-1}	A_{14}	-9.48	A_{19}	-8.69×10^{-1}
A_5	-3.06×10^{-3}	A_{10}	-4.10×10^{-1}	A_{15}	-5.44×10^{-2}	A_{20}	1.77×10^{-2}

　　在拟合得到应力场后，使用 MATLAB 编程计算应力场强，经计算，第一阶段 500r/min、9550r/min、9850r/min、11000r/min 和第二阶段 500r/min、8550r/min 转速下危险点处的第一主应力与应力场强如表 4-5 所示。

表 4-5　疲劳危险点应力场强

阶段	转速/(r/min)	危险点/MPa	应力场强/MPa
1	500	1.11	1.01
	9550	805.32	791.64
	9850	833.64	819.03
	11000	927.92	9.33
2	500	5.36	5.08
	8550	946.41	944.55

4.4.1 基于应力场强的寿命分析

根据寿命分析方法，由表 4-5 可知，每级载荷的应力比近似等于 0。经拟合，$R=0$ 的 S-N 曲线可由以下函数表示：

$$\lg N = 15.7976 - 4.7361\lg(S_{\max} - 703.84) \tag{4-23}$$

将每级载荷的应力场强最大值代入上式，得到每级(前三级)载荷下的寿命，如表 4-6 所示。

表 4-6　基于应力场强的疲劳寿命计算

级数	应力场强 σ_{Fl}		N_f	n
	σ_{Flmax} /MPa	σ_{Flmin} /MPa		
1	791.64	1.01	3919313	55300
2	819.03	1.01	1083277	35000
3	927.33	1.01	46937	6338
4	935.13	50.8	39898	32658

为了计算第四级疲劳载荷循环次数，按照 Palmgren-Miner 理论，结构破坏时的总损伤为

$$D = \frac{n_1}{N_{f1}} + \frac{n_2}{N_{f2}} + \frac{n_3}{N_{f3}} + \frac{n_4}{N_{f4}} = 1 \tag{4-24}$$

因此可计算得到第四级载荷下理论上可承受的循环数为

$$n_4 = \left[1 - \left(\frac{n_1}{N_{f1}} + \frac{n_2}{N_{f2}} + \frac{n_3}{N_{f3}}\right)\right]N_{f4} = 32658 \tag{4-25}$$

4.4.2 名义应力法寿命分析

为了对比场强法寿命预测精度，本小节利用传统的疲劳寿命分析方法——名义应力法进行轮盘寿命预测，名义应力法首先应确定应力集中系数，然后修正轮盘材料的 S-N 曲线，最后进行寿命计算。

1. 应力集中系数确定

去除转子盘上的销钉孔后建立有限元模型。经计算，销钉孔在 9550r/min 的转速时产生的离心力为 $4.8×10^3$N。用 $4.8×10^3$N 加上 24925N 后得 29725N，将 29725N 的力平均施加在对应原始转子盘销钉孔的中心处，如图 4-10 所示，再施加 159.167r/s 的转速后计算模型的应力。

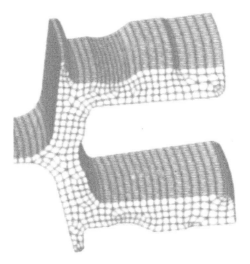

图 4-10　名义应力计算的载荷施加

经计算，此时最大应力点相同位置的应力为 348.30MPa，选取此应力为名义应力。应力集中系数 $K_T = 805.32/348.30 \approx 2.31$。

2. S-N 曲线修正

经拟合，R=0 的缺口件(K_T)S-N 曲线可由以下函数表示：

$$S_{max} = 7954 N^{-0.343} + 333.9 \tag{4-26}$$

3. 寿命计算

将每级载荷的名义应力最大值代入修正 S-N 模型，可以得到每级(前三级)载荷下的寿命，如表 4-7 所示。

表 4-7　基于名义应力法的寿命计算

级数	危险点应力		名义应力		N_f	n
	σ_{max} /MPa	σ_{min} /MPa	S_{min} /MPa	S_{max} /MPa		
1	791.64	1.01	342.70	0.44	41531305	55300
2	819.03	1.01	354.56	0.44	34496137	35000
3	927.33	1.01	401.44	0.44	1091371	6338
4	935.13	50.8	404.82	2.20	946547	939964

为了计算第四级疲劳载荷循环次数，按照 Palmgren-Miner 理论，结构破坏时的总损伤为

$$D = \frac{n_1}{N_{f1}} + \frac{n_2}{N_{f2}} + \frac{n_3}{N_{f3}} + \frac{n_4}{N_{f4}} = 1 \tag{4-27}$$

因此可计算得到第四级疲劳载荷下理论上可承受的循环数为

$$n_4 = \left[1 - \left(\frac{n_1}{N_{f1}} + \frac{n_2}{N_{f2}} + \frac{n_3}{N_{f3}}\right)\right] N_{f4} = 939964 \tag{4-28}$$

4.4.3 寿命结果对比分析

为了考察轮盘疲劳寿命预测计算的精度，本小节采用如下方法：某型航空发动机低压三级轮盘已经在三种载荷作用下依次运行了 55300 次循环、35000 次循环和 6338 次循环，分别利用场强法和名义应力法计算轮盘在第四种载荷作用下疲劳寿命，通过与试验结果的对比，比较两种方法的计算精度，如表 4-8 所示。

表 4-8　寿命评估结果和试验结果的对比

试验项目	试验结果	场强法	名义应力法
寿命/周次	15000	32658	939964
分散系数(计算结果/试验结果)	—	2.18	62.66

通过试验可知，轮盘在第四级疲劳载荷作用下寿命约为 15000 周。通过场强法评估分析的结果为 32658 周，分散系数为 2.18；通过传统的名义应力法评估分析的结果为 939964，分散系数为 62.66。明显看出，采用场强法对于该航空发动机低压三级轮盘进行寿命评估的精度要远优于传统的名义应力法，其预测寿命落在实际寿命的 3 倍分散区内，在工程可接受误差范围内。

4.5　小　　结

航空发动机关键件的安全性概率指标要求较高，难以通过试验对概率指标进行验证，对航空发动机关键件的安全性概指标要求转化为耐久性指标，进行安全性指标验证。本章针对航空发动机关键件疲劳失效机理，结合应力-强度干涉模型理论，针对航空发动机关键件的退化行为，定义航空发动机关键件的概率评估模型；介绍了几种常用的航空发动机结构疲劳寿命模型，包括基于名义应力的疲劳寿命分析方法、基于局部应力应变的疲劳寿命分析方法、基于场强法的疲劳寿命分析法；通过对压气机轮盘疲劳结构风险评估，结合试验数据对关键件的耐久性指标以及强度指标进行验证。

第5章 航空发动机关键件设计阶段
风险评估方法

5.1 引　　言

美国航空业界采用基于概率风险评估的部件寿命管理方法，以降低关键件的失效风险。通过对随机性和缺陷分布的定量分析，概率风险评估可以在不具备完整描述的条件下更准确地反映航空发动机部件的实际运行状态，预测预期的飞行事故率，进而通过控制航空发动机的危害性影响事件率，从根本上提高部件使用寿命期内的安全性。概率风险评估可确保关键件在零部件的设计阶段就可以预测其满足适航规章相关的失效风险要求，并给出推荐的关键件的检查间隔，以降低实际运行中航空发动机的危害性影响[35]。

相比于电子部件，航空发动机关键件试验成本高、数据样本少，针对航空发动机关键件的典型失效模式和机理，以及失效概率指标要求，构建风险评估模型，半进行失效概率评估。MIL-STD-1783B 在断裂力学和损伤容限分析的基础上将发动机关键件分为了两类：一类是由于瞬间大过载而造成发动机关键件断裂，即断裂关键件；另一类是由疲劳裂纹萌生、裂纹扩展、裂纹扩展到阈值导致的航空发动机关键零部件断裂，即耐久性关键件。针对第一类关键件，以瞬态冲击载荷为"应力"，以许用应力为"强度"，建立航空发动机关键件风险评估模型；针对第二类关键件，航空发动机关键件实际裂纹扩展长度为"应力"，许用裂纹扩展长度为"强度"，建立基于损伤容限的航空发动机关键件结构概率风险评估模型。

5.2　基于损伤容限的关键件概率风险评估模型

概率风险评估通常是由有限元分析、概率断裂力学模型和无损探伤检测模型组成。一个典型的关键件概率风险评估流程如图 5-1 所示。根据 FAA 咨询通告 AC 33.14-1 中试验分析指南部分介绍，分析流程可以分为以下几个基本步骤：应力分析，区域划分并计算体积，裂纹生长模型定义，裂纹生长计算，区域和整个

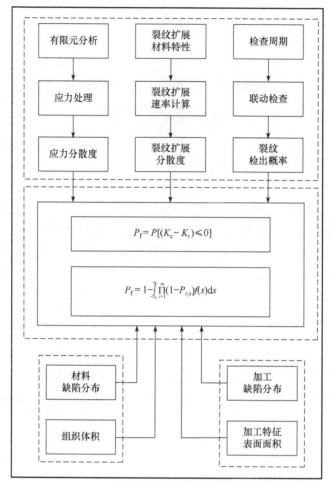

图 5-1 概率风险评估模型的组成

零部件的断裂概率计算。其中应力分析要求零部件模型的网格细化等级应逐步进行，以确保与采用更细化的网格相比时，最终的结果不会有明显变化；区域划分要求在给定初始裂纹条件下，将具有大致相同的寿命的单元划分为同一区域；初始阶段一般建议单元间应力差异为 34.5MPa，之后分析收敛再作进一步区域细化；裂纹生长计算要求各区域裂纹生长寿命由区域内最低寿命位置确定，对决定零部件断裂概率的部位应持续分解成多个区域，直到风险计算收敛；断裂概率要求零部件断裂概率计算时加入各个区域的统计断裂概率，通过积分概率法和蒙特卡罗(Monte-Carlo)法来计算各个区域的断裂概率。断裂概率计算的主要思想基于广义应力-强度干涉理论，以应力强度因子为表征量。通过概率计算材料断裂韧性与应力强度因子的差值获取极限状态函数，即

$$g = K_c - K \leqslant 0 \tag{5-1}$$

式中，K_c 为材料断裂韧性；K 为部件断裂的应力强度因子；g 为极限状态函数，当 $g \leqslant 0$ 时，即认为部件失效。其中 K_c 和 K 都是裂纹相关随机变量 X_i 和检查相关随机变量 Y_i 的函数。

$$P_f = P\left[(K_c - K_i) \leqslant 0\right] \tag{5-2}$$

$$P_f = 1 - \int_{-\infty}^{\infty} \prod_{i=1}^{m} \left(1 - P_{i|s}\right) f(s) \mathrm{d}s \tag{5-3}$$

由关键件概率风险评估方法的相关研究分析可知，风险评估的典型流程所需的核心技术主要有

(1) 随机变量的概率分布以及分区分析模型；

(2) 断裂力学模型；

(3) 与无损探伤的结合；

(4) 基础数据库的构建；

(5) 提高概率风险评估计算效率的方法。

其中，(1)～(3)条反映的是极限状态函数的构造过程，其正确性直接影响概率风险评估的适航性符合性；(4)确定了概率风险评估计算结果的适用性；(5)主要是解决概率风险评估的效率问题。

输入参数的随机性对概率风险评估的结果影响很大，因此采用分布函数对输入参数随机性的描述就变得极其重要。但大量的研究显示，概率风险评估对描述输入参数随机性的分布函数没有严格的规定，允许采用任何可能的分布函数，这意味着应当根据输入参数的特性和足够的试验数据选用尽可能恰当的分布形式，并精确地确定分布的函数，其中，用于确定随机变量分布的试验数据应当按照适航规章要求制定的部件或整机试验获得。韦布尔(Weibull)分布和对数正态分布具有较强的适用性和易用性，是概率风险评估中应用最广泛的分布函数。

概率风险评估的流程中，模型建立的重点以及难点在于缺陷的随机性和无损探伤检查间隔随机性的处理。缺陷的随机性体现在两个方面：

(1) 包含缺陷尺寸的随机性；

(2) 包含缺陷位置的随机性。

由于关键件载荷的分布不均匀性，随机缺陷分布出现的位置对其是否能够扩展直至失效的影响很大，在分析中对整个部件直接建立失效风险的数学模型以反映缺陷的随机性对最终失效风险的影响是十分困难的。所以，随机变量的概率分布对整个失效风险数学模型的影响是采用分区的方法表示的，将关键件模型划分为 n 个区域，任意区域 i 的应力分布与温度分布基本相同，若区域 i 包含随机性

的缺陷分布，那么缺陷出现在区域内的任何位置都以相同的概率发展成为能够导致断裂失效的裂纹。设事件 F_i 表示区域 i 发生失效，那么关键件的失效风险 P_f 就等于任意区域发生的概率：

$$P_f = P[F_1 \cup F_2 \cup K \cup F_n] \tag{5-4}$$

假设关键件所含的缺陷是彼此独立的，材料随机缺陷的发生概率较小，则失效风险 P_f 可以表示为所有区域失效概率之和

$$P_f = \sum_{i=1}^{n} P_i \tag{5-5}$$

式中，P_i 表示区域 i 发生断裂失效的概率。上述计算失效风险所引入的假设，对于关键件所含缺陷批次独立的假设容易理解，材料缺陷发生概率较低的假设也在已有的研究成果中得到证实。

任意区域 i 的失效概率 P_i 可以由条件失效概率 $P_{i|d}$ 和区域 i 包含随机缺陷分布的概率 λ_i 的乘积来计算：

$$P_i = \lambda_i P_{i|d} \tag{5-6}$$

$$\lambda_i = \lambda_c V_i \tag{5-7}$$

式中，λ_c 表示关键件单位体积材料包含随机缺陷的概率；V_i 为区域 i 的体积。

由以上分析可知，在已知缺陷发生频率以及其尺寸分布的条件下，关键件寿命期内失效风险可以表示为

$$P_f = \sum_{i=1}^{n} \lambda_c V_i P_{i|d} \tag{5-8}$$

该式的物理意义为关键件的失效风险评估等于其包含的所有区域发生失效的概率之和，而任意区域 i 的失效概率等于该区域出现缺陷的概率与含缺陷条件下的区域发生失效的概率的乘积。这是把对关键件的失效风险分析转化为对多个独立的含缺陷区域失效概率的计算，以及对材料包含缺陷分布概率的研究。

由已有的材料缺陷发生频率与随机分布的研究结果可知，缺陷发生概率与缺陷尺寸的对应关系可采用超越曲线来表示，即表示为初始缺陷尺寸的累计分布函数 $F(a_{in})$，由下式给出：

$$F(a_{in}) = \frac{N(a_{min}) - N(a_{in})}{N(a_{min}) - N(a_{max})} \tag{5-9}$$

式中，a_{in} 表示初始缺陷尺寸；a_{min} 和 a_{max} 分别表示定义的最小缺陷尺寸和最大缺陷尺寸；$N(a)$ 表示等于或超越尺寸为 a 的缺陷数量。典型材料缺陷的超越曲线如图 5-2 所示，横坐标表示缺陷尺寸，纵坐标表示每百万磅(1lb=453.59g)材料

中出现超过对应横坐标给定尺寸的缺陷的概率。

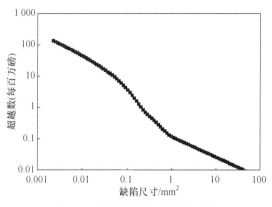

图 5-2　缺陷尺寸超越分布函数

由 $F(a_{in})$ 的定义和随机缺陷超越函数分布可知，通过定义关键件单位体积的材料包含缺陷的频率，缺陷的随机性可由初始缺陷尺寸分布唯一地定义。由于缺陷尺寸的分布对区域 i 在含缺陷时的条件失效概率有很大影响，因此 a_{in} 成为失效概率评估重要的一个随机变量。

基于损伤容限特性的关键件结构风险评估模型有以下三个要素。

(1) 临界裂纹尺寸(或剩余强度)包括两个方面的工作：在剩余强度载荷要求下结构能允许的最大损伤，即临界裂纹尺寸；在规定的损伤尺寸下结构能承受的剩余强度。此两项工作由剩余强度分析完成。

(2) 裂纹扩展在该结构部位的载荷谱和环境谱作用下，裂纹长度从可检裂纹尺寸（即初始裂纹尺寸）扩展至临界裂纹尺寸之间的裂纹期。该工作由裂纹扩展分析完成。影响裂纹扩展寿命的主要因素有：载荷谱、材料抗力、结构型。其中材料裂纹扩展由疲劳速率参数确定；结构型对裂纹的影响由尖端应力强度因子系数来确定。裂纹扩展模型则把上述三大因素联系起来，为分析提供基础。

(3) 损伤检查是指利用规定的检测和维护手段，对损伤进行检测和评定，保证及时地发现、预防或修复由疲劳、环境或意外损伤引起的损伤，以维持航空发动机在设计服役目标期内的适航性，此即检查大纲的任务。损伤检查要解决检查部位、检查地点、检查方法及检查间隔等四个方面的问题，并将这些方面纳入结构维修大纲中统一考虑和实施。

上述的三个组成损伤容限特性的要素同等重要，三个要素可以单独或组合作用，使结构的安全性达到一个规定的水平，如图 5-3 所示。

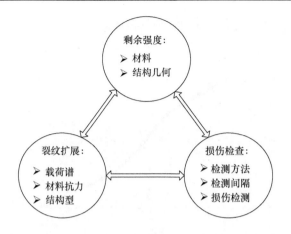

图 5-3　损伤容限特性的结构风险评估模型的三个主要要素

基于损伤容限特性的结构风险评估涉及以下三方面技术。

(1) 损伤容限设计。

损伤容限设计是损伤容限理论体系的主体与基础，以保证航空发动机结构可靠和安全、满足适航条款要求为目标，是避免航空发动机关键件发生灾难性后果的基本准则。传统损伤容限设计程序如图 5-4 所示。与损伤容限设计相对应的是安全寿命设计，两者区别明显。安全寿命设计关注裂纹形成寿命，对全尺寸构件进行疲劳试验进行验证。损伤容限设计承认结构存在初始缺陷，但须满足规定的承载能力，并对可检结构制定检测周期，对不可检结构给出裂纹增长和剩余强度限制。航空发动机关键件的强度分析已从静、动、疲劳强度分析逐步发展到损伤容限分析，成为美国国家航空航天局(NASA)、FAA 等机构进行强度认证的主要考评内容。

(2) 损伤容限分析。

损伤容限分析主要是使用断裂力学方法进行裂纹扩展和剩余强度分析以及试验验证，准确定量评估结构的剩余强度和裂纹扩展寿命，并制定结构安全检测周期，确保在损伤检测间隔内裂纹不会扩展到造成结构破坏的程度。传统损伤容限分析流程如图 5-5 所示。

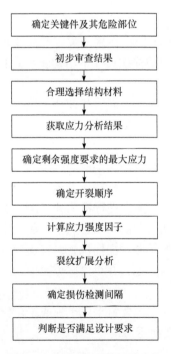

图 5-4　传统损伤容限设计程序

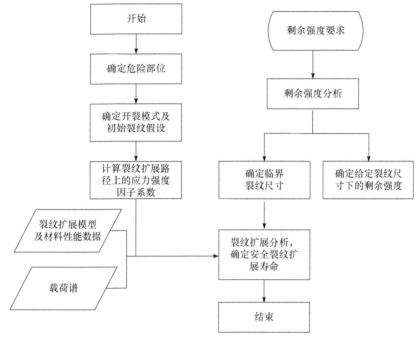

图 5-5 传统损伤容限分析流程

(3) 概率损伤容限分析。

损伤容限评定是检验设计质量、改进设计内容的重要手段,其通过使用经验和综合方法对航空发动机关键件损伤容限分析与试验的结果进行评定。

传统损伤容限通过定值方法分析时,得到的航空发动机关键件裂纹扩展寿命有中值的含义,其可靠性是通过用确定性裂纹扩展寿命除以指定的分散因子来保证,没有考虑各影响因素的不确定性和分散性,故传统损伤容限分析方法具有一定局限性。而概率损伤容限分析方法是将随机变量概率与传统损伤容限分析方法相结合,能够更加准确合理地定量分析一定风险水平下裂纹扩展寿命、一定扩展寿命下结构风险和剩余强度可靠性。概率损伤容限分析流程如图 5-6 所示。一般方法不易计算概率的精确解,而概率损伤容限分析可使用蒙特卡罗计算机模拟抽样法、响应面法和概率空间积分转化法等处理随机变量概率求解问题。概率损伤容限逐步成为固体力学的一个组成部分,工程技术的一个发展方向,但未形成完整的理论体系。因此对概率损伤容限理论体系和关键技术的研究不仅具有学术价值,也具有工程实用价值。

概率损伤容限包含严格控制初始裂纹长度、增长临界裂纹长度、降低裂纹尖端应力强度因子、提高材料断裂韧度、降低裂纹扩展速率、易于裂纹检测和便于构件维修等内容。航空发动机关键件损伤容限评定结果需要材料优质特性、精心

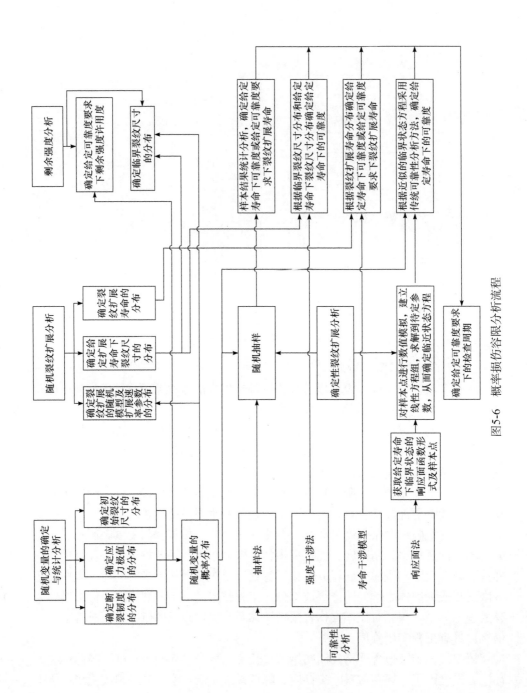

图5-6　概率损伤容限分析流程

设计制造来保证，并通过合理选材、恰当布局、严格工艺质量和科学检测维修等途径提升其技术水平。

5.3　基于剩余强度的关键件概率风险评估模型参数分布

航空发动机含裂纹关键件静承载能力的大小决定了剩余强度的大小，合理确定零部件剩余强度的载荷，可保证航空发动机在服役期内安全可靠。而影响零部件剩余强度和裂纹扩展的参数有很多，且具有一定随机性。为了降低剩余强度分析的复杂性，可将随机性对剩余强度影响小、分布相对集中的参数近似为确定值，而将随机性对剩余强度影响大、分散度大的参数作为变量。通过概率损伤容限分析，确定断裂韧度、应力极值、剩余强度许用值、初始裂纹尺寸和临界裂纹尺寸等重要参数的概率密度与分布。

1. 断裂韧度

断裂韧度 K_{IC} 是衡量材料抵抗脆断能力的力学性能指标，其大小等于应力强度因子的临界值。K_{IC} 的概率统计分布是对数正态分布或正态分布。

2. 应力极值

概率损伤容限评定时，航空发动机关键件剩余强度必须大于在规定检测间隔内预期的最大载荷。

3. 剩余强度许用值

航空发动机含裂纹关键件的承载能力即其剩余强度许用值，其随裂纹长度的增加而减小。

4. 初始裂纹尺寸

在概率损伤容限理论中可以通过两种方式确定裂纹扩展的初始裂纹：一种是由气孔、夹杂、加工残余应力等造成的初始缺陷或裂纹，用当量初始缺陷尺寸定量地描述航空发动机关键件的初始裂纹；另一种是将航空发动机关键件达到经济寿命时的裂纹作为概率损伤容限技术的初始裂纹。

5. 临界裂纹尺寸

临界裂纹尺寸是影响航空发动机关键件的重要参数。

5.4　基于损伤容限的关键件结构风险评估流程

裂纹扩展分析是损伤容限分析中的主要内容之一，而裂纹扩展分析的主要目的是发现裂纹扩展速率和裂纹尺寸等变化的规律，确定裂纹扩展寿命，对裂纹的安全风险进行评估，保证航空发动机关键件在有裂纹情况下使用的可靠性和安全性。在概率损伤容限分析中，需要根据概率断裂力学理论对裂纹扩展的随机性进行分析，确定一定裂纹尺寸下航空发动机关键件裂纹扩展寿命概率密度函数，或者是一定扩展寿命(循环次数)下的航空发动机关键件失效概率。裂纹扩展下的关键件结构风险评估工作主要包括以下内容。

1. 确定关键件裂纹扩展概率密度分布

开展裂纹扩展的关键件结构风险评估工作首先需要确定关键件裂纹扩展过程，即航空发动机关键件概率损伤容限分析中，使用概率方法反映裂纹扩展的随机过程。

2. 确定关键件的裂纹扩展寿命概率密度分布

在第 5 章寿命分析的基础上，得到裂纹扩展的概率密度函数后，需要确定裂纹扩展寿命概率密度函数。

3. 对关键件的裂纹扩展寿命分布数据进行拟合

利用概率断裂力学理论对航空发动机关键件裂纹扩展进行分析，使用常见概率分布函数拟合裂纹扩展寿命分布，如果样本数量或者模拟样本次数足够多，则概率分布函数能够非常精确地反映裂纹扩展寿命曲线。概率统计分布模型很多，经常用于航空发动机关键件裂纹扩展寿命分析的有三参数韦布尔分布、对数正态分布和正态分布等模型。

4. 基于仿真的裂纹扩展风险评估

在裂纹扩展到一定寿命时，是否存在失效风险，是否能满足航空发动机关键件剩余强度要求，是概率损伤容限安全分析的重要内容。可通过蒙特卡罗抽样法确定航空发动机关键件失效概率，对其失效风险进行评估，以保证航空发动机的可靠性与安全性。

蒙特卡罗抽样方法是依据概率统计理论，通过随机抽样来计算随机事件的数值解，对航空发动机关键件的失效风险进行评估。而且，模拟次数越多，数值解越精确。蒙特卡罗抽样法分析流程如图 5-7 所示。

图 5-7　蒙特卡罗抽样法分析流程

5.5　航空发动机关键件结构损伤检测方法

现行适航规章条款明确规定，对航空发动机关键件应按照损伤容限原理进行设计和评估，保证其在使用寿命期内，一旦发生严重损伤(开裂或局部破坏)，也就是在航空发动机关键件剩余强度降至规定的破损-安全载荷以前，必须以相当高的概率及时检测出航空发动机中的这些损伤。因此，如何合理选择损伤检测方法，如何确定检测周期，就显得非常关键。

航空发动机关键件进行损伤容限设计时，剩余强度、裂纹扩展分析、损伤检测以及维修计划等内容需要重点考虑。随着航空发动机关键件内部裂纹的扩展，其剩余强度也会随之降低，但不能低于剩余强度许用值。合理的损伤检测方法与检测间隔，能保证裂纹尺寸在扩展到临界裂纹尺寸之前还可以正常使用。若通过损伤检测发现裂纹尺寸增长到规定值则需立即进行维修，但也不能过于频繁地进行维修而降低经济性，需要在可靠性、安全性与经济性之间达到一种平衡。需要合理地制定检测和维修计划，既要保证航空发动机关键件发生损伤后安全可靠，也不能因为频繁维修而显著降低其经济性。

5.5.1　关键件结构损伤检测方法

人们常用一般、监视和详细三类目视检测方法进行检测。如果目视检测无法达到要求，则可采用无损检测(NDI)方法，常用的无损检测方法及用途如表 5-1 所示。

表 5-1　常用的无损检测方法及用途

检测方法	材料类型	裂纹形式
X 射线	金属、非金属	表面、亚表面、内部(多层结构)
超声波	金属、某些非金属	表面和亚表面(仅构件第一层)
高频涡流	金属、磁性或非磁性材料	表面(钢、铝、钛) 近表面(0.125mm)(铝、钛)

检测方法	材料类型	裂纹形式
低频涡流	金属、非磁性或低导磁材料	亚表面(到 9mm)
磁粉	钢、磁性不锈钢	表面、近表面
染色渗透	金属	表面

5.5.2　关键件结构裂纹检查概率分布

当航空发动机关键件达到检修时间后，需要对其开展无损检测工作。若发现裂纹尺寸超过规定值，则需要维修或更换，以提高航空发动机关键件的安全性。目视检测裂纹检测概率(probability of detection，POD)分布函数可表示为

$$POD = 1 - \exp\left[-\left(\frac{a - a_0}{\lambda - a_0}\right)^{\alpha}\right] \tag{5-10}$$

式中，a 为检测时可检裂纹长度；a_0 为最小可检裂纹长度；λ 为特征长度；α 为形状因子。其中 a_0、λ、α 的取值与检测方法有关。

三类目视检测方法对应的 a_0、λ、α 参数值如表 5-2 所示。

表 5-2　裂纹检测概率分布中参数取值(目视检测)

检测技术	α	a_0/mm	λ/mm
一般的目视检测	1.82	7.51	301
监视的目视检测	1.82	5.03	76
详细的目视检测	1.82	3.76	51

高频涡流、超声波和磁粉等无损检测技术条件下航空发动机关键件表面裂纹检测概率分布函数为

$$POD = 1 - \exp\left[-\left(\frac{a/a_{NDI} - 0.5}{0.5}\right)^{0.44}\right] \tag{5-11}$$

使用不同的检测方法，a_{NDI} 取值不同，具体如表 5-3 所示。

表 5-3　裂纹检测概率分布中 a_{NDI} 的取值(无损检测)

无损检测技术	高频涡流技术			染色渗透技术
	角裂纹(孔洞内)	端头附近裂纹(紧固件)	一般的表面探测技术	
a_{NDI}	0.76	2.52	5.01	3.77
无损检测技术	超声波技术		磁粉技术	
	孔裂纹	结构细节处		
a_{NDI}	2.53	3.76	2.51	

5.6　基于损伤容限的典型关键件风险评估案例

5.6.1　涡轮盘概率损伤容限风险影响因素

轮盘风险分析主要的不确定性是缺陷发生的小概率，或者随机尺寸、形状和位置的工具损伤。在设计中，通过有效检查和去除有缺陷的轮盘降低风险。检查的不确定性包括维修次数和与检测方法有关的检测概率曲线。其他不确定性还包括材料属性、负载状况以及几何形状。缺陷应力强度因子随着这些随机变量以及缺陷尺寸的变化而变化，当应力强度因子大于某一给定值时，轮盘发生断裂。

需要将轮盘划分成有限个区域，假设在每个区域有可能存在一个裂纹(由于区域存在一个裂纹的可能性已经很小，所以不考虑一个区域存在两个或两个以上裂纹的情况)，需要计算每个区域条件失效概率，计算整个轮盘的失效概率。涡轮盘概率损伤容限风险影响因素主要包括以下几种。

1. 缺陷发生概率

钛合金轮盘在成型过程中会产生缺陷，用超越曲线可以描述轮盘内部的缺陷，包括每个轮盘缺陷发生率和缺陷尺寸概率分布。

2. 缺陷尺寸分布

缺陷尺寸越大，则缺陷数量越少。在缺陷面积较小时，缺陷数量随着尺寸的增加而急剧减小；当缺陷尺寸超过一定数值时，缺陷数量减小的趋势趋于平缓。

3. 应力不确定性

为了模拟轮盘应力不确定性，需要确定轮盘应力分布函数。

4. 缺陷检测概率

缺陷检出概率与检测手段和缺陷尺寸相关。当检测手段越先进时，缺陷尺寸越大，缺陷被检出的概率就越高。图 5-8 给出了缺陷检测概率曲线，其中横坐标表示缺陷尺寸(长度或面积)，纵坐标表示该尺寸缺陷对应的检出概率。从图中可以看出，缺陷面积越大，缺陷检测概率越高，缺陷面积超过 16mm^2 时，检出概率几乎为 1。

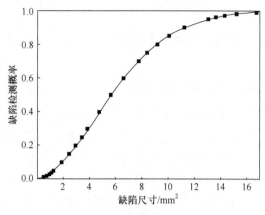

图 5-8　缺陷检测概率曲线

5.6.2　涡轮盘概率损伤容限风险评估流程

本节采用蒙特卡罗方法进行轮盘风险评估,针对不考虑检查与考虑检查建立两种不同的蒙特卡罗仿真模型,对比两种仿真模型的差异,计算轮盘在 20000 个飞行循环发生失效风险。

1. 不考虑检查

该仿真将轮盘划分为有限个区域,每个区域指定 100000 个样本。假设在每个区域只可能存在一个裂纹,结合断裂力学计算在 20000 个循环时发生断裂的裂纹数量,由此得到区域条件失效概率,计算每个区域的缺陷发生概率而得到区域失效概率,确定轮盘失效概率。

具体模拟步骤如下所述。

步骤 1:根据有限元应力分析结果,划分轮盘区域,同一区域内应力值接近。

步骤 2:定义蒙特卡罗模拟次数 N_s (=100000),初始缺陷设定在区域最大应力节点位置。初始失效样本数 $N_f = 0$。

步骤 3:在第 i 个区域随机生成初始裂纹。

步骤 4:计算裂纹长度达到临界值时的循环次数 N_c,对比 N_c 与飞行寿命 $N_{cycle} = 20000$ 的大小,如果 $N_c > N_{cycle}$,则不发生失效;否则,发生失效,$N_f = N_f + 1$,直到模拟次数达到 N_s。

步骤 5:重复步骤 2~4,获得各区域内条件失效概率 $P_{fd} = \dfrac{N_f}{N_s}$。

步骤 6:计算缺陷出现概率 P_d:

$$P_d = \frac{N_d(a_{min})}{10^6} \times \rho \times V \tag{5-12}$$

式中，ρ 为材料密度；V 为区域体积；10^6 为钛合金材料质量，单位 kg；$N_d(a_{min})$ 为 10^6kg 钛合金对应的最大尺寸缺陷数量。

步骤 7：计算各区域失效概率 P_f。

步骤 8：计算整个轮盘失效概率 $P_{f\ disk}$。

图 5-9 给出了不考虑检查的蒙特卡罗仿真模拟流程图。

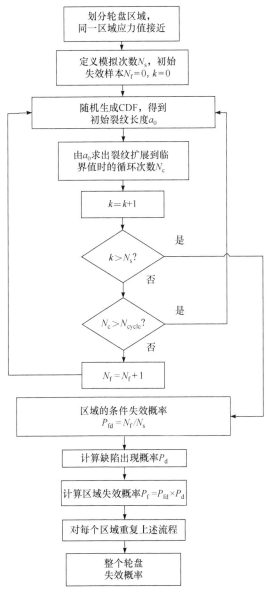

图 5-9　不考虑检查的蒙特卡罗方法模拟转子轮盘风险评估流程图

2. 考虑检查

图 5-10 为考虑检查间隔和检测概率(POD)曲线,运用蒙特卡罗仿真模拟转子轮盘风险评估流程图。

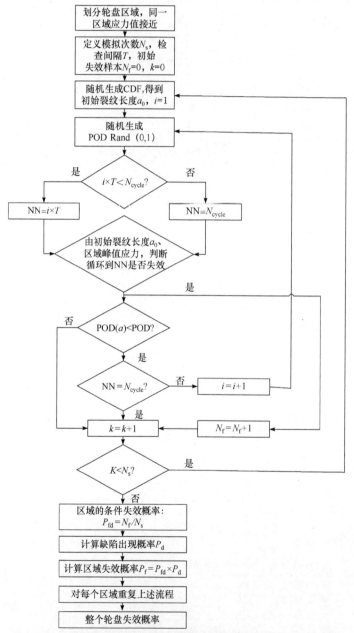

图 5-10 考虑检查的蒙特卡罗方法模拟转子轮盘风险评估流程图

引入检查间隔和 POD 曲线后，蒙特卡罗模拟仿真具体步骤如下所述。

步骤 1：根据有限元应力分析结果，划分轮盘区域，同一区域内应力值接近。

步骤 2：定义模拟次数 N_s (=100000)，检查间隔 T，初始失效样本数 $N_f = 0$，$k = 0$。

步骤 3：随机生成 CDF，得到裂纹初始长度 a_0，$i = 1$。

步骤 4：随机生成 POD。

步骤 5：当检查间隔小于轮盘飞行寿命 N_{cycle} 时，$NN = i \times T$。否则 $NN = N_{cycle}$。

步骤 6：由裂纹初始长度 a_0，区域峰值应力 σ_{max}，判断是否失效，如果失效，$N_f = N_f + 1$，则转至步骤 8；否则，计算循环到 NN 时的裂纹长度 a，计算 $POD(a)$。

步骤 7：如果 $POD(a) \geq POD$，则 $k=k+1$；否则，

(1) $NN = N_{cycle}$，则转至步骤 8；

(2) $NN \neq N_{cycle}$，$i = i+1$，返回步骤 4。

步骤 8：对下一个样本重复步骤 3～7，直至 N_s 个样本全部模拟完毕。

步骤 9：计算获得各个区域的条件失效概率 $P_{fd} = N_f / N_s$。

步骤 10：计算缺陷出现概率 P_d。

步骤 11：计算区域失效概率 P_f。

步骤 12：计算整个轮盘失效概率 P_{f_disk}。

5.6.3　案例分析

AC 33.14-1 提供了概率风险评估方法的算例，航空发动机轮盘进行了 20000 次简单循环载荷，其最大转速为 6800r/min，在外径处模拟外部叶片负荷为 50MPa，分别计算轮盘无在役检查和 10000 次循环在役检查的断裂概率。图 5-11 给出了算例的参数设置。

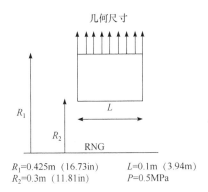
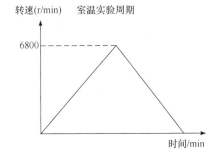

R_1=0.425m (16.73in)　　　L=0.1m (3.94m)
R_2=0.3m (11.81in)　　　　P=0.5MPa

图 5-11　参数设置

这里选取与 AC 33.14-1 案例同样的输入参数计算轮盘风险，将结果与 AC 33.14-1 进行比较，验证本书提出方法的合理性。钛合金轮盘密度为 4450kg/m³，安全寿命为 20000 次飞行循环，裂纹扩展模型计算公式选取 Paris 公式，即

$$\frac{\mathrm{d}a}{\mathrm{d}N} = C(\Delta K)^{n_1} \tag{5-13}$$

式中，$C=9.25\times10^{-13}$，$n_1=3.87$。

由缺陷分布与缺陷数量的对数坐标关系图，采用最小二乘法拟合获得缺陷分布参数 $m=-1.0755$，$n=-0.3635$。

图 5-12 给出了 AC33.14-1 中轮盘区域划分，读取 AC33.14-1 有限元模型，划分轮盘区域，如图 5-13 所示，不同颜色表示不同大小的应力，单位为 MPa，红色区域应力最大，蓝色区域应力最小。箭头表示相应裂纹的应力梯度，圆点表示裂纹所处位置。区域 1~4 为角裂纹，区域 5~16、17 和 20 为表面裂纹，剩余区域为内埋裂纹。

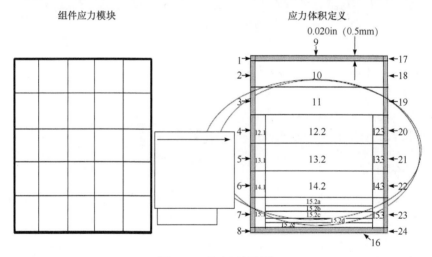

图 5-12　轮盘区域划分

下面利用蒙特卡罗方法进行模拟，36 个区域风险、轮盘总风险、单次循环风险，以及每个区域风险占总风险比例分别如图 5-14~图 5-17 所示。从图 5-14~图 5-16 看出，随着循环数的增加，区域风险、轮盘总风险和单次循环风险将增加。从图 5-17 看出，区域 20、31、19 和 30 等风险占轮盘总风险比例较大。轮盘不同区域风险的大小与裂纹形式及区域应力等相关，高风险裂纹(例如，角裂纹等)以及高应力导致区域风险值较大。从图 5-16 看出，轮盘单次循环风险 20000 循环内失效概率为 1.5×10^{-9}，适航规章要求关键件失效发生概率低于 10^{-7}，由于一般民用涡扇航空发动机关键件为数十个部件，因此对单个关键件部件而言，其设计时目标风险值设定为 10^{-9} 较为合理，本算例结果为 1.5×10^{-9}，可

以认为满足关键件失效风险的适航要求。

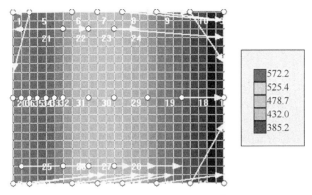

图 5-13　轮盘区域划分与裂纹设置(彩图请扫封底二维码)

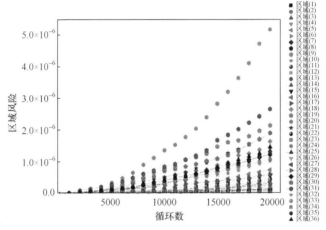

图 5-14　轮盘多区域风险(彩图请扫封底二维码)

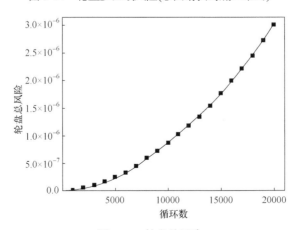

图 5-15　轮盘总风险

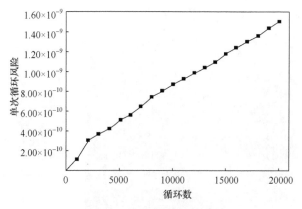

图 5-16　轮盘单次循环风险

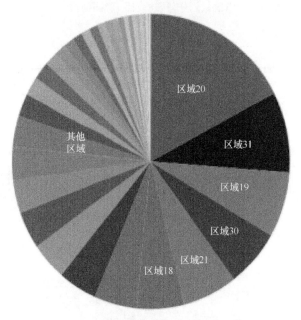

图 5-17　轮盘区域风险占总风险比例

　　这里引入检查间隔与检测概率曲线，检查间隔为 10000 飞行循环，检测概率曲线如图 5-18 所示。将上述输入条件代入仿真模型，36 个区域风险、轮盘总风险、单次循环风险，以及各区域风险占总风险比例分别如图 5-19～图 5-22 所示。从图 5-19～图 5-21 看出，随着循环数的增加，区域风险、轮盘总风险及单次循环风险逐渐增加，在 10000 次循环时采取检查措施后，单次循环风险先减小，然后随循环而增加，采取检查措施，有效降低了轮盘失效的风险。结合图 5-19 和图 5-22 可以看出，区域 29、20、31、21 和 30 的风险占轮盘总风险的比例较大，20000 次循环时轮盘单次循环风险为 $1.44×10^{-9}$，满足适航规章要求。

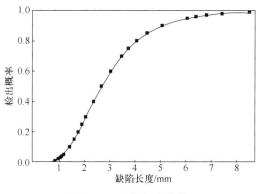

图 5-18 检测概率曲线

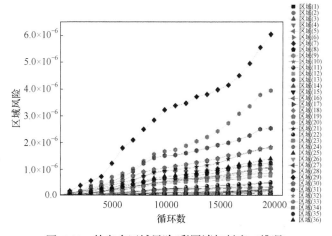

图 5-19 轮盘多区域风险(彩图请扫封底二维码)

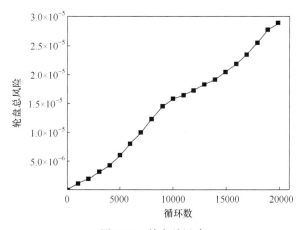

图 5-20 轮盘总风险

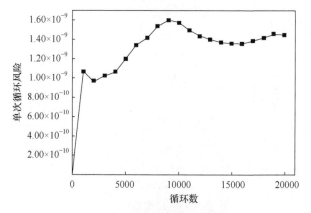

图 5-21　轮盘单次循环风险

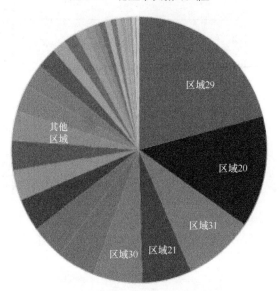

图 5-22　轮盘多区域风险所占比例

AC33.14-1 以轮盘单次循环风险作为验证风险评估流程合理性的指标，多次进行蒙特卡罗仿真，计算所得轮盘风险与 AC33.14-1 案例计算值进行比较，如表 5-4 所示。

表 5-4　计算结果与 AC33.14-1 对比

每次循环失效风险	AC33.14-1 案例计算值范围	本书算法计算值范围
无检查	$1.27 \times 10^{-9} \sim 1.93 \times 10^{-9}$	$1.54 \times 10^{-9} \sim 1.6 \times 10^{-9}$
有检查	$8.36 \times 10^{-9} \sim 1.53 \times 10^{-10}$	$1.26 \times 10^{-9} \sim 1.3 \times 10^{-9}$

5.7 小　　结

以传统损伤容限设计、分析和评定，以及剩余强度和裂纹扩展为基础理论时，其定值分析方法因没有考虑各影响因素的不确定性和分散性，故存在一定局限性，因而提出概率损伤容限的概念及其分析流程，并围绕剩余强度、裂纹扩展和损伤检测三方面主要影响因素，对概率损伤容限理论开展研究。

(1) 根据剩余强度和概率断裂力学理论，通过概率损伤容限分析，确定了对剩余强度影响大的断裂韧度、应力极值、剩余强度许用值、初始裂纹尺寸和临界裂纹尺寸等重要参数的概率密度与分布函数，提出了将航空发动机关键件达到经济寿命时的裂纹作为初始裂纹的裂纹尺寸概率分布函数的确定方法。对于由气孔、夹杂、加工残余应力等造成的初始缺陷，利用航空发动机关键件原始疲劳质量模型，通过裂纹萌生时间反推法确定了当量初始缺陷尺寸概率分布函数。

(2) 将裂纹扩展过程作为一个随机过程，确定裂纹扩展概率密度函数；然后根据裂纹扩展概率密度函数确定裂纹扩展寿命概率密度函数，对航空发动机关键件寿命进行预测；通过蒙特卡罗抽样法确定了一定使用时间(扩展寿命)下的航空发动机关键件失效概率分布，对裂纹扩展进行失效风险评估。

(3) 利用目视检测和无损检测等常用检测方法对航空发动机关键件进行损伤检测分析，确定了不同检测方法的裂纹察觉概率分布及参数取值。

(4) 采用蒙特卡罗方法进行轮盘风险评估，针对不考虑检查与考虑检查建立两种不同的蒙特卡罗仿真模型，对比两种仿真模型的差异，计算轮盘在 20000 次飞行循环发生的失效风险。

第 6 章　航空发动机关键件运营阶段风险评估方法

6.1　引　言

航空发动机关键件在运营阶段受到使用环境、载荷等因素，失效概率随使用时间增加而增加，为了确保发动机运营安全，需要建立运营阶段的概率风险评估方法。本章建立了航空发动机关键件运营阶段的概率风险评估方法，包括基于统计分析的风险评估方法以及基于故障后果的概率风险评估方法，给出了关键件失效危险等级的定义，以及实施风险评估的流程与步骤等，并给出了具体的案例分析过程。

6.2　基于统计分析的航空发动机关键件风险评估方法

6.2.1　基于统计分析的关键件风险评估流程

本节采用航空发动机故障统计方法(如韦布尔分布)，获得故障的分布函数，采用蒙特卡罗仿真方法，模拟故障的发生情况，预测航空发动机在未来一段时间内的故障风险，计算故障的风险因子，通过故障树分析(FTA)、FMECA 等方法分析故障风险时间的危险等级，计算航空发动机在任意一架次飞机飞行过程中航空发动机关键件故障的发生概率，计算飞行风险，将每次飞行风险与风险准则表对比，评估当前航空发动机故障存在的风险是否在可接受范围之内，若短期风险超出风险准则表的限值，就需要采取措施降低风险，评估措施的可行性[36-39]。基于危险等级、风险因子和风险准则等预测航空发动机故障风险，给出风险评估流程如图 6-1 和图 6-2 所示，主要流程如下所述。

(1) 判断航空发动机故障事件的危险等级。

(2) 计算未采取改进/改正措施前部件故障的风险因子。建立蒙特卡罗仿真模型，模拟航空发动机故障事件的发生情况，预测航空发动机在未来某段时间内的故障风险，计算不同危险等级事件航空发动机或其部件的危险系数而得到不同危险等级的风险因子，最后将得到的未采取改进/改正措施的风险因子与长期风险

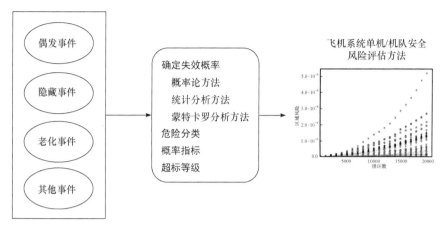

图 6-1　航空发动机关键件安全风险评估方法

准则进行比较。若低于可接受水平，则不需要采取改进/改正措施；若高于可接受水平，则需要开展风险分析与评估。

(3) 制定适当的改进/改正措施。制定的改进/改正措施应具有可实施性，能有效降低故障的风险，并充分考虑到其降低风险的有效性，执行该措施所需资源的可用性，以及措施的可行性和便利性。估计可能降低的风险。对所有备选措施进行评估，计算备选措施的风险因子，以便对不同措施进行比较。备选措施包括定期维修或更换、按固定间隔或按役龄维修、改变维修周期、重新设计或改装等。另外，分析备选措施所需资源，例如时间、材料(部件及检查设备)等，在成本和风险之间进行合理权衡。按照成本收益将不同可供选择的措施排列优先级，若备选措施可能降低的风险相同，则按照成本排列优先级。

(4) 实施合理的改进/改正措施。根据故障事件具体情况和风险分析结果决定是否采取改正措施以及采取何种措施。

(5) 计算采取了风险改进/改正措施的航空发动机或其部件的风险因子。重新进行蒙特卡罗仿真，将采取措施后得到的故障数，换算成风险因子和每次飞行风险，将其与风险准则中的短期可接受水平进行比较，验证初始措施是否有效。初期改进措施，往往并不是处理故障事件的最终措施。因此，在措施实施阶段对所收集的数据应认真审核，以提高分析过程和评估风险的有效性。

(6) 监控改进/改正措施实施情况。跟踪改进/改正措施的实施情况，初期措施并不是对故障事件的完整改进措施，改进结果应持续监控。

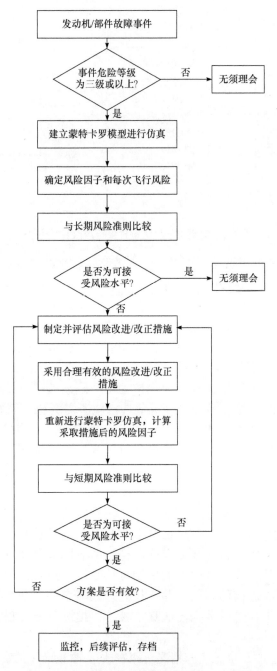

图 6-2 基于蒙特卡罗仿真的风险评估流程图

(7) 后续评估与对策。在许多情况下，故障事件所采取的初始措施并不足以有效降低风险至可接受水平，可能需要后续的对策和措施。在初始或后续措施中，都可采用上述评估过程。后续措施可能更能完整地理解故障事件的问题和影响因素。初期措施是基于有限或部分数据，而后续措施通常是基于更完整的信息。

对航空发动机关键件故障风险的预测需要结合故障危险等级、风险因子和风险准则等，主要步骤为：

(1) 确定航空发动机关键件造成的故障事件的危险等级；

(2) 建立蒙特卡罗仿真模型，模拟航空发动机关键件故障事件的发生情况；

(3) 计算航空发动机关键件故障的危险系数 C，根据事件危险等级得到不同危险等级的风险因子 F_i；

(4) 根据步骤(3)所得风险因子计算每次飞行风险，与风险准则进行比较，确定需要采取措施降低风险的故障；

(5) 针对步骤(4)中得到的故障，制定降低风险的措施，再次运用蒙特卡罗仿真模型，计算航空发动机关键件故障的风险因子以及每次飞行风险；

(6) 比较不同措施对于航空发动机关键件故障风险的影响，制定最合理的改进措施。

图 6-3 给出了六种不同的航空发动机关键件故障模式的蒙特卡罗模拟运行流程图。

这里建立适用于航空发动机关键件在运行阶段发生故障事件的风险评估方法，该方法基于蒙特卡罗仿真模拟故障事件的预期故障数，根据不同故障事件的危险等级计算故障风险因子和每次飞行风险，将其与相应的风险评估准则相对比，由此建立合理的降低风险方案，确保航空发动机关键件运营阶段的故障风险始终处于安全水平。

6.2.2　基于统计分析的关键件风险评估模型

1. 航空发动机关键件危险等级的定义

在航空发动机关键件风险评估方法中，FAA 根据故障事件对飞机、乘客和机组人员带来的后果严重程度来定义其危险等级，共分为五个级别，其中五级事件危险等级最高，一级事件危险等级最低。通过分析航空发动机关键件故障事件的危险等级，确定处理事件的优先级。该风险评估方法仅针对危险等级在三级以上的事件，如表 6-1 所示。

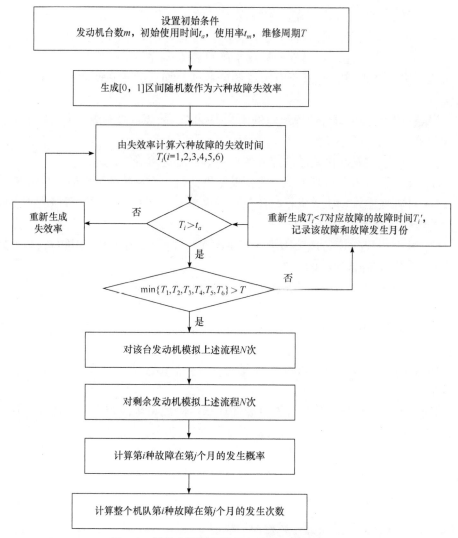

图 6-3　蒙特卡罗模型模拟六种独立故障流程图

表 6-1　航空发动机故障事件的危险等级

事件等级	事件描述	备注
三级事件	飞机或者次级不相关系统的实质性损坏	(1) "实质性损坏"是指损坏或者结构失效对飞机主要结构单元或者飞行性能的限载能力产生不利影响,这种情况下通常需要大修或者更换受影响组件; (2) 次级不相关系统的损坏必然影响飞机持续安全飞行和着陆的能力

续表

事件等级	事件描述	备注
三级事件	不可控制的失火	逃出着火区外的火焰，蔓延到机翼/机身，或作为点火源引起易燃材料预期着火的失火是三级事件；有限燃料(如齿轮箱和 IDG (integrated drive generator))失火可能退出远离机翼、机身、飞机结构和引起易燃材料预期着火区域的局部失火，因为没有造成上述后果，所以它们不是三级事件
	舱内迅速失压	
	大于 1 个推进系统的永久推力或动力损失	
	在 1000ft(1ft=0.3048m)上沿预定航道飞行时，暂时或永久失去爬升能力	
	任何暂时或永久的飞机可控性的损毁	其造成原因，例如，推进系统故障、螺旋桨控制故障、推进系统与飞机控制系统联合故障、飞机振动异常或者机组人员失误
	任何来自航空发动机控制系统可导致浓烟或有毒气体的故障或失效，都可引起严重伤害	该严重伤害包括机组人员丧失观察飞行仪表或正确执行飞行职责的能力
四级事件	紧急迫降	紧急迫降是指由于飞机损坏、不可控制的失火或者推力损失而必须即刻降落，但不一定是失去了对飞机的控制(例如，燃油耗尽导致总功率损失而必然需要紧急迫降)；当需要即刻着陆时，术语"紧急着陆"也可用于表示紧急迫降，但是宣布紧急状态并不意味着着陆迫在眉睫；故障导致空气回流或折流不属于紧急迫降，这是因为缺乏紧迫性而且机组人员有能力选择着陆地点；然而，在机场外着陆几乎都是紧急迫降的
	飞机机身受损	
	严重或致命伤害	美国国家运输安全委员会将严重伤害定义为任何导致下列后果的伤害： (1) 开始受伤害之日起七天内，需要住院治疗超过48h； (2) 导致任何骨折(手指、脚趾或鼻骨的单纯骨折除外)； (3) 包括导致严重出血，神经、肌肉和肌腱损伤的撕裂伤； (4) 包括任何内部器官的损伤； (5) 包括二级或三级烧伤，或者面积超过 5%人体面积的烧伤； (6) "致命伤害"是指从事故发生之日起 30 日内导致死亡的伤害
五级事件	导致多种可阻止飞机持续安全飞行和着陆的任何失效条件	

对可能造成表 6-1 事件的故障进行风险评估，确定该等级危险事件的危险系数，即该故障导致发生某等级危险事件的概率或可能性。危险系数是将原始的风险因子转换成危险等级为三、四和五级事件的风险因子。危险系数的确定通常有两种方法。

(1) 通过历史数据获得。若航空发动机关键件故障已经导致至少 1 次三级危险事件，则危险系数为三级事件发生次数除以总危险事件次数。但实际上，三级以上事件发生可能性很低，导致没有足够的可用数据。例如，机队发生四个涡轮盘故障，并且这些故障均为二级及以下事件。因此，三级事件数为零，则三级事件的危险系数为 0/4=0。在这种情况下，假设下一事件为三级或更高等级，以获得较为保守的危险系数。假设下一个涡轮盘故障将是三级事件，危险系数则为 1/5。

(2) 通过分析获得。例如，对于一架飞机，若螺旋桨叶 90°发射，将损坏机身。对于 1 个桨叶释放而言，若假设其对乘客造成四级伤害，则四级事件的危险系数为 90/360=0.25。当只有少数数据时，这种方法将获得的特定值可以用于确定危险系数。但当分析获得的危险系数与通过历史数据获得的系数不相同时，建议使用历史数据获得的系数。

2. 航空发动机关键件风险准则与区域的划分

风险因子为给定时间内预期发生航空发动机故障风险事件的平均数，即风险事件发生的频率值，风险因子=预期故障数×危险系数。计算风险因子的目的是将其与风险准则进行比较。同时应把风险因子转换成每次飞行风险，以便在相同基础上比较风险。每次飞行风险是指任意一架飞机在每次飞行中发生航空发动机关键件故障事件的风险，设航空发动机总飞行小时为 N_c，则机队在飞行小时为 N_c 期间内的飞行风险为 $1/N_c$，设飞行风险为 R，风险因子为 F，则

$$R = \frac{F}{N_c} \tag{6-1}$$

风险因子和每次飞行风险有长期准则和短期准则。表 6-2 给出了三级和四级事件的风险准则，其中，三级准则包括三级及以上的故障事件(即三级、四级和五级事件)，四级准则包括四级及以上故障事件(即四级和五级事件)。将表 6-2 中的长期可接受风险准则与未采取方案的风险进行比较，若未采取方案的风险超出了三级和四级长期可接受准则，则该部件的失效是不安全事件。表 6-2 中的准则包括三级和四级事件的风险因子和每次飞行风险水平，应与采取方案后的风险进行比较，使得采取方案后的风险满足短期可接受准则。若故障事件的短期风险在 60 天内超出风险准则表中的可接受风险标准，就需要立即采取降低风险的措施。

表 6-2 航空发动机关键件故障长期与短期风险准则表

可接受风险	三级准则		四级准则	
	风险因子	每次飞行风险水平	风险因子	每次飞行风险水平
长期可接受风险	—	4×10^{-8}	—	1×10^{-9}
短期可接受风险	1.0	4×10^{-5}	0.1	4×10^{-6}

图 6-4 以三级事件为例，按表 6-2 中的风险准则对飞行区域进行划分，得到每次飞行风险与飞行循环次数之间的关系曲线。①高风险区域，当风险因子大于 1，并且每次飞行风险高于 4×10^{-5} 时，发生三级事件概率高，在这种情况下，必须采取强制方案，使风险降低到可接受水平。对于四级事件而言，其高风险区域的风险因子应大于 0.1，每次飞行风险大于 4×10^{-6}。②多风险区域，当风险因子小于 1，每次飞行风险介于 4×10^{-5} 和 1×10^{-8} 之间时，风险发生的可能性较高。③可接受风险区域，每次飞行风险小于 1×10^{-8} 时，风险发生的可能性低，与长期可接受风险准则一致，属于可接受风险区域。对于四级事件来说，每次飞行风险低于 1×10^{-9}，属于可接受风险区域。

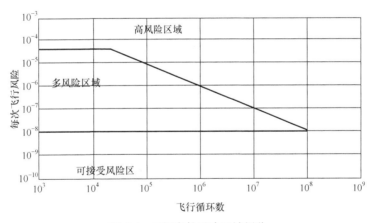

图 6-4 三级事件风险区域划分

风险评估的目的是确定是否存在不安全事件，并通过有效措施将风险降低至可接受水平及监控其实施情况，保障飞行安全。风险评估流程图如图 6-5 所示。

(1) 估计可能存在不安全事件的总数。确定若不采取纠正方案，可能存在不安全事件的航空发动机总数。

(2) 估计故障各个危险等级风险因子。采用韦布尔分析方法获得故障的分布函数，通过蒙特卡罗方法模拟故障的发生情况，预测航空发动机关键件在未来一段时间内的故障风险，即求出原始故障风险因子。通过危险系数乘以原始故障风险因子计算得到危险等级为三级、四级和五级事件的风险因子。

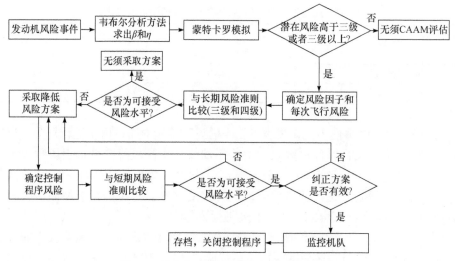

图 6-5　航空发动机关键件风险评估流程图

(3) 确定可降低风险的方案。

A. 估计可实施降低风险方案的有效性。可行的实施方案应考虑到其降低风险的有效性、执行该方案所需资源的可用性，以及能方便地采取纠正方案。

B. 估计可能降低的风险。一旦确定可实施的方案，就应采用上述过程估计可降低风险方案的风险因子。所有备选的可实施方案都应进行评估，从而能够对不同方案进行比较。如果没有降低风险的备选纠正方案，则应考虑如着陆等方案。

C. 估计所需资源。所需资源成本通常为所需的时间、材料(部件及检查设备)、劳力，以及其他，如车间产能、部件分配、操作中断和收益损失等。评估的目的是合理地权衡成本和风险之间的关系。

D. 可实施的备选方案的优先级排序。不安全事件有各种处理方法，若几个备选方案可能降低的风险相同，则按照成本排序优先级。当低风险水平的方案相比于高风险水平方案，其有效性低或其成本高，或者一些高效率方案的成本高于收益时，则需要进行权衡。

E. 备选方案包括：制造、维修或改变操作过程；在役或车间检查；时间的限制、调度的限制；更换或修改。理想的方案是：低成本、易于操作、可即刻进行并百分之百有效。

(4) 制定和实施合理的方案。持续适航阶段的任务就是确保航空发动机关键件每次在可接受风险区域飞行。是否采取方案以及采取何种方案，应当根据未来不安全事件的具体情况和风险评估情况作出判断。如果决定不采取某备选纠正方案，则该决定和理由应记录并存档备查。

(5) 估计控制程序风险因子。在控制程序过程中，得到不安全事件的风险因子，然后将风险因子转换成每次飞行风险，最后将得到的危险事件风险因子和每次飞行风险与风险准则中的短期可接受水平进行比较，以验证纠正方案结果的有效性。初期纠正方案，无论是立即反应或者初期考虑反应，都不是处理不安全事件的最终方案。因此，在方案实施阶段所收集的服务经验和其他数据应认真审核，以提高分析过程和评估风险的有效性。

(6) 监控降低风险方案的实施情况。

A. 若符合短期可接受水平，则其可行，应监控实施方案后机队的情况，并关闭程序归档。如果该方案包括检查，则应分析检查结论以帮助量化早期故障并帮助评估问题的严重程度，同时应对作为方案一部分的定量或定性分析结果的服务经验和检查结论进行评估。

B. 若不符合短期可接受水平，则应重新采取方案来降低风险，即需要后续方案。后续方案需重新采用上述评估过程。后续方案可能更能完整地理解不安全事件的问题和影响因素，这是因为初始方案只是基于有限或部分数据，而后续方案通常是基于更完整的信息。继续监控并检查结果，以确保后续方案是有效的，从而确定不安全事件的完整方案。

蒙特卡罗模拟是一种随机技术，即输出为输入的概率函数。模拟通常需要成百上千次，甚至是百万次的系统操作"试验"，分析一个可能性为 10^{-9} 的事件需要十亿次的试验。每次试验时，每个输入参数的值从该参数的具体的可靠性函数中随机选取，通过一个随机数发生器实现这种随机选取。对于需要纠正措施的机队问题，蒙特卡罗方法可以用来帮助判断提出的各种纠正措施和执行计划的可行性，纠正措施的输入可能是建议的对设备设计的改变、修改了的检查或维修计划、飞行条件的约束等；类似地，执行计划的改变可能需要模拟来判断各种促进计划的效果。为了评估提出的纠正措施和执行计划的效果，需要比较蒙特卡罗输出(如危险事件的数量)与原来的分析结果。

韦布尔分布由两个参数定义：特征寿命 η 和斜率 β，韦布尔分布的累积分布函数为

$$F(t) = 1 - \exp[-(t/\eta)^{\beta}] \tag{6-2}$$

式中，$F(t)$ 表示时刻 t 之前的失效概率；η 为韦布尔特征寿命；β 为韦布尔斜率；t 为使用寿命或使用时间。对上式进行变换，得到故障时间 t 为

$$t = \eta\left[-\ln\left[1 - F(t)\right]\right]^{\frac{1}{\beta}} \tag{6-3}$$

建立蒙特卡罗仿真流程，如图 6-6 所示。

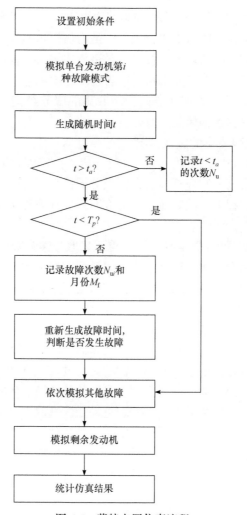

图 6-6　蒙特卡罗仿真流程

(1) 设置仿真的初始条件。包括航空发动机数量 m、航空发动机初始使用时间 T_a、维修周期 T_p、使用率 T_m、航空发动机关键件故障模式种类、各故障模式服从的韦布尔分布形状参数 β 和尺度参数 η。

(2) 对单台航空发动机进行模拟，假设航空发动机关键件发生第 i 种故障模式，生成服从 $(0，1)$ 均匀分布的随机数 $F(1,N)$，这里 N 表示模拟次数，生成该故障模式的故障时间 T_i。

(3) 若产品已经使用 T_a 时间，将生成的故障时间 T_i 与 T_a 比较。若 $T_a > T_p$，则令 $T_a = T_a / T_p$ 的余数，统计 $T_i < T_a$ 次数 N_{ui}，选出大于 T_a 的故障时间 T_i。

(4) 将步骤(3)选出的故障时间 T_i 和维修周期 T_p 进行比较。若 $T_i > T_p$，则该产品已经维修，不会发生该种模式的故障，进行下一次故障模式的模拟；若 $T_i < T_p$，则产品发生该种模式的故障，要统计故障次数 N_{fi}，记录故障发生月份 M_{fi}。

$$M_{fi} = \left[\left(T - T_a \right) / T_m \right] + 1 \tag{6-4}$$

(5) 继续抽样，重新生成随机数 F' 以及故障时间 T_i'，判断是否发生故障；得到该故障模式最终的 N_{ui} 和 N_{fi}。设定抽样次数为 100 次，对于按役龄维修，停止抽样条件是 $T_i' > T_p$；对于固定间隔维修，则是 $T_i + T_i' > T_p$。

(6) 依次对航空发动机关键件的其他故障模式循环进行上述过程。

(7) 对剩余 $m-1$ 台航空发动机进行步骤(1)～(6)，得到样本发生第 i 种故障模式的总 N_{iu} 和 N_{if} 以及相应月份发生故障的次数 M_{ifk}。

(8) 统计仿真结果，计算故障率和平均故障次数。样本在第 k 个月发生第 i 种故障模式的故障率的计算式为

$$W_i = W_{ifk} / \left(m + N_{iu} + N_{if} \right) \tag{6-5}$$

平均故障次数为

$$\overline{N}_{if} = m \times W_i \tag{6-6}$$

通过上述计算公式，得到其他故障模式的平均故障次数。

6.2.3　案例分析

本节对某型号 1779 台航空发动机的数据进行统计，该航空发动机使用率 T_m 为 25h/月，维修间隔 T_p 为 1000h。通过韦布尔分析获得该型号航空发动机六种相互独立的故障模式的分布参数，如表 6-3 所示，分别为涡轮盘裂纹、涡轮叶片打伤、滑油泵故障、压气机叶片裂纹、油管裂纹、燃烧室裂纹，其中涡轮盘裂纹、压气机叶片裂纹与油管裂纹参数来自相关文献，其他故障模式参数来自某航空发动机公司手册。

表 6-3　六种故障模式的分布参数

故障模式	涡轮盘裂纹	涡轮叶片打伤	滑油泵故障	压气机叶片裂纹	油管裂纹	燃烧室裂纹
β	2.09	1.97	4.54	4.57	1.89	2.03
η/h	10193	10250	3472	2336	12050	10100

针对机队航空发动机初始使用时间为 0 的情况，利用本书建立的仿真模型预测故障在未来 40 个月内的发生情况。航空发动机六种故障在未来 12 个月内的故障发生情况如表 6-4 所示。以第 20 个月为例，每模拟 10000 次输出一次结果，

模拟 1000000 次输出 100 个结果，六种故障发生次数随模拟次数的变化情况如表 6-5 所示。随着模拟次数的增加，故障在第 20 个月的发生次数也逐渐增加，最终趋于收敛。

表 6-4　六种故障在 12 个月内故障发生情况

序号	涡轮盘裂纹/次数	涡轮叶片打伤/次数	滑油泵故障/次数	压气机叶片裂纹/次数	油管裂纹/次数	燃烧室裂纹/次数
1	0.006367	0.012934	0.000003	0.000002	0.015379	0.009221
2	0.020681	0.037764	0.000008	0.000041	0.041729	0.028682
3	0.03607	0.062076	0.000039	0.000233	0.065745	0.048467
4	0.051956	0.08587	0.000134	0.000744	0.088873	0.06857
5	0.068505	0.109677	0.000321	0.001816	0.111087	0.088776
6	0.084964	0.133224	0.00065	0.003679	0.132769	0.109177
7	0.1021	0.156781	0.001171	0.006705	0.154278	0.129705
8	0.119485	0.180194	0.001928	0.011107	0.175009	0.15027
9	0.136837	0.203196	0.002989	0.017354	0.195598	0.170954
10	0.154547	0.226431	0.004456	0.025766	0.215954	0.191265
11	0.172233	0.249609	0.006327	0.036773	0.235939	0.21238
12	0.190044	0.272474	0.008778	0.050846	0.256185	0.233239

表 6-5　六种故障风险因子和每次飞行风险

故障模式	涡轮盘裂纹	涡轮叶片打伤	滑油泵故障	压气机叶片裂纹	油管裂纹	燃烧室裂纹
风险因子	2.28	2.31	0.68	0.53	0.03	1.18
每次飞行风险	2.28×10^{-9}	2.31×10^{-9}	0.68×10^{-9}	0.53×10^{-9}	0.03×10^{-9}	1.18

根据 FAA 总结的航空发动机非包容故障事件历史数据，可以分别得到六种故障模式的危险系数。在 21 个涡轮盘裂纹故障中，有 3 个三级故障事件，涡轮盘裂纹故障三级事件危险系数为 $C^1 = 3/21 = 0.14$；在 30 个涡轮叶片打伤故障中，有 4 个三级故障事件，则涡轮叶片打伤故障三级事件危险系数为 $C^2 = 4/30 = 0.13$；在 30 个滑油泵故障中，有 3 个三级故障事件，则滑油泵三级故障事件危险系数为 $C^3 = 3/30 = 0.1$；在 70 个压气机叶片裂纹故障事件中，一般为一级、二级事件，假设下一事件为三级事件，即在 71 个压气机叶片故障事件中有 1 个三级事件故障，故对其危险系数进行保守计算为 $C^4 = 1/(70+1) = 0.014$；在 500 个油管裂纹故障事件中，均为二级事件，假设下一事件为三级事件，可得油管三级事件危险系数为 $C^5 = 1/(500+1) = 0.002$；在 50 个燃烧室裂纹故障中，有 4 个三级故障事件，则燃烧室裂纹三级事件危险系数为 $C^6 = 4/50 = 0.08$；设航空发动机总飞行小时为 10^9h，结合六种故障在 40 个月内累计故障次数计算，得到六种故障模式的风险因子，确定六种故障的每次飞行风险。六种故障的风险因子和每次飞行风险计算结果如图 6-7 所示。

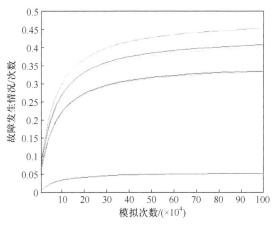

图 6-7　六种故障发生次数随模拟次数的变化情况

改变维修周期为 800h 和 1200h，重新对六种故障进行模拟，模拟结果如表 6-6 所示，计算六种故障对应风险因子和飞行风险，结果如表 6-7 所示。

表 6-6　六种故障平均发生次数

故障模式	涡轮盘裂纹	涡轮叶片打伤	滑油泵故障	压气机叶片裂纹	油管裂纹	燃烧室裂纹
平均发生次数/800h	12.482	15.663	4.992	32.458	10.920	11.919
平均发生次数/1200h	18.736	20.711	8.820	43.244	17.798	19.560

对比表 6-4 和风险准则可以发现，涡轮盘裂纹、涡轮叶片打伤和燃烧室裂纹的故障飞行风险已经超过短期可接受风险，应当采取措施降低风险；对比表 6-4 和表 6-6 可以发现，维修间隔越小，故障发生风险也越小。

表 6-7　六种故障风险因子和每次飞行风险

故障模式	风险因子/800h	每次飞行风险/800h	风险因子/1200h	每次飞行风险/1200h
涡轮盘裂纹	1.74	1.74×10^{-9}	2.623	2.623×10^{-9}
涡轮叶片打伤	2.03	2.03×10^{-9}	2.692	2.692×10^{-9}
滑油泵故障	0.499	0.499×10^{-9}	0.882	0.882×10^{-9}
压气机叶片裂纹	0.454	0.454×10^{-9}	0.605	0.605×10^{-9}
油管裂纹	0.021	0.021×10^{-9}	0.036	0.036×10^{-9}
燃烧室裂纹	0.954	0.954×10^{-9}	1.565	1.565×10^{-9}

6.3　基于故障后果的航空发动机关键件风险评估方法

飞机航空发动机在使用过程中会遇到如鸟撞、叶片损坏等各类风险，其中，航空发动机转子在高速旋转时如果断裂，就会产生不同尺寸的碎片脱离转子，具有高能量的碎片击穿航空发动机机匣，沿不同的飞散角度飞散出来，损坏周围结构、系统设备、管线路等，此为非包容性转子爆破。虽然非包容转子爆破事件发生概率已经相对很小，但一旦发生则往往会造成巨大损失，最终可能导致机毁人亡的严重空难，严重威胁飞行安全，作为一种较为重要的故障后果，本节以此为例来进行研究风险评估的方法。

6.3.1　基于故障后果的关键件风险评估流程

航空发动机非包容故障往往产生多个非包容碎片，而且对于中等碎片(轮缘碎片)和轮盘碎片，其中飞机机体几乎都会造成多个部件的损伤，风险评估要对不同影响程度的危险进行全面的评估，本书对航空发动机非包容转子爆破风险评估是采用自下而上的分析方式。与安全性分析采用自上而下的分析方式相比，风险评估的过程也是对安全性分析的验证过程。

首先，通过明确基本定义与假设和确定非包容失效模式，确定出非包容转子爆破的影响区域以及受影响的系统与部件，作为整个风险评估的分析输入。

其次，进行风险分析。根据 FMEA 评判原则确定每个受影响部件失效会对飞机持续安全飞行与着陆造成的影响等级，按照得出的影响等级对这些部件作一个筛选，选出的部件作为下一步部件组合分析的分析输入；然后以每一级转子为单位，对在该转子影响范围内的、经筛选的部件作轨迹分析，判断它们是否处于同一碎片扫掠路径上。轨迹分析分两部分进行，先分析碎片飞散轨迹，找出在飞机轴向位于同一碎片扫掠轨迹上的部件组合，然后进行碎片平动轨迹分析，记录下轴向部件组合中同时位于一个碎片轨迹上的几个部件，这些部件会被一个非包容碎片同时打中。针对单个碎片的非包容失效模式，这些位于同一碎片扫掠路径上的部件构成一个危险，将找出的危险列表，得出单碎片危险表，作为单个碎片风险评估的输入信息；针对多个碎片的情况，多碎片危险由不同的单碎片危险组成，根据特定的非包容失效模式，找出对应碎片类型下的单碎片危险，对其进行排列组合，得出多碎片危险表，作为多个碎片风险评估的输入信息。

然后针对不同非包容失效模式进行风险评估。分析每个单碎片危险或多碎片危险的后果严重性与发生可能性。综合考虑单碎片危险或多碎片危险的后果严重性与发生可能性，根据风险评估指数矩阵得出风险评估指数，对其划分等级，确定每个危险或危险组合的风险水平。判断危险风险水平是否控制在可接受范围内，若未达到要求，则应制定相应改进措施实施改进。

非包容转子爆破风险评估流程如图 6-8 所示。非包容转子爆破风险评估包括分析输入、初步风险分析和综合风险评估三个部分。

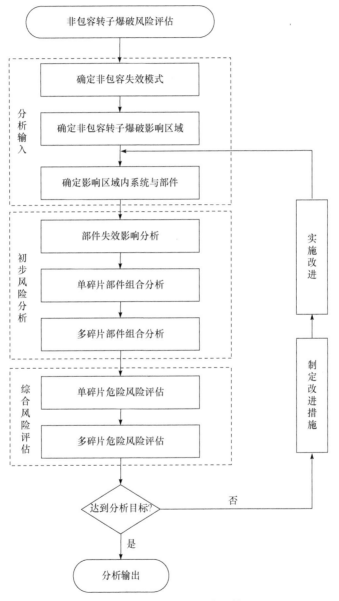

图 6-8　非包容转子爆破风险评估流程

一个完整的非包容转子爆破风险评估实施过程如下所述。

(1) 确定非包容失效模式。

(2) 确定非包容转子爆破影响区域。

(3) 确定影响区域内系统与部件。

(4) 部件失效影响分析。

(5) 单碎片部件组合分析：

A. 平动轨迹分析；

B. 飞散轨迹分析。

(6) 多碎片部件组合分析。

(7) 单碎片危险风险评估：

A. 后果严重性分析；

B. 发生可能性分析；

C. 风险评估。

(8) 多碎片危险风险评估：

A. 后果严重性分析；

B. 发生可能性分析；

C. 风险评估。

(9) 制定改进措施，实施改进。

在进行完整的风险评估后，如果最终风险不可接受，则需要采取控制措施来降低危险发生概率。

6.3.2　基于故障后果的关键件风险评估模型

发生航空发动机转子爆破之后，将航空发动机转子碎片分为大碎片、中碎片、小碎片、风扇叶片碎片四类进行分析，大碎片的飞散角为±3°，中碎片的飞散角为±5°，小碎片和风扇叶片碎片的飞散角为±15°，如图 6-9 所示。为了简化分析，用一种等效的碎片模型代替上述大碎片和中等碎片，等效碎片最大尺寸取大碎片的最大尺寸，飞散角为±5°。

在 CATIA(computer aided three-dimensional interactive application)中以±5°的扇形绕航空发动机轴线旋转可以得到大碎片抛射范围的模型，该区域的前后两面为两个内凹的圆锥面，如图 6-10 所示。假设大碎片按转子旋转方向沿着与扇形物重心轨迹相切的轨道飞出。扇形碎片围绕其重心旋转但不翻滚，其扫掠路径宽度相当于从重心算起其周边可能撞击的最大半径的两倍，如图 6-11 所示，因此，可以在 CATIA 中建立大碎片扫掠路径，如图 6-12 所示；取扫掠路径和抛射范围的交集可以得到该级转子大碎片的扫掠路径模型，如图 6-13 所示。使用 CATIA 的运动模拟功能，以航空发动机轴线为转轴，做上述扫掠模型的旋转运动模型，旋转角度为 0°～360°，如图 6-14 所示。

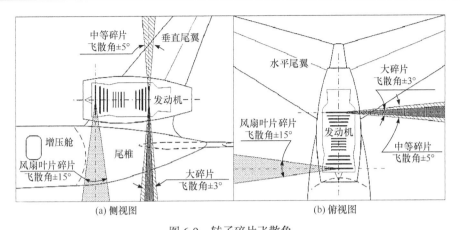

(a) 侧视图 (b) 俯视图

图 6-9 转子碎片飞散角

▨风扇叶片碎片影响区域; ▤单级涡轮转子中等碎片影响区域; ▦单级涡轮转子大碎片影响区域

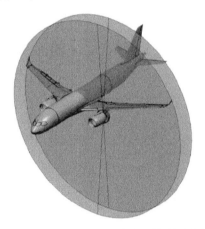

图 6-10 最后一级转子大碎片抛射范围示意图

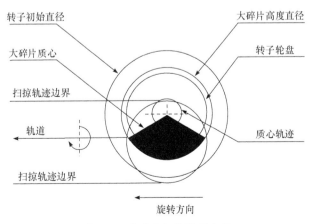

图 6-11 大碎片扫掠路径定义

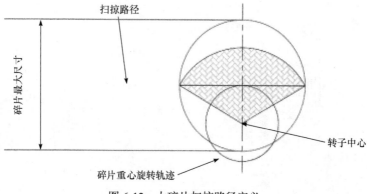

图 6-12　大碎片扫掠路径定义

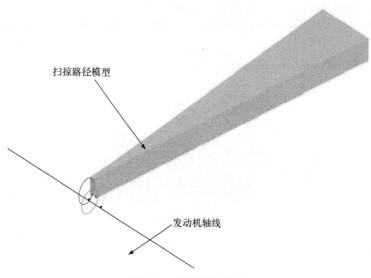

图 6-13　扫掠路径模型

　　以某型民用飞机选用的 LEAP 航空发动机为例，此航空发动机每台共有 26
级转子及密封盘，航空发动机剖面如图 6-15 所示，包括 1 级风扇转子、3 级低压
压气机转子、10 级高压压气机转子、2 级高压涡轮转子、7 级低压涡轮转子、1
级高压压气机压力释放密封盘、1 级高压涡轮前出口密封盘和 1 级高压涡轮间隙
密封盘。

　　为了减少分析的工作量，对转子按照航空发动机转子类型进行分组，每组取
其中最大的轮盘边缘半径转子，每个转子组的大碎片尺寸取本组中各个转子当中
最大的碎片尺寸，成组之后的转子碎片影响区的前、后端面分别采用组内转子的
最前级转子影响区的前端面和最后一级转子影响区的后端面。转子碎片信息
如表 6-8 所示，转子分组结果如表 6-9 所示。

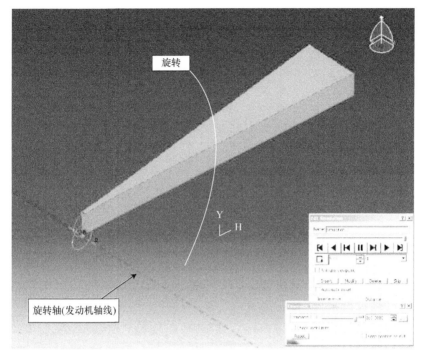

图 6-14　运动模型

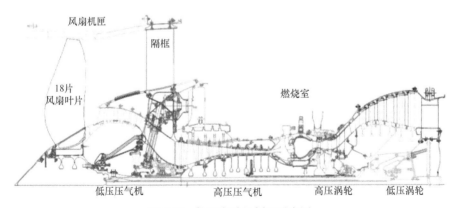

图 6-15　航空发动机剖面示意图

表 6-8　LEAP 航空发动机各级转子及对应碎片参数(发动机坐标系，单位：in)

转子名称	转子位置(X轴坐标)	轮盘边缘半径	大碎片最大尺寸	大碎片质心处半径
FAN	162.800	9.200	33.100	9.600
LPC1	174.500	16.400	30.300	8.700

续表

转子名称	转子位置(X轴坐标)	轮盘边缘半径	大碎片最大尺寸	大碎片质心处半径
LPC2	178.500	16.300	30.000	8.700
LPC3	182.000	15.600	28.600	8.300
HPC1	201.292	5.808	12.676	3.659
HPC2	205.513	6.842	13.576	3.919
HPC3	208.724	7.395	14.068	4.061
HPC4	211.480	7.672	14.271	4.120
HPC5	213.817	7.798	14.268	4.119
HPC6	215.791	7.814	14.197	4.098
HPC7	217.897	7.864	14.194	4.098
HPC8	220.127	7.885	14.137	4.081
HPC9	221.990	7.912	14.124	4.077
HPC10	223.885	7.907	14.079	4.064
HPC CDP	228.794	5.609	9.714	3.418
IIPT FOS	238.787	5.609	9.714	3.418
HPT 1	239.586	8.705	16.311	4.709
HPT ISS	241.448	8.535	14.783	4.990
HPT 2	243.287	8.507	16.334	4.715
LPT 1	252.500	13.600	25.600	7.400
LPT 2	255.300	14.400	27.700	8.000
LPT3	257.900	15.600	30.000	8.700
LPT 4	260.600	16.000	30.900	8.900
LPT 5	263.400	15.400	30.300	8.800
LPT 6	266.600	14.400	29.200	8.400
LPT 7	270.200	13.900	28.600	8.300

表 6-9 LEAP 航空发动机转子分组表格(单位：in)

转子分组名称	包含的转子名称	转子组参数
风扇转子组	风扇转子(FAN)	轮盘直径 9.2000 大碎片最大尺寸 33.100
低压压气机转子组	低压压气机转子 1(LCP1) 低压压气机转子 2(LCP2) 低压压气机转子 3(LCP3)	轮盘直径 16.400 大碎片最大尺寸 30.300
高压压气机转子组	高压压气机转子 1(HPC1) 高压压气机转子 2(HPC2) 高压压气机转子 3(HPC3) 高压压气机转子 4(HPC4) 高压压气机转子 5(HPC5)	轮盘直径 7.672 大碎片最大尺寸 14.271

转子分组名称	包含的转子名称	转子组参数
高压压气机转子组	高压压气机转子 6(HPC6) 高压压气机转子 7(HPC7) 高压压气机转子 8(HPC8) 高压压气机转子 9(HPC9) 高压压气机转子 10(HPC10) 高压压气机压力释放密封盘(HPC CDP)	轮盘直径 7.672 大碎片最大尺寸 14.271
高压涡轮转子组	高压涡轮前出口密封盘(HTP FOS) 高压涡轮转子 1(HPT 1) 高压涡轮间隙密封盘(HPT ISS) 高压涡轮转子 2(HPT 2)	轮盘直径 8.507 大碎片最大齿轮
低压涡轮转子组	低压涡轮转子 1(LPT1) 低压涡轮转子 2(LPT2) 低压涡轮转子 3(LPT3) 低压涡轮转子 4(LPT4) 低压涡轮转子 5(LPT5) 低压涡轮转子 6(LPT6) 低压涡轮转子 7(LPT7)	轮盘直径 16.000 大碎片最大尺寸 30.900

6.3.3　案例分析

本节以某型民用飞机系统为例，此系统为改型飞机的安全保障系统，包括灭火系统和探测系统，可以为机组提供快速有效的探测手段和灭火措施。探测系统主要包括航空发动机着火、过热和机匣烧穿探测、APU(auxiliary power unit)着火探测、货舱烟雾探测、盥洗室烟雾探测、主起落架舱过热探测、引气过热探测。灭火系统主要包括航空发动机灭火系统、APU 灭火系统、货舱灭火系统、盥洗室废物箱自动灭火器和客舱手提式灭火器。

在发生航空发动机非包容性转子爆破危险时，断裂的高能碎片可能会破坏飞行轨迹上的防火系统设备，导致系统失效、系统功能降级等危害。防火系统的失效会导致飞机出现灾难性事件，但若同时发生火灾或引气泄漏危险，则可能导致机毁人亡。

1. 分析假设

(1) 大碎片的飞散角度为±5°。

(2) 小碎片的飞散角度为±15°。

2. 分析对象

(1) 航空发动机风扇转子。

(2) 航空发动机低压压气机第一级转子。

(3) 航空发动机高压压气机第四级转子。

(4) 航空发动机高压涡轮第二级转子。

(5) 航空发动机低压涡轮第四级转子。

3. 受影响设备分析

对航空发动机各转子爆破情况防火系统设备的概率进行计算。各类转子碎片造成的损坏概率如表 6-10~表 6-13 所示。

表 6-10　左航空发动机转子大碎片造成的损坏概率

转子组	设备	碰撞进入角/(°)	碰撞退出角/(°)	损坏概率
风扇转子	左航空发动机灭火管路	342.9	354	3.08
	右航空发动机灭火管路	350.1	358.9	2.44
	前货舱灭火管路	345	352.5	2.08
	左航空发动机过热及着火探测器	87.0	275.0	52.2
	右航空发动机过热及着火探测器	87.0	275.0	52.2
	引气过热探测器	345.9	359.7	3.83
低压压气机第一级转子	左航空发动机灭火管路	340.8	353.1	3.42
	右航空发动机灭火管路	350.1	358.3	2.28
	前货舱灭火管路	345	351.9	1.92
	左航空发动机过热及着火探测器	92	103.5	3.19
	右航空发动机过热及着火探测器	92	103.5	3.19
	引气过热探测器	345.9	359.7	3.83
高压压气机第四级转子	左航空发动机灭火管路	273	291	5.00
		328.5	348.3	5.50
	右航空发动机灭火管路	350.7	359.1	2.33
	前货舱灭火管路	345.6	348.9	0.92
	左航空发动机过热及着火探测器	92	103.5	3.19
	右航空发动机过热及着火探测器	92	103.5	3.19
	引气过热探测器	0	1.8	0.5
		331.5	357.9	11.67
高压涡轮第二级转子	左航空发动机灭火管路	260.1	302.1	7.33
		319.5	342	6.25
	右航空发动机灭火管路	351.3	359.1	2.17

转子组	设备	碰撞进入角/(°)	碰撞退出角/(°)	损坏概率
高压涡轮第二级转子	前货舱灭火管路	345.1	349	1.08
	左航空发动机过热及着火探测器	92	103.5	3.19
	右航空发动机过热及着火探测器	92	103.5	3.19
	引气过热探测器	0	2.1	0.58
		321.3	355.5	9.5
低压涡轮第四级转子	左航空发动机灭火管路	258	340.8	23.00
	右航空发动机灭火管路	350.9	360.3	2.61
	前货舱灭火管路	344.3	351.6	2.03
	左航空发动机过热及着火探测器	92	103.5	3.19
	右航空发动机过热及着火探测器	92	103.5	3.19
	引气过热探测器	0	4.8	1.33
		284.1	356.7	20.17

表 6-11　左航空发动机转子小碎片造成的损坏概率

转子组	设备	碰撞进入角/(°)	碰撞退出角/(°)	损坏概率
风扇转子	航空发动机灭火瓶	0	0.6	0.17
	左航空发动机灭火管路	351.6	362.3	2.97
	右航空发动机灭火管路	356.1	361.8	1.58
	前货舱灭火管路	353.1	356.7	1.00
	前货舱烟雾探测器	354	356.7	0.75
	左航空发动机过热及着火探测器	87.0	275.0	52.2
	右航空发动机过热及着火探测器	87.0	275.0	25.2
	引气过热探测器	0	1.5	0.42
		2.4	5.1	0.75
		6.3	8.4	0.58
		356.7	360	0.92
低压压气机第一级转子	左航空发动机灭火管路	296.1	298.5	0.67
		345.9	357.9	3.33
	右航空发动机灭火管路	354.5	359.7	1.44
	前货舱灭火管路	349.7	351.9	0.61
	前货舱烟雾探测器	350.9	351.6	0.19
	左航空发动机过热及着火探测器	92	103.5	3.19

续表

转子组	设备	碰撞进入角/(°)	碰撞退出角/(°)	损坏概率
低压压气机第一级转子	右航空发动机过热及着火探测器	92	103.5	3.19
	引气过热探测器	3	3.3	0.08
		349.5	357	2.08
高压压气机第四级转子	左航空发动机灭火管路	285.3	356.3	19.72
	右航空发动机灭火管路	353.1	358.8	1.58
	前货舱灭火管路	347.7	348.9	0.33
	左航空发动机过热及着火探测器	92	103.5	3.19
	右航空发动机过热及着火探测器	92	103.5	3.19
	引气过热探测器	0.6	1.5	0.25
		329.1	357.9	8.00
高压涡轮第二级转子	左航空发动机灭火管路	286.5	347.1	16.83
	右航空发动机灭火管路	353.1	359.1	1.67
	前货舱灭火管路	347.8	348.8	0.28
	左航空发动机过热及着火探测器	92	103.5	3.19
	右航空发动机过热及着火探测器	92	103.5	3.19
	引气过热探测器	1.2	2.1	0.25
		320.1	357.9	10.50
低压涡轮第四级转子	左航空发动机灭火管路	290.1	359.7	15.83
	右航空发动机灭火管路	354	357.9	1.58
	前货舱灭火管路	348.6	350.4	0.50
	左航空发动机过热及着火探测器	92	103.5	3.19
	右航空发动机过热及着火探测器	92	103.5	3.19
	引气过热探测器	2.1	3.9	0.50
		285.9	358.8	20.25

表 6-12　右航空发动机转子大碎片造成的损坏概率

转子组	设备	碰撞进入角/(°)	碰撞退出角/(°)	损坏概率
风扇转子	左航空发动机灭火管路	186.9	193.5	1.83
	右航空发动机灭火管路	188	202	3.89
	前货舱灭火管路	192.6	201	2.33
	左航空发动机过热及着火探测器	87.0	275.0	52.2
	右航空发动机过热及着火探测器	87.0	275.0	52.2
	引气过热探测器	345.9	359.7	3.83

转子组	设备	碰撞进入角/(°)	碰撞退出角/(°)	损坏概率
低压压气机第一级转子	左航空发动机灭火管路	187.2	192.9	1.58
	右航空发动机灭火管路	188.5	205.2	4.64
	前货舱灭火管路	192.9	200.4	2.08
	左航空发动机过热及着火探测器	92	103.5	3.19
	右航空发动机过热及着火探测器	92	103.5	3.19
	引气过热探测器	345.9	359.7	3.83
高压压气机第四级转子	左航空发动机灭火管路	186	190.8	1.33
	右航空发动机灭火管路	194.4	215.7	5.92
	前货舱灭火管路	193.8	197.7	1.08
	左航空发动机过热及着火探测器	92	103.5	3.19
	右航空发动机过热及着火探测器	92	103.5	3.19
	引气过热探测器	0	1.8	0.50
		331.5	357.9	7.33
高压涡轮第二级转子	左航空发动机灭火管路	181.8	190.2	2.33
	右航空发动机灭火管路	202.5	299.7	27.00
	前货舱灭火管路	194.1	198	1.08
	左航空发动机过热及着火探测器	92	103.5	3.19
	右航空发动机过热及着火探测器	92	103.5	3.19
	引气过热探测器	0	2.1	0.58
		321.3	355.5	9.50
低压涡轮第四级转子	左航空发动机灭火管路	181.2	191.7	2.92
	右航空发动机灭火管路	209.4	320.4	30.83
	前货舱灭火管路	193.5	201	2.08
	左航空发动机过热及着火探测器	92	103.5	3.19
	右航空发动机过热及着火探测器	92	103.5	3.19
	引气过热探测器	0	4.8	1.33
		384.1	356.7	20.17

表 6-13　右航空发动机转子小碎片造成的损坏概率

转子组	设备	碰撞进入角/(°)	碰撞退出角/(°)	损坏概率
风扇转子	左航空发动机灭火管路	186.9	193.5	1.83
	右航空发动机灭火管路	188	202	3.89

续表

转子组	设备	碰撞进入角/(°)	碰撞退出角/(°)	损坏概率
风扇转子	前货舱灭火管路	192.6	201	2.33
	前货舱烟雾探测器	199.2	201.9	0.75
	左航空发动机过热及着火探测器	87.0	275.0	52.2
	右航空发动机过热及着火探测器	87.0	275.0	52.2
	引气过热探测器	0	1.5	0.42
		2.4	5.1	0.75
		6.3	8.4	0.58
		356.7	360	0.92
低压压气机第一级转子	左航空发动机灭火管路	184.2	202.2	5.00
	右航空发动机灭火管路	195.3	2082	3.58
	前货舱灭火管路	198.1	199.5	0.39
	前货舱烟雾探测器	196.2	196.8	0.17
	左航空发动机过热及着火探测器	92	103.5	3.19
	右航空发动机过热及着火探测器	92	103.5	3.19
	引气过热探测器	3	3.3	0.08
		349.5	357	2.08
高压压气机第四级转子	左航空发动机灭火管路	183.3	194.7	3.17
	右航空发动机灭火管路	192.6	275.4	23.00
	前货舱灭火管路	196.2	197.7	0.42
	前货舱烟雾探测器	92	103.5	3.19
	左航空发动机过热及着火探测器	92	103.5	3.19
	右航空发动机过热及着火探测器	0.6	1.5	0.25
		329.1	357.9	8.00
高压涡轮第二级转子	左航空发动机灭火管路	181.8	190.2	2.33
	右航空发动机灭火管路	202.5	299.7	27.00
	前货舱灭火管路	194.1	197	0.81
	左航空发动机过热及着火探测器	92	103.5	3.19
	右航空发动机过热及着火探测器	92	103.5	3.19
	引气过热探测器	1.2	2.1	0.25
		320.1	357.9	10.50

续表

转子组	设备	碰撞进入角/(°)	碰撞退出角/(°)	损坏概率
低压涡轮第四级转子	左航空发动机灭火管路	183.9	192	2.25
	右航空发动机灭火管路	205.5	311.7	29.5
	前货舱灭火管路	197.1	197	0.81
	左航空发动机过热及着火探测器	92	103.5	3.19
	右航空发动机过热及着火探测器	92	103.5	3.19
	引气过热探测器	2.1	3.9	0.50
		285.9	358.8	20.25

基于上述风险分析，这里给出航空发动机转子爆破受影响设备及功能清单，如表 6-14 所示。

表 6-14　航空发动机转子爆破受影响设备及相关功能

序号	受影响设备	功能影响	危险对飞机或人员的影响	风险等级
1	航空发动机灭火瓶	丧失航空发动机灭火功能	飞机：轻微地降低飞机安全裕度 机组：轻微地增加机组人员工作负荷 乘客：无影响	可接受的风险
2	左航空发动机灭火管路			
3	右航空发动机灭火管路			
4	左航空发动机过热及着火探测器	丧失航空发动机着火和过热探测以及告警功能	飞机：飞机航空发动机着火可能无法及时探测到，较大地影响飞机安全裕度 机组：可能导致较大地增加机组人员工作负荷 乘客：无影响	可容忍的风险
5	右航空发动机过热及着火探测器			
6	前货舱灭火管路	丧失货舱灭火功能	飞机：轻微地降低飞机安全裕度 机组：轻微地增加机组人员工作负荷 乘客：无影响	可接受的风险
7	前舱烟雾探测器	丧失货舱烟雾探测功能	飞机：货舱着火可能无法及时探测到，较大地影响飞机安全裕度 机组：可能导致较大地增加机组人员工作负荷 乘客：无影响	可容忍的风险
8	引气过热探测器	丧失引气泄漏过热探测和告警功能	机：引气泄漏过热时可能无法及时探测到，较大地影响飞机安全裕度 机组：可能导致较大地增加机组人员工作负荷 乘客：无影响	可容忍的风险

6.4　小　　结

　　针对航空发动机关键件结构风险评估流程，本章分别建立了基于统计分析的航空发动机关键件安全风险评估方法，以及基于故障后果的航空发动机关键件安全风险评估方法。

　　基于统计分析的航空发动机关键件安全风险评估方法，采用蒙特卡罗仿真方法模拟故障事件在运营阶段的故障数，适用于按固定间隔维修和按役龄维修两种维修方式的风险评估，也适用于不同维修周期、使用率等情况下的航空发动机维修方案的制定；根据不同故障事件的危险等级计算故障的风险因子和每次飞行风险，建立了适当的降低飞行风险的方案或措施，确保航空发动机运营阶段的风险始终处于安全水平。

　　基于故障后果的航空发动机关键件安全风险评估方法，针对航空发动机转子爆破对飞机运营阶段的风险进行了分析，建立了转子爆破风险评估的详细流程与模型，建立了转子爆破风险评估的详细流程与模型，对基于故障后果的航空发动机关键件安全风险评估方法进行了验证。

第7章 材料、制造工艺和试验对航空发动机关键件安全性的影响

7.1 引　言

航空发动机关键件的安全性受材料缺陷、制造工艺以及试验验证等多因素的影响，本章结合航空发动机适航规章 FAR-33、CCAR-33 以及 CS-E，以及相关标准与规范要求等，分析了材料缺陷数据分布的特点与累积方法，以及航空发动机关键件安全性材料、制造工艺与试验的具体要求等。

7.2 缺陷和工艺对航空发动机安全性的影响

航空发动机对更长寿命、安全性、经济性、环境适应性等的需求，对航空发动机材料工艺以及制造过程控制提出了更高更严的要求，因此需要保证选用的材料工艺水平达到型号适航取证所要求的成熟度等级[40-43]，目前商用航空发动机的主要产品和应用的材料、工艺技术分类如图 7-1 所示。

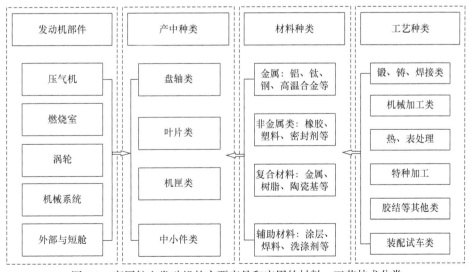

图 7-1　商用航空发动机的主要产品和应用的材料、工艺技术分类

为了保证航空发动机安全，选用的航空发动机材料需要满足适航规章的要求，航空发动机材料相关的适航要求包括以下内容。

1. CCAR-33.15 条款中关于材料适航要求

航空发动机所用材料的适用性和耐久性必须满足下列要求：

(1) 建立在经验或试验的基础上；

(2) 符合经批准的规范(如工业或军用规范)，保证这些材料具有设计资料中采用的强度和其他性能。

上述要求实质上是保证发动机具备稳定的材料特性，材料特性和工艺规范应满足设计需求，包括锻造、铸造、热处理、表面喷涂、特种加工、检测标准等；设计阶段应考虑材料的腐蚀和退化。目前航空发动机材料选用钛及钛合金，其具有质量低、强度高、抗腐蚀等优点，但是同时存在潜在危险：钛及钛合金在低温下易被点燃；导热系数较低，热量不易传播。具体表现为：

(1) 摩擦可能致使钛合金压气机叶片着火(FOD(foreign object debris)、轴承失效、转子不平衡、机匣偏斜、二次损伤)；

(2) 短时间内可能烧穿压气机机匣。

针对上述潜在危险，采取的安全性设计防护措施包括：

(1) 在钛容易着火的区域，例如压气机机匣不能使用钛材料，除非有适当的保护措施阻止火焰蔓延和失效扩展；

(2) 建议静子叶片不使用钛材料，因为如果燃烧，就会导致非包容性失火，但压气机前几级可以例外。

对于钛合金选装件的质量和安全控制措施包括：

(1) 建立制造和工艺控制、检测系统；

(2) 确定重要过程的控制点，参数和控制限制；

(3) 对各类异常具备监测和检测手段；

(4) 记录材料和零件检验/处理结果，性能检验结果，从锻件到坯料的炉次、批次及原料成分；

(5) 引入统计过程控制。

2. CCAR-25.603 条款"材料"中关于材料适航要求

CCAR-33.15 条款"材料"的要求简单，难于操作。CCAR-25《运输类飞机适航标准》的 CCAR-25.603 条款"材料"与 CCAR-33.15 的要求基本一样。CCAR-25.603 条款的内容为："其损坏可能对安全性有不利影响的零件所用材料的适用性和耐久性必须满足下列要求：

(a) 建立在经验或试验的基础上；

(b) 符合经批准的标准(如工业或军用标准，或技术标准规定)，保证这些材料具有设计资料中采用的强度和其他性能；

(c) 考虑服役中预期的环境条件，如温度和湿度的影响。"

上述适航要求是对原材料的基本要求，隐含对材料的全部要求。只要在研制过程中发现材料不满足航空器的任何(使用)要求，就认为材料不满足适航要求，标志着原先选材工作的失败。

因此本条款的适航符合性方法是反证法：只有航空器研制完成后，对选择材料没有发现不符合情况，才算材料满足本条款的要求。本条款的符合性验证的证据是正式批准的材料规范。此材料规范是国家标准或行业标准，属于材料供应商的产品规范的范畴。对于没有这些材料标准规范的情况，如果适航当局认可，也可以只有企业的材料规范标准。

对于有设计/许用值有特殊适航要求的材料，其材料适航工作的重点在专门适航要求方面，即 CCAR-25.613 条款的要求。实际上，针对 CCAR-25.613 条款的工作才是材料的主要适航工作。CCAR-25.613 条款隐含主要针对结构材料。

对于没有专门适航要求的材料，材料的适航工作形式上主要落实在本条款(CCAR-25.603)。

本条款(CCAR-25.603)针对的对象是原材料，相关材料标准是材料规范，其中一般只有 S 值(规范值)。对于民用航空工业而言，S 值一般不是设计许用值。航空产品设计使用的性能值一般不包括在材料规范中，需要特殊进行表征。

本条款(CCAR-25.603)是选材基本要求，主要要求材料具有工业或军用规范(设计时一般不直接使用此规范的 S 值)。

初步满足 CCAR-25.603 条款的标准规范，可能不满足 CCAR-25.613 条款。此时，按 CCAR-25.603 条款选择材料实际不满足适航要求。因此，某种程度上 CCAR-25.603 条款是选材的初步适航要求，而 CCAR-25.613 条款才是选材的最终适航要求。

CCAR-25.603 与 CCAR-33.15 两个条款的内容基本完全一样，上述对 CCAR-25.603 条款的研究结果可以完全用于航空发动机材料的适航工作，在航空发动机安全性顶层要求识别和分解过程，需要考虑上述材料相关的适航要求，以保证航空发动机安全性水平。

7.3　航空发动机材料设计与验证的安全性要求

为了保证航空发动机安全性，航空发动机设计人员在选择航空发动机材料时需要考虑以下问题。

(1) 设计时通常要求选用国内外同类机种已用并可成批生产供应的材料和已

有的科研成果，其性能数据可靠，生产质量稳定，货源充足。

(2) 所选材料不但性能好，而且要便于加工成形，有些材料性能虽好，但难以加工，则不可取。

(3) 材料选用时，既要满足高性能要求又要考虑其生产成本。

(4) 对国内无货供应的又非选用不可的材料，可以有两种办法解决货源：①对有开发价值的材料，作为新材料处理，由设计部门提出具体技术要求，找合适的研制单位，签订研制合同，研制成后按"航空新材料(含锻、铸件)行业标准"经过鉴定后用于航空发动机；②用量较少，研制价值不大的，而国外有现货的，就直接从国外采购。

(5) 从保证航空发动机安全可靠和长寿命的要求出发，应尽量选用成熟的老材料，严格控制新材料的选用。重要结构材料必须符合适航条例有关条款的要求，为此，常常要通过试验、分析或计算的方法来满足。舱内装饰材料必须符合相应燃烧性能要求，应采用各种燃烧试验来评定材料的符合性。

(6) 为保证所选用材料的质量稳定，具有可追溯性，则材料供应商必须经过严格挑选。供应民机的材料供应商必须经过适航机构认可，并实行动态管理，一旦质量不符合要求，则随时可以取消其供应资格。

(7) 设计人员选材时应尽可能地压缩品种规格，便于供应和管理。

基于航空发动机材料适航要求，航空发动机材料相关的适航符合性设计要求包括以下内容。

1. 建立在经验或试验的基础上的材料相关设计要求

1) 建立在使用经验基础上的材料

国内航空发动机在长期的研制过程中，已经建立了较为完整的材料体系。目前把长期使用的材料纳入到标准体系，因此，在以往发动机型上成功使用的材料可以优先使用。

2) 建立在试验基础上的选用材料

对于新研制材料，应当从材料的化学成分、热处理试验、材料的力学性能、材料的组织结构以及材料的特种工艺等方面进行相关的试验，取得充分的试验数据，为选择材料提供支持。

(1) 材料的化学成分试验：主要包括主量元素成分测定，杂质元素和气体含量测定等(如铝合金中的氢，钢中的氢和氧等成分)。

(2) 材料的热处理试验。

(3) 材料的力学性能试验。

材料的力学性能试验项目和指标主要参照 DOT/FAA/AR-MMPDS-01《金属材料特性研制和标准化》、GJB/Z 18A-2005《金属材料力学性能数据处理与表达》，以及国内《航空材料手册》来确定。当材料用于重要结构件时，对于技术条件指标以外的力学性能，如断裂韧性、疲劳强度、裂纹扩展速率等，以及温度和环境的影响都是适航审查应重视的方面。针对每个具体材料和具体零件，设计方面应根据工作条件提出重点要求的力学性能项目。

(4) 材料的组织结构。

主要包括电导率试验(鉴别热处理状态和宏观均匀性)、X 射线照相无损检测方法和荧光探伤无损检测方法。

(5) 材料制造工艺。

材料的制造工艺——熔铸、锻造、轧制、挤压等都影响材料产品的质量。包括材料制造工艺的工艺路线、主要工艺设备、主导工艺的工艺参数、工艺检验等。

2. 基于标准的航空发动机材料设计

材料选择时需要满足一定的技术标准，按照如下顺序选择。

(1) 从满足适航要求的目的出发，应当优先选择满足 DOT/FAA/AR-MMPDS-01《金属材料特性研制和标准化》的材料；若是复合材料，以满足 MIL-HDBK-17 为优先。

(2) 在不能证明满足(1)的情况下，由于目前国内已经建立了较为完整的材料体系，国内运输类飞机选用材料一般包括 GB、YB、HB 材料体系，以及复合材料标准体系，可以参考国内《航空材料手册》。

(3) 对于新研制的材料，需要进行试验取得新材料性能数据情况，可参考 DOT/FAA/AR-MMPDS-01《金属材料特性研制和标准化》或等效的标准 GJB Z18—1991《金属材料力学性能数据表达准则》进行数据的统计与处理。

3. 考虑服役中预期的环境条件的材料设计要求

需要考虑航空发动机可以在全世界航线或国内航线或区域性航线环境下能够使用和保存，航空发动机结构必须能经受型号设计规范所规定的使用边界。

(1) 气候环境：如温度、湿度、压力、降雨、冰雹。

(2) 机械环境：如噪声、振动、冲击。

(3) 污染：如灰尘、砂、废液、废物。

(4) 腐蚀环境：如燃料、清洗液、水。

(5) 安装环境：如电磁干扰、雷击、火灾。

目前国际通用的符合性方法(MoC，简称 MC)有 10 种，按照 AP-21-AA-2011-03-R4《航空器型号合格审定程序》附录 H 的内容，这 10 种符合性方法具体如表 7-1 所示。

表 7-1　发动机适航符合性验证方法

符合性工作	方法编码	符合性验证方法	相应的文件
工程评审.	MC0	符合性声明 ——引述型号设计文件 ——公式、系数的选择 ——定义	型号设计文件 符合性记录单
	MC1	说明性文件	说明、图纸、技术文件
	MC2	分析/计算	综合性说明和验证报告
	MC3	安全评估	安全性分析
试验	MC4	实验室试验	试验任务书 试验大纲 试验报告 试验结果分析
	MC5	地面试验.	
	MC6	试飞	
	MC8	模拟器试验	
检查	MC7	航空器检查	观察检查报告 制作符合性检查记录
设备鉴定	MC9	设备合格性	见"注"

注：设备鉴定过程可能包括前面所有的符合性验证方法。

在针对 CCAR-33.15 条款进行符合性验证方法研究时，也以上述各种方法分类为基础。在进行本条的符合性方法研究时，综合分析了对应条款的适航咨询手册，以及相关标准（包括国军标、航空发动机适航规定、国外标准等）中对应的验证要求。

MC2：进行分析计算。仅适用于以下两种情况：

为验证选用材料符合适航要求，需提供分析计算流程，仅适用于如下情况：

A. 结构设计所需的材料机械性能和设计值无法从经批准的标准手册中取得而从其他资料选取时，进行适用性分析。

B. 依据实验室试验结果进行数学统计分析形成的报告。具体方法可参照 MIL-HDBK-5J《航空与航天飞行器结构用金属材料与元件》。

MC4：进行试验，验证选用材料应达到的设计值，选用的标准。

为了验证选用材料是建立试验基础上，则应确保选择材料符合适航性要求，对于以下情况，须进行试验验证并提供试验报告：

A. 按确定的材料标准手册，在进厂后、投产前，需对材料的机械性能和物理性能进行复验，以便鉴定材料是否合格。

B. 对从材料标准手册中选用的材料进行补充的机械性能试验，以取得设计所需要的某些性能数据或曲线，如等幅或变幅加载的 $S\text{-}N$ 曲线、断裂性能和考虑环境或细节设计特性的材料数据等。

C. 当零件所用材料需要特殊制造和工艺控制才能保证设计要求时，必须进行元件机械性能和物理性能试验验证，以便选定材料和评定工艺控制参数，如锻件、铸件和复合材料制造的零件等。

复合材料的符合性验证方法可参考 AC 20-107A，或经适航当局批准。

(1) "符合经批准的标准(如工业或军用标准，或技术标准规定)，保证这些材料具有设计资料中采用的强度和其他性能"要求的符合性方法。

MC1：根据设计技术资料，包括材料选用依据的标准手册、选用材料目录、入厂验收记录等，表明符合适航性要求。

(2) "考虑服役中预期的环境条件，如温度和湿度的影响"要求的符合性方法。

MC1：根据设计技术资料，包括材料选用原则、选材所依据标准，飞机使用条件要求等技术资料，表明本款的符合性。

MC4：进行材料试验，验证选用符合相应的标准材料，或验证选用材料应达到的设计值。

7.4　航空发动机制造工艺的安全性要求

7.4.1　航空发动机制造工艺适航要求

1. CCAR-33.70 发动机限寿件制造要求

适航规章 CCAR-33.70(b)提出航空发动机限寿件制造计划，"该计划明确了必须符合生产发动机限寿件要求的具体制造过程，使发动机限寿件具有工程计划要求的特性"。航空发动机限寿件制造计划的具体要求如下所述。

1) 制造计划要素

制造计划应该考虑制造流程交付的部件属性，并且应该重点强调影响部件寿命的工艺参数。计划应该确保工艺参数在没有经过合适的校验和工程批准前不会更改，这些参数包括但不限于：

(1) 材料控制要求(包括限制区域的特殊属性)；

(2) 制造方法说明；

(3) 制造工艺步骤和顺序；

(4) 允许的切削参数和散度；

(5) 检查方法和敏感度；

(6) 特别部件粗加工方法或修整方法；

(7) 改进疲劳能力或降低变形的方法；

(8) 随部件寿命能力变化的制造方法影响的确认；

(9) 微结构要求的符合性；

(10) 表面刨光；

(11) 残余应力剖面；

(12) 用于确保部件由连续和可重复的工艺制造的生产控制；

(13) 每个部件的可追踪记录；

(14) 不符合部件的总结，以确保误差不会对部件寿命产生不利影响。

制造计划应说明以下要点：

(1) 批准的制造方法；

(2) 制造商批准；

(3) 部件标识。

2) 批准的制造方法

按照相关的适航要求(如 AP-21-04R3《生产许可审定和监督程序》)，制定必要的制造方法，编制工艺规范，如下所述。

(1) 制造方法需要申请人确定的工程、质量和制造人员进行检查和批准，这些人员需要具备以下能力：工程(设计和寿命)、无损检测、质量保证、制造工程(研发和生产)等。

(2) 制造计划的更改应进行类似的检查和批准程序，更改的检查和批准应包括对限寿件寿命影响的评估。

(3) 申请人应将制造计划与质量系统融合，从而确保其与航空发动机限寿件的一致性。

(4) 申请人应确定适当的检查人员，评估和批准工艺校验、更改控制规律、不一致的产品的处置方法，以确保制造产品与工程计划的要求一致。其目的是：已经制定了制造工艺并用于相应等级的检查，以确保工程计划中所需的部件寿命能力能够得到保持；证明项目自上而下达成一致并且作为工艺校验的一部分得到贯彻；制造工艺和准则的更改清晰；在对不一致项处理前与相关技术人员进行了总结；对不一致项进行的矫正活动已经得到监测。

(5) 检查计划中各项级别的变化取决于考虑的计划阶段、阶段的敏感性和控制级别。

3) 制造商批准

申请人应对限寿件中采用的部件、材料或工艺的供应商提出制造要求。

4) 部件标识

航空发动机限寿件应按照相关的适航规章要求进行标识，并在制造或工程计划中确定航空发动机限寿件标识程序。

2. CCAR-21 中制造相关适航要求

CCAR-21《民用航空产品和零部件合格审定规定》中 21.33、21.53、21.315 条款给出了关于航空产品(包括航空发动机)的制造工艺相关适航要求，航空发动机制造单位需要通过制造符合性检查满足上述要求，以保证航空发动机的安全性，具体要求与分析如下所述。

1) CCAR-21.33 检查和试验

"第 21.33 条　检查与试验

对检查和试验的规定如下：

(一) 申请人必须允许局方进行为确定对民用航空规章有关要求的符合性所必需的检查及飞行试验和地面试验，而且：

1. 除局方另行批准外，民用航空产品或其零部件在提交局方试验之前，应当表明符合本条第(二)项 2、3、4 目的要求；

2. 除局方另行批准外，民用航空产品或其零部件符合本条第(二)项 2、3、4 目后到提交局方进行试验的期间内，不得作任何更改。

(二) 申请人应当进行检验和试验，以确定：

1. 符合有关的适航规章和环境保护要求；

2. 材料和民用航空产品符合型号设计的技术规范；

3. 零部件符合型号设计的图纸；

4. 制造工艺、构造和装配符合型号设计的规定。"

制造符合性检查是型号合格审定过程中一项重要内容，是保证航空发动机安全性的一项重要的控制与监督手段。符合性检查涉及产品的设计、材料、制造、工艺、试验、使用等各个方面，对航空发动机的适航符合性验证发挥着重要作用。零件是航空发动机的最基本组成单元，对零件的制造符合性检查是一项基础性的适航审查工作，是航空发动机制造检查人员必须掌握的一项基本技能。

CCAR-21.33 条款的含义是在型号合格审定阶段，所有符合性验证试验所涉及的航空产品，包括航空发动机或其零部件，都要在试验之前进行制造符合性检查。这些试验包括在申请人及其供应商设施内开展的试验。

2) CCAR-21.53 制造符合性声明

"第 21.53 条　制造符合性声明

申请人将民用航空产品或其零部件提交局方进行试验时，应当向局方提交制造符合性声明，声明申请人已符合本章第 21.33 条第(一)项的要求。"

制造符合性声明是申请人对试验产品和试验装置进行了制造符合性检查，认为试验产品和试验装置满足制造符合性要求，在提交型号合格审定审查组进行验证试验时和型号合格审定审查组进行制造符合性检查前，向型号合格审定审查组提交的书面声明。制造符合性声明是申请人用以表明并保证试验产品和试验装置符合型号资料并处于安全可用状态的文件。制造符合性声明必须由申请人或其授权的在制造组织内可以负责的人员签署。

在试验产品由供应商制造，且该供应商远离申请人生产设施的情况下，申请人可以选择下列方法签署声明：

(1) 派授权代表到制造现场检查试验产品并签署符合性声明；

(2) 书面委托供应商的授权代表作为其代理人。在这种情况下，递交符合性声明时，应将委托函的复印件附在声明后。

3) CCAR-21.315 检查

"第 21.315 条 检查技术标准规定项目批准书持有人应当接受局方进行的下列检查：

(一) 检查根据技术标准规定项目批准书制造的任何项目；

(二) 检查质量控制系统；

(三) 目击任何试验；

(四) 检查制造设施；

(五) 检查项目的技术资料档案。"

供应商向技术标准规定项目批准书持有人提供零件或服务，批准书持有人有责任保证每一产品及其零件符合经适航部门批准的型号设计并处于安全可用状态。供应商制造符合性检查是批准书持有人制造符合性检查的一部分。因此，批准书持有人应该通知供应商，接受适航部门的监督和检查。

7.4.2　航空发动机制造工艺适航符合性分析

航空发动机制造商需要根据适航要求进行制造符合性检查，检查流程如下所述。

1. 航空发动机制造工艺符合性检查流程

根据适航要求，航空发动机制造符合性检查的一般流程包括：首先需要制定符合性检查计划，之后确定制造符合性检查项目，评审制造符合性声明，开展符合性检查，包括文件评审和现场检查，检查完毕需要填写制造符合性检查记录表，对不符合项进行跟踪，检查问题根源并归零，检查合格后批准放行，检查员整理记录文件并归档。

在航空发动机型号研制过程的制造符合性检查跨越三个阶段，各阶段主要工作如下所述。

初步设计阶段：航空发动机研制单位与局方签署型号制造符合性检查计划(CIP)；制定型号制造符合性检查管理要求、供应商制造符合性检查管理要求；

建立制造符合性检查的组织管理体系；确定授权人员和进行预检查人员；向局方推荐委任制造检查代表(DMIR)等。

详细设计阶段：确定制造符合性检查项目；接收符合性检查请求单(RFC)；确定制造符合性检查工序。

试制与验证阶段：制定申请人/供应商制造符合性日程检查计划、试验件制造符合性检查、原型机制造符合性检查、验证试验前制造符合性检查、试飞制造符合性检查、不符合项归零、制造符合性检查资料的归档。

2. 航空发动机制造工艺符合性检查要点

航空发动机制造符合性检查涉及型号合格审定全过程，从设计画图开始，外购器材入厂，经过制造、装配、地面验证试验，直至试飞全过程都需要进行符合性检查。在完成详细设计，设计图样目录通过型号合格审定委员会(TCB)批准后，研制单位应按照已批准的图纸和设计符合性验证计划，制定符合性检查计划，形成制造符合性检查项目，同时将关键件和重要件的工序、计划投产时间提供给委任制造检查代表以便确定适航监控。

按有关适航规章和程序，航空发动机制造符合性检查的主要项目有：制造过程检查、工艺过程检查、工程资料更改检查、称重检查、功能和可靠性试验检查、试验原型机及其地面检查等。检查的重点包括：材料、成附件、工艺过程、产品标识、特殊制造技艺工艺的复现性、图样产品几何尺寸的符合性、更改控制有效性、检验记录及不合格品处理的合适性、随机审定项目试验产品、功能和可靠性、航空发动机原型机安全飞行满足程度等。

1) 航空发动机材料的符合性检查

在对航空发动机材料进行符合性检查时，应重点关注如下问题：

(1) 在航空发动机制造过程中使用的原材料是否与型号资料相符合；

(2) 是否有证据能够保证航空发动机原材料的化学和物理特性得到确定和检查(适用时)；

(3) 是否有文件性证据表明从航空发动机原材料到原型零件的可追溯性；

(4) 是否有对不符合提交的型号资料要求的任何零件或工艺过程的偏离记录(包括器材评审处置)。

航空发动机原材料分为外购原材料和自制铸锻件，其符合性主要从航空发动机原材料规格牌号是否符合设计规定，物理或化学性能是否合格等方面来判定。这就要求对入厂原材料制定清册，做好入厂复验，形成符合性记录。自制铸锻件同样也必须进行质量检查，测试分析并形成符合性记录。零件从第一道工序开始就应按指令要求检查原材料，并做好材料检查记录，以保证从原材料到原型样件的可追溯性。

2) 航空发动机成附件的符合性检查

此项工作重点是检查装机前试验发动机成附件是否符合技术条件要求。航空发动机成附件装机前检查的性能测试记录、库房保管记录以及产品合格凭证等应作为符合性检查记录。国内新研成附件应列入随机审定项目清单，通过型号审查；国外成附件必须向供方索取适航和质量证明文件以及装箱清单。例如，航空发动机和螺旋桨要有适航证件，电台和仪表等货架产品要有技术标准规定(TSO)以及产品合格证等。

3) 航空发动机标识符合性检查

为了满足航空发动机制造符合性检查的需要，航空发动机制造部门应作出零部件工程编号规定和结构试验件标识规定。试验机的零部件上至少应有零件图号、工程编号、检验标印等标识。另外，航空发动机结构试验件和原型样机相比较，不符合性的影响不同，因此，当航空发动机结构试验件与原型样机件同时加工时，应当清楚地标识那些指定作为结构试验件的零件和装配件。特别是必须清楚和永久地标识经受了超限制载荷试验的零件和装配件，以防将它们用于生产产品。

4) 航空发动机工艺过程符合性检查

在对航空发动机工艺过程进行符合性检查时应关注：

(1) 是否每一种特种工艺都有相应的工艺规范；

(2) 制造单位是否已提交工艺规范给有关审查代表审查；

(3) 对于已加工件的检查，是否表明了该工艺方法能够始终加工出符合型号设计的零件，是否有统计证据或其他证据能够表明这一点；

(4) 正在操作中的工艺是否遵循其工艺规范要求，是否记录了任何偏离。

设计规范要求航空发动机制造工艺保证持续稳定地生产出合格产品。所有要求严格控制以获得此目的的制造工艺都必须被批准的工艺规范所覆盖，并通过指令贯彻到生产过程中，以确保制造过程符合图纸、技术条件和工艺规范要求。为了使有关结构的制造方法能持续制造出同样优质的产品，航空发动机型号设计中需要的工艺规范应列出目录清单并提交有关工程代表批准。其中特种工艺规范应提交审查代表进行评审，这项工作主要通过工艺评审和首件检验进行。现场操作的工艺应符合工艺规范的要求，所有偏离应有记录。

典型工艺规范检查内容如下所述。

(1) 适用范围。

(2) 适用文件。

(3) 质量要求。

(4) 工艺过程中使用的材料。

(5) 制造：

A. 制造的操作；

B. 制造的控制；

C. 试件；

D. 工装设备检定；

E. 工装设备控制。

(6) 检验：

A. 过程检验；

B. 检验记录；

C. 对检验试验；

D. 对检验控制。

(7) 加工项目的检验。

(8) 操作和检验人员的资格控制。

5) 航空发动机关键和重要特性

(1) 是否标识并检验了所有的关键和重要特性；

(2) 是否有这些检验的记录；

(3) 目击重新检验和监督检查是否表明上述检验是准确的和充分的；

(4) 是否全部记录了与提交的型号设计资料(包括器材评审处置)不符的任何偏离。

6) 航空发动机特殊制造技能的复现性

某项工作必须要有专门人才能制造出优质的构件(或者说主要取决于人的技术水平)，属于特殊技能。特殊技能不能影响航空发动机质量，要在批生产条件下考核其复现性。工程部门应列出特殊技能项目，建立判断该技能实施质量的判据，并在指令上标明。检验部门负责考核，检验结果记录在复现性汇总表上。对于技能检查需要重点考虑：

(1) 相应的操作技能是否影响了航空发动机质量；

(2) 相应的操作技能是否能在批生产中重复；

(3) 制造单位是否建立了判断该技能实施质量的判据。

7) 航空发动机工程更改控制的有效性检查

为了实现航空发动机对图纸的符合性，在航空发动机型号合格审定期间，申请人必须制订程序，建立有效的构型控制系统，保证在试验原型机上所作的全部工程更改及时通知审查组，以确保最终提交民航批准的图样能包括全部更改内容；同时通知工艺和检验人员，以确保更改纳入图纸并贯彻到指定的产品上。为此，质量部门要针对研制阶段更改频繁的特点，制定专门的研制阶段工程更改控制程序；检验部门制定设计更改贯彻的抽查办法，并负责对更改贯彻的监督检查。另外，为了确保质量的可追踪性，在指令等记录表格上应记录更改数据。如果对检查项目做了设计更改，则应重新提交符合性检查。

8) 航空发动机图样及产品几何尺寸的符合性检查

(1) 航空发动机零部件是否能依据图样的信息进行生产和检验；

(2) 图样的容差在生产时是否切实可行和可达到，是否有证据支持；

(3) 在提交给审查组审批的图样中是否包含了所有的更改(包括提交审查组试验的原型样件中的一次性偏离)；

(4) 采用了什么程序来保证将其工程更改贯彻到生产零件及生产图样中；

(5) 图样是否包含了检验零件、使用的材料、材料的处理(如硬度、表面粗糙度以及任何特种工艺规范)所必需的全部信息；

(6) 图样是否包括了适用的试验规范，审查组工程审查代表是否审查了这些试验规范。

此项工作主要是审查图纸的容差是否适用于批产，是否包含了检验零件所必需的全部尺寸、所用的材料及热处理要求、能否用来制造和检验零件等。其符合性主要通过试制和首件检验来进行。工程部门应负责制定首件检验程序，确定首件检验项目，组织首件鉴定，并按设计部门确定的关键件、重要件目录清单，负责列出重点工序目录清单；检验部门应编制记录关键件和重要件实测数据的图表及符合检验办法，对于关键件和重要件检验要记录实测数据，要经过复核检验以证实检验结果的精确性、符合性。要负责做好首件检验验收记录，以及关键件和重要件检验记录，并将指令记录、关键、重要特性实测记录及符合检验结果一起作为符合性记录。

9) 航空发动机检验记录及不合格品处理

(1) 检验记录是否表明已实施了所有的检验；

(2) 检验记录是否表明了检验的实施人；

(3) 检验记录是否表明了检验结果和对不满意状况的处置；

(4) 是否有程序来确保对返工件或替代件进行重新检验(包括对零部件的检验和对新零部件的安装检验)。

所有要求检验的工序都应有检验记录，并填写正确完整、具有可追溯性。对于不合格品在检验记录中应能反映出故障和处理结果。检验要有检验计划、检验规程，要能保证对返修或替换的零件进行复验(包括新安装的零件检查)。器材代用及制造过程中的偏离必须形成记录，不合格品的"原样使用"或"返修"处理必须提交审查代表审查批准。如需更改设计，则这些处理应并入型号设计资料中。

10) 航空发动机器材评审

(1) 是否有文件化的器材评审程序，该程序是否可确保对不合格品进行处置；

(2) 对于观察到的不合格品是否有充分的纠正措施以防止其重复发生；

(3) 对于不合格品的"原样使用"或"返修"处置是否已提交审查组工程审查代表审查，如需更改设计，那么这些处置是否并入了型号设计中(一次性工程指令)。

11) 以前生产的航空发动机零部件

(1) 如果设计规定使用以前已通过型号合格审定产品的零部件，并且这些零部件是取自生产库房，那么是否采取了预防措施来确认这些零部件已经过器材评审，一般不应使用以前生产的不合格品，除非能够表明这些不合格品无不利影响或被重新检查，并记录所有偏离供工程审查代表审查。

(2) 以前接受的偏离是否已作为提交的现行型号资料的一部分，申请人是否在制造符合性声明中列出这些偏离。

12) 航空发动机控制系统软件符合性检查

对航空发动机控制系统软件的符合性检查应注意以下几个方面：

(1) 是否对所有的软件产品(版次说明文件、源码、目标码、文档、试验程序、加载的硬件/固件等)都按照硬件和软件的工程图样进行了适当的标识，包括版本标识；

(2) 是否对所有的软件问题报告进行了适当处理；

(3) 各项记录是否表明了所有的软件产品(包括支持软件)和程序已经处于构型控制之下；

(4) 是否按照经批准的试验程序完成和记录了验证和验收试验；

(5) 是否有记录表明目标码是根据经批准的程序由发放的源码编译的；

(6) 在装入系统或产品之前，是否有记录表明了对软件的技术验收；

(7) 是否按照发放程序将发放的目标码正确地装入软件产品；

(8) 加载是否按照适当的程序进行确认(如校验、循环冗余校验、装入映象表等)；

(9) 软件是否成功地执行了初始化程序；

(10) 是否有任何不符合制造商程序的指示。

13) 航空发动机结构试验件符合性检查

航空发动机结构试验件的制造符合性检查是符合性验证试验的基础工作。申请人应接受审查组在结构试验件的加工和装配期间进行制造符合性检查，并在检查前提交一份制造符合性声明。对在检查中发现的任何不符合项，制造检查代表都应将其记录在制造符合性检查记录表中并报告工程代表。对于已经承受过极限载荷试验的航空器结构件，不能作为航空器构件使用。

14) 随机审定项目试验产品符合性检查

在随机审定项目的各项试验之前，申请人应负责提交单独审查项目的试验大纲，项目审查组审查并批准试验大纲。申请人还应提交单独审查项目试验产品的制造符合性声明。项目审查组对试验产品进行制造符合性检查，并填写制造符合性检查记录，按审查计划到现场进行审查和目击有关试验及试飞。

15) 航空发动机功能和可靠性试验符合性检查

验证试验必须在试验大纲提交审查批准，试验产品通过制造符合性检查后才能进行。试验前，如试验产品已完成检验，则申请人或授权人应向委任制造检查代表提交制造符合性声明；并配合委任制造检查代表或其授权人按产品图纸、技术条件、试验大纲等的规定进行制造符合性检查。负责该试验的局方代表及其授权人员采用适航批准标签或特许飞行证等方式批准试验。

7.5　缺陷数据分布特点与缺陷数据累积方法

7.5.1　缺陷数据分布的特点

典型的概率失效风险评估流程，其核心思想是基于广义应力-强度干涉理论，以应力强度因子为表征量，通过计算材料断裂韧性与应力强度因子的差值而获得极限状态函数，如下式所示：

$$g(X_i, Y_i, n) = K_c(X_i, Y_i, n) - K(X_i, Y_i, n) < 0 \tag{7-1}$$

式中，K_c 为材料断裂韧性；K 为部件断裂的应力强度因子；g 为极限状态函数，当 $g \leqslant 0$ 时，即认为部件失效。这里 K_c 和 K 都是裂纹相关随机变量 X_i、检查相关随机变量 Y_i 和循环数 n 的函数。其中，X_i 包括初始缺陷尺寸 x_1、部件应力 x_2 和材料属性 x_3。

典型材料缺陷的超越曲线如图 7-2 所示，横坐标表示缺陷尺寸，纵坐标表示每百万磅(1lb=453.59g)材料中出现超越对应横坐标给定尺寸的缺陷概率。

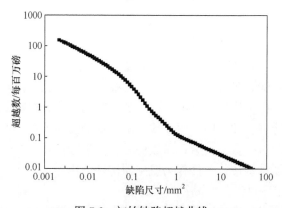

图 7-2　初始缺陷超越曲线

为了能够在概率失效风险评估中反映无损检测对部件安全性的影响，Leverant、Millwater 和 Enright 等将检查间隔和检测概率(也称检出率，POD，记

为 P)作为极限状态函数 g 中影响应力强度因子 K 的另一个随机变量 Y_i，在检测方法确定的情况下，检出率如下：

$$P(c) = \int_0^\infty p(c)f(c)\mathrm{d}c \tag{7-2}$$

式中，$P(c)$ 表示缺陷面积为 c 时检出缺陷的概率，$f(c)$ 表示缺陷面积的概率密度函数。

　　如上所述，以 X_i 和 Y_i 为代表的输入参数的随机性对概率失效风险评估结果影响很大，而概率失效风险评估对描述输入参数随机性的分布函数没有严格的规定，允许采用任何可能的分布函数，因此，应当根据输入参数的特性和足够的试验数据选用尽可能恰当的分布形式，并精确地确定分布的参数，其中，用于确定随机变量分布的试验数据应当按照适航规章要求制定的部件或整盘试验获得。Cole、Millwater、Huyse 等进行的研究表明：两参数韦布尔分布和对数正态分布具有较强的适用性和易用性，是概率失效风险评估中应用最广泛的分布函数。

7.5.2　典型缺陷类型

　　据美国统计，1962～1990 年间钛合金冶金缺陷共引发 25 起飞行事故，其中 19 起是由钛合金中硬 α 夹杂缺陷导致。钛合金材料中的硬 α 夹杂由 N、O 等与 Ti 的化合物构成，脆性和硬度都非常大，基本没有塑性变形能力，所以硬 α 夹杂区域极易在加工变形过程中被压裂，形成裂纹、空洞等缺陷，进而引起部件失效，严重威胁飞行安全。目前，对于钛及钛合金的铸坯、锻坯和成品，主要采用超声波探伤检查产品有无缺陷，但超声波探伤在检测硬 α 夹杂方面有很大的局限性。因为钛合金中存在 α 相的弹性各向异性和 β 相的高阻尼特性，另外，硬 α 夹杂缺陷的密度和钛基体相差不大，晶体与钛基体共格，导致硬 α 夹杂不易被检出，即绝大部分的硬 α 缺陷并没有被检测出来。虽然目前航空发动机转子用钛合金中硬 α 缺陷的出现概率已低于 $10^{-5}\mathrm{kg}^{-1}$，但是一旦航空发动机转子部件中含有硬 α 失效缺陷，将造成无法预测的后果。因此，在轮盘的概率失效风险评估中，必须通过有限的检查数据，通过数学和统计学的方法获得钛合金材料内缺陷的分布规律，建立轮盘内部初始缺陷的概率分布，这样才能得到全寿命期内的轮盘失效概率，所以是轮盘概率失效风险评估方法和目标的必然要求。

7.5.3　国外缺陷数据分布的累积方法

　　1. 缺陷数据分布的累积方法

　　作为 FAA 要求的概率失效风险评估工作的一部分，美国工业方成立了航空航天工业协会转子完整性委员会(以下简称"工业委员会")，联合各航空发动机制造商, 开展了钛合金部件硬 α 夹杂缺陷分布(即缺陷尺寸及其出现频率)建立方法的研究, 并形成了被 FAA 认可的方法: 由于部件中硬 α 夹杂缺陷数据匮乏而无法直接建立缺陷分布, 工业委员会采用一套理论分析流程, 即基于材料加工特性, 以理论模型模拟合金部件的加工过程, 利用加工过程中被检出缺陷的尺寸、无损检测能力以及缺陷检出相关数据, 获得部件缺陷分布基线; 并根据航空发动机商业运营经验进行校准而得到最终硬 α 夹杂缺陷分布。

1) 积累缺陷和检出数据

为了获得成品部件中缺陷尺寸及出现频率, 喷气发动机钛合金质量委员会(Jet Engine Titanium Quality Committee, JETQC)记录了 1990~1992 年间真空电弧熔炼合金转子缺陷相关数据, 如下所述。

(1) 钛合金材料缺陷数据, 包括接受检测的材料的总质量、坯料/棒料中无损检测检出的缺陷数量和缺陷三维尺寸(来自金相切片), 如图 7-3 所示。

(2) 加工过程中的坯料/棒料 POD 数据。

(3) 毛坯盘无损检测检出缺陷的数量。

(4) 钛合金转子检出缺陷数据。

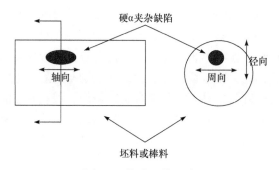

图 7-3　缺陷三维尺寸

2) 变形模型的提出

通过汇总以上数据, 可以得到图 7-4 所示的缺陷变形量(L_b/D_i)与坯料/棒料伸长量(ϕ_i^2/ϕ_b^2)的关系。在此基础上, 工业委员会发现和提出了变形模型, 并最终分析得到变形模型的理论公式:

$$L_b = D_i \times \left(\frac{\phi_i^2}{\phi_b^2}\right)^{0.364} \tag{7-3}$$

其中, L_b 为坯料/棒料中缺陷的长度; D_i 为铸锭中缺陷的直径; ϕ_i 为铸锭的直径; ϕ_b 为坯料/棒料的直径。

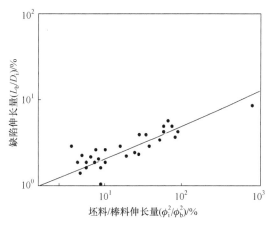

图 7-4　硬 α 缺陷变形模型示意图

2. 建立基于轮盘加工工艺过程的理论分析流程

变形模型的建立，为利用轮盘加工过程模型推导分析后续部件缺陷分布奠定了基础。工业委员会提出的理论分析流程核心思想是，针对轮盘的整个加工过程：铸锭→坯料/棒料→锻件(毛坯盘)→成品盘，引入假设：

(1) 所有加工工序均不会引入新的缺陷或者破坏原有缺陷，即缺陷数量在加工过程中保持不变；

(2) 缺陷形状会随着材料宏观变形而发生改变，参见上述变形模型(式(7-3))。

基于以上两个假设，如果已知铸锭中缺陷分布，就可以按照加工流程顺序推导，最终得到成品盘的缺陷分布。

如图 7-5 所示，钛合金轮盘加工过程起始于铸锭，分别指向坯料/棒料；利用变形模型可以由铸锭缺陷分布推导得到坯料/棒料的缺陷分布；在框架①与框架⑤中，无损检出缺陷将被移除，利用合适的 POD 曲线对坯料/棒料缺陷分布进行筛选，得到无损检测后坯料/棒料缺陷分布；框架⑥为锻件(毛坯盘)，假设锻造过程对缺陷形状影响很小，经框架①、⑤检测后坯料/棒料缺陷分布即为锻件缺陷分布；最后，对锻件同样执行无损检测，获得成品盘的缺陷分布。

按照上述加工过程模型制定图 7-6 所示的缺陷分布曲线建立过程，具体分为以下 5 个步骤。

(1) 由坯料/棒料的缺陷数据及 POD 曲线，反推出铸锭中的缺陷分布曲线。

(2) 利用变形模型，得到坯料/棒料中的缺陷分布。根据核心假设，在材料加工过程中，内部所含缺陷的数量不会发生变化。铸锭加工到坯料/棒料的过程中缺陷尺寸的变化可由式(7-3)获得，从而得到坯料/棒料中的缺陷分布。变化过程相当于在缺陷分布图上对缺陷分布曲线进行平移。

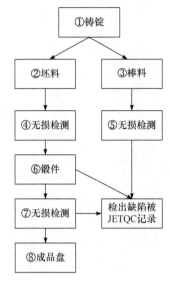

图 7-5　钛合金轮盘加工过程

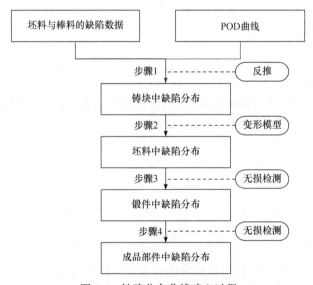

图 7-6　缺陷分布曲线建立过程

(3) 坯料/棒料中的缺陷分布除去无损检测检出的缺陷，得到毛坯盘的缺陷分布数据。步骤(2)得到了坯料/棒料的缺陷分布，结合坯料/棒料的 POD 曲线，可以推算得到坯料/棒料经过无损检测后被检出缺陷和未检出缺陷。根据假设，锻造过程不影响缺陷形状及尺寸，坯料/棒料中未检出缺陷分布即为毛坯盘中缺陷分布。上述过程相当于用 POD 曲线对检查前的缺陷分布进行筛选，得到检查后的缺陷分布，如图 7-7 所示。

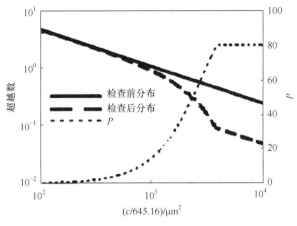

图 7-7　缺陷分布上下界限

(4) 利用毛坯盘的 POD 曲线，从毛坯盘的初始缺陷分布中除去检出缺陷，可以得到成品盘的初始缺陷分布以及缺陷出现概率。该步骤与步骤(3)类似。用无损检测毛坯盘的 POD 曲线对毛坯盘缺陷分布进行筛选，毛坯盘中未检出缺陷分布即为成品盘缺陷分布。

(5) 缺陷分布的校准和微调。由于推导过程中所用 POD 曲线的不确定性，因此无法得到满足条件的单一分布，分析得到图 7-8 所示的缺陷分布的上界和下界(图 7-8 中纵坐标 e 为每吨材料超越数)。工业委员会建议，工业方各成员依据各自钛合金转子生产运营经验数据选择缺陷分布的最终形状，并按照不断积累的 JETQC 数据中缺陷出现频率对缺陷分布进行修正。

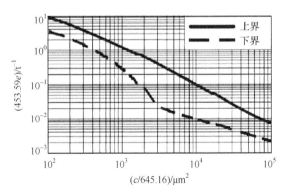

图 7-8　利用 POD 曲线筛选缺陷分布

3. 国内缺陷分布数据累积难点

从国外统计缺陷数据流程可以看出，其数据累积过程伴随着轮盘的整个加工过程，需要各材料供应厂商统一加工工艺和无损检测方法，在较长的周期内有针对性地积累生产中的缺陷数据。

当前国内各钛合金材料供应厂商的生产设备和技术水平不尽相同,无损检测方法流程相差较大,缺乏统一规范的适航规章要求。特别是国内对缺陷检查和航空发动机运营相关历史数据的积累严重不足,对硬α夹杂数据的积累更属空白。

7.5.4 国内缺陷数据分布的累积方法

由于轮盘加工过程中,缺陷分布的无损检测数据无法通过试验模拟。因此本书对图 7-5 所示轮盘加工过程抽象简化为"铸锭→坯料/棒料",只要求获取铸锭中硬α夹杂分布曲线。这里采用铸锭缺陷分布曲线作为输入进行概率失效风险评估,从而将得到保守的结果以充分保证安全性。针对轮盘前期加工过程:铸锭→坯料/棒料,可利用坯料/棒料中检出的缺陷分布(尺寸和数量)和相同无损检测条件下的 POD 曲线,经变形模型反推得到铸锭中硬α夹杂的缺陷分布曲线。由于天然硬α缺陷出现概率极小,所以当前可供研究的天然硬α缺陷数据点数量不足以支撑缺陷分布曲线。

这里采用在 TC4 铸锭熔炼过程中加入人工硬α夹杂再经锻造而得到的圆柱型试件进行两个试验:超声检测 POD 曲线的测定试验和检出缺陷分布试验。为节约成本,两个试验共用同一组试件,先进行 POD 曲线的测定,然后再对其中含有人工硬α夹杂的试件进行金相切片以获得坯料/棒料的检出缺陷数据,即确定硬α夹杂经模拟轮盘加工过程(已简化为铸锭→坯料/棒料)后的三维尺寸。由于本书试验均采用人工植入缺陷的试件模拟,研究结果并不代表实际生产中真实存在的缺陷数据。本研究旨在探索满足适航要求的材料缺陷(硬α夹杂)分布的试验方法和数据累积机制,为在生产中积累缺陷数据提供经验,并支撑国产航空发动机的适航取证工作。

1. 试件规格的确定

试件基体材料为典型钛合金 TC4,夹杂材料采用 TiN。在铸锭熔炼过程中,将 TiN 切割或研磨成确定尺寸和形状的颗粒,放入液态的 TC4 中。TiN 熔点高于TC4,夹杂边缘仅会有极少量熔化,形成夹杂的核心区和扩散区。凝固后的试件中,TiN 夹杂的位置和深度随机,其尺寸和形状会有很小程度的变化。铸锭经过锻造得到底面直径 $\phi 120\text{mm}$ 圆柱型试验件。

2. 试件数量的确定

试件中的夹杂随机分布,为避免夹杂互相干扰,这里每个试件仅含有一个夹杂,含有夹杂的试件数量等于试验点数量(即在合理置信水平及给定比例下的数据点数量)。当以 $1-a$ 作为置信水平,同时子样所包含母体的比例为 P_0 时(P_0 依据工作安全性背景而定，工程上 P_0 取 90%)，子样容量 n 可用式(7-4)进行计算，计算结果见表 7-2。

$$n = 1 + \frac{\lg\dfrac{a}{n-(n-1)P_0}}{\lg P_0} \qquad (7\text{-}4)$$

表 7-2 试件数量计算结果

P_0	n	
	$1-a=90\%$	$1-a=95\%$
0.80	17	21
0.85	24	29
0.90	37	45
0.95	76	93
0.99	387	472

考虑到实际需求和经济性，置信水平拟取值 90%，P_0 取值 90%，共需要 37 个试验点，即需要 37 个含有缺陷的试件。为确保无损检测的独立与客观，试件总数的一半左右应不含缺陷，所以这里再制作 37 个不含缺陷的试件。所有 74 个试验件在外观上应保持一致，试件制备完成后对所有试验件编号。

3. 缺陷的尺寸分布和最小检测次数的确定

1) 缺陷尺寸范围极值

缺陷尺寸的两个极值与测定 POD 曲线所要覆盖的范围相关。考虑到无损检测的分散性，要求至少覆盖 90% 的 POD 曲线范围，将缺陷尺寸的两个极值定义为 c_{10} 和 c_{90}，其中 c_P 的角标 P 表示缺陷尺寸 c 对应的检出率。POD 曲线可用韦布尔分布描述：

$$P(c) = 1 - \exp\left[-\left(\frac{c}{\beta}\right)^{\alpha}\right] \qquad (7\text{-}5)$$

即可得到两个缺陷尺寸极值的表达式：

$$c_{10} = \beta(\ln 0.9)^{1/\alpha} \qquad (7\text{-}6)$$

$$c_{90} = \beta(\ln 0.1)^{1/\alpha} \qquad (7\text{-}7)$$

以上表达式中存在未知参数 α 和 β，需要通过对两组含有的试样进行无损检测进而点估计得到。选取缺陷尺寸 c_1 和 c_2，根据经验其检出率点估计设计在 0.4~0.6 和 0.8~0.95，分别对两个含缺陷的试样进行检测，次数依照经验确定，

试验结果统计为 $\hat{P}_1$ 和 $\hat{P}_2$，其中 t_i 为检出缺陷的次数，T_i 为进行检测的次数。

$$\begin{cases} \hat{P}_1 = \dfrac{t_1}{T_1} \\[2mm] \hat{P}_2 = \dfrac{t_2}{T_2} \end{cases} \tag{7-8}$$

结合式(7-8)，得到点估计值 $\hat{\alpha}$ 和 $\hat{\beta}$：

$$\hat{\alpha} = \frac{A_1}{\ln a_1 - \ln \beta}$$

$$\hat{\beta} = \exp\left(\ln a_1 - \frac{A_1}{A_2 - A_1} \ln \frac{a_2}{a_1} \right)$$

其中，

$$\begin{cases} A_1 = \ln \dfrac{1}{1-\hat{P}_1} \\[3mm] A_2 = \ln \dfrac{1}{1-\hat{P}_2} \end{cases} \tag{7-9}$$

2) 缺陷尺寸的分布规律和最小检测次数

为了能够得到比较合理的缺陷检出率曲线，本研究采用对数均匀分布作为缺陷尺寸布置方法。则各缺陷尺寸及相应检出率如式(7-10)～式(7-12)所示：

$$\ln c_i = \ln c_{10} + \frac{i-1}{n-1}\left(\ln c_{90} - \ln c_{10} \right) \tag{7-10}$$

$$c_i = c_{10}\left(\frac{c_{90}}{c_{10}} \right)^{\frac{i-1}{n-1}} \tag{7-11}$$

$$P(c_i) = 1 - \exp\left[-\left(\frac{\hat{c}_i}{\beta} \right)^{\hat{\alpha}} \right] \tag{7-12}$$

为保证置信度，第 i 组试件最少检测次数 $\omega_{i\min}$ 如式(7-13)，式中，a 取自置信水平 $1-a$；$u_{a/2}$ 查表可得；精度指标 δ 按照经验取 0.05；$P(c_i)$ 根据式(7-13)得到

$$\omega_{i\min} = \left(\frac{u_{a/2}}{\delta} \right)^2 P(c_i)\left[1 - P(c_i) \right] \tag{7-13}$$

4. 缺陷形状和位置的确定

试件中 TiN 夹杂采用圆柱型，方向随机。为了使圆柱型夹杂的放置方向对超

声检测缺陷截面积影响最小，这里将圆柱的底面直径与高设置为相等。夹杂在试件中位置随机，但需保证所有夹杂都不在试件边缘超声检测盲区内，否则试件无效，需要重新制作。

5. 试件硬 α 缺陷(TiN)的含氮质量分数的选择

硬 α 夹杂又称富氮型夹杂，以 TiN 为主。TiN 是非化学计量化学物，其含氮质量分数可以在一定的范围内变化而不引起 TiN 结构的变化。钛合金中自然形成的 TiN 夹杂其含氮质量分数范围为 1.6%～6%。通用电气公司通过试验对不同含氮质量分数 TiN 的本构特性进行了研究，试验发现：随着 TiN 试件含氮质量分数的增加，材料强度变大，塑性变差；低含氮质量分数的 TiN 试件塑性强而不发生破裂，破裂只发生在含氮质量分数大于 4%的试件中；当含氮质量分数大于 6%时，TiN 试样几乎不表现出塑性，变得硬而脆；含氮质量分数为 12%的 TiN 材料具有最大的残余应力。此外，敏感性研究已证明，材料含氮质量分数的变化是影响裂纹扩展阈值曲线移动最重要的因素，相同的载荷下 TiN 夹杂的含氮质量分数越高，其应力强度因子 ΔK 越大，越有利于裂纹的扩展，对钛合金基体材料的寿命威胁越大。

本书试验 TiN 夹杂是采用 12%的含氮质量分数，在研究中模拟一种最危险的情况，得到偏保守的结果，从而保障安全性。

6. 试件检测标准和检测等级的选择

为获得置信水平 90%，子样包含母体比例 90%的 POD 曲线，对全部 74 个试件进行液浸超声检测。不少于 5 个检验员单独进行每次检测，不交流信息；同一检验员对同一试件的两次检测，在时间上至少要间隔两天；由专人记录每个试件的检测数、评定为缺陷的次数、缺陷的位置和投影面积。此外根据 GJB 1538A—2008《航空结构件用钛合金棒材规范》要求，对本试验中 ϕ120mm 圆柱型试件，要求采用我国超声检测业内现行标准 GJB 1580A—2004《变形金属超声检测方法》AA 检测等级。

7. 缺陷三维尺寸获取流程的确定

由于在熔炼和锻造过程中试件中的 TiN 夹杂三维尺寸会发生变化，而仅靠超声检测并不能准确获得夹杂的三维尺寸，因此需要将试件剖开对夹杂做金相切片以确定夹杂(含扩散区)的三维尺寸，步骤如下所述。

(1) 记录试件中的超声信号，包括信号的角度、夹杂在试件中的位置。

(2) 从试件中切出一个包含夹杂的约 40mm×40mm×40mm 立方体的样本，对每个面进行标记。

(3) 对样本进行超声检测，对样本中的夹杂进行定位并重新标记。

(4) 从样本中进一步切出一个包含夹杂的约 25mm×25mm×25mm 立方体的小样本。

(5) 金相切片。①垂直于最大信号响应的方向，切大约 2mm 厚的切片；②宏观检查有无偏析和晶粒的方向；③垂直于超声波进入试样的方向抛光 0.05～0.5mm，显微观察；④如果切片中没有发现夹杂(或夹杂的扩散区)，则重复①～③，如果在切片中发现夹杂(或夹杂的扩散区)，则观察缺陷特征和三维尺寸并记录；⑤在两个正交方向上拍摄缺陷最大尺寸的显微照片。

重复①～⑤，连续进行金相切片，从夹杂的扩散区上界到核区，直至切出夹杂扩散区下界为止。

8. 数据处理方法分析

利用缺陷径向 l_r、轴向 l_a、周向 l_c 三维尺寸，计算坯料中检出缺陷的截面积 c_b：

$$c_b = \frac{\pi}{4} \cdot l_a \cdot \sqrt{\frac{l_r^2 + l_c^2}{2}} \tag{7-14}$$

在试验得到的 POD 曲线上查出 c_b 对应的检出率 $P(c_b)$，如图 7-9 所示，则超声检测前坯料中截面积为 c_b 的缺陷(包括未检出的)的数量 S_b 为

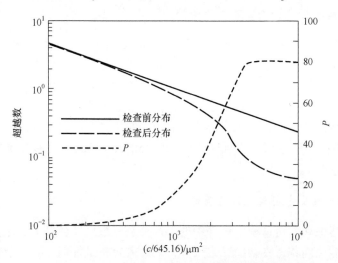

图 7-9　利用 POD 曲线反推无损检测前缺陷数量

$$S_b = 1/P(c_b)$$

基于加工过程不会改变缺陷数量的假设，则坯料或棒料中缺陷数量即为铸锭

中缺陷数量。基于缺陷在变形过程中体积保持不变的假设，则可以得到对应的铸锭中缺陷的面积 c_i：

$$c_i = \frac{\pi}{4}\left(l_a l_c l_r\right)^{\frac{2}{3}} \tag{7-15}$$

至此得到了铸锭中缺陷截面积及其对应的数量。将得到的数据进行对数线性拟合为式(7-16)，其中 E 为面积 c_i 的缺陷的超越统计数，N 和 k 分别为对数线性曲线的常数和斜率，并得到铸锭缺陷分布曲线如图 7-10 所示。

$$\lg E = N + k \cdot \lg c_i \tag{7-16}$$

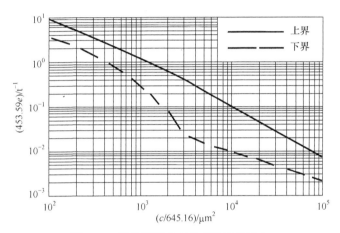

图 7-10　铸锭缺陷分布的对数线性拟合

7.5.5　适航要求的满足与等效

1. 试件尺寸的要求

根据 FAA 适航规章咨询通告对钛合金材料试验件的要求，圆柱型试验件圆形截面积大于 10323mm²，即直径大于 114.7mm。本试验试件圆形截面直径选取 120mm，满足适航条款对试件尺寸的要求。

2. 缺陷形状和位置的要求

缺陷在试件中的位置分布应满足以下三个标准：①必须在超声可检的位置，即不在超声检测盲区；②必须有最小 2.54 的有效应变；③必须处于广泛分散的位置使得相邻的缺陷不能互相影响。坯料中硬 α 夹杂最常见的形状是雪茄(圆柱)型。参考美国西南研究院委托通用电气公司进行的硬 α 夹杂裂纹扩展试验：人工硬 α 夹杂采用底面直径为 2.54mm(0.1in)、高为 2.54mm(0.1in)的圆柱型 TiN 颗粒，方向随机。

本试验中每个试件仅放入一个夹杂，相互不影响且有足够应变空间，夹杂位置在试件中随机分布但不在试件边缘超声盲区内，人工夹杂采用底面直径与高相等的圆柱型，满足上述适航要求。

3. 缺陷含氮质量分数的等效

通用电气公司进行的相关试验中：所有人工放入试件的 α 相 TiN 夹杂含氮质量分数均选取为12%。此试验及后续研究获得美适航当局认可推荐。本试验采用相同的含氮质量分数，在适航要求上具有等效性。

4. 试件检测等级的等效

通用电气公司进行的相关试验采用美军标 MIL-STD-2154《锻造金属超声检测方法》，已获得 FAA 适航认证。而本试验采用现行国军标 GJB 1580A—2004。经对比分析发现，两者在本书研究范围内等效，满足适航要求。

7.5.6 数据累积方法的局限性与误差分析

1. 数据累积方法的局限性

POD 曲线测定方面，影响 POD 的有诸多因素，例如缺陷形状方向、埋藏深度等，重复性仅是其中之一。本研究由于成本的限制，试件数量有限，每个尺寸的缺陷仅制作一个试件，缺陷的形状固定为圆柱型，缺陷方向和埋藏位置均不可控，实际上仅考虑了重复性和人工操作对 POD 的影响。此外，将 POD 曲线固化为韦布尔分布也具有一定的局限性。检出缺陷分布试验方面，确定缺陷的三维尺寸仍采用传统破坏性的金相切片，工作量较大且属于对试件的一次性消耗。

当前微焦电子计算机断层扫描(CT)和纳米 CT 可以在不破坏试件的情况下较为准确地确定缺陷的三维尺寸。但本书认为：一方面，本项研究要点即为满足适航要求，FAA 适航规章咨询通告推荐采用金相切片的方法，具有相当的权威性；另一方面，如上文所述，缺陷数据积累需要各材料供应厂商统一加工工艺和无损检测方法，因此更需要采用一种通用性强、技术成熟的方法获取数据。综上两点，本方案仍采用金相切片的方法确定缺陷三维尺寸，但做金相切片前可先采用 CT 方法作为辅助手段获取试样更完整信息。就缺陷分布曲线而言，由于检出缺陷分布试验采用的是 POD 试验中制备的试件，试件中所含硬 α 夹杂尺寸是按照 POD 曲线所需数据点要求对数均匀分布的，虽然缺陷的形状和尺寸在铸锭加工过程中会发生变化，但经数据处理最终得到的铸锭缺陷分布曲线并不能代表实际生产过程中钛合金材料真实存在的初始缺陷分布。

2. 误差来源

误差可能来源于以下五个方面。

(1) 利用轮盘加工过程模型推导后续部件缺陷分布的理论分析流程和变形模型自身存在局限性，又缺乏实际生产运营数据修正。

(2) 对 POD 曲线的韦布尔分布描述中 α 和 β 两个参数进行点估计时，缺陷的尺寸和检测次数都依据经验选取，可能会引入一定误差。

(3) 与自然形成的硬 α 夹杂相比，试件中人工 TiN 夹杂由于含氮质量分数较高和工艺因素，可能无法与钛合金基体完美熔合，人工夹杂和基体材料边界相对较清晰，造成超声检测检出率偏高，POD 曲线上移。

(4) POD 曲线是一条纵坐标(检出率)从 0～1 的曲线，有效的是检出率从 0～1 上升的过渡段，由于本研究仅考虑了重复性和人工操作对 POD 的影响，可能导致试验得到的 POD 曲线过渡段内数据点偏少，曲线过渡段上过快，对 POD 曲线准确性影响较大。

(5) 经过铸锭的熔炼和锻造，TiN 夹杂形状可能会变得不规则，测量其三维尺寸计算缺陷的截面积时引入误差。

7.6　航空发动机关键件制造工艺的安全性要求

航空发动机关键件其失效通常会导致严重的飞行事故，适航规章 CCAR/FAR-33.70 明确规定，制造商必须针对所有寿命限制件制定和执行工程计划、制造计划和使用管理计划，即以工程计划为核心，三个计划间构成一个寿命管理行为的闭环系统，将设计、制造和使用维护联系在一起，确保寿命限制件在整个寿命期内安全。其中，工程计划包含一整套的寿命评估过程和技术，而概率失效风险评估方法，是工程计划的重要组成部分，其输入数据中包含特殊的材料缺陷数据和检查数据要求，并主要由加工和检查时所采用的工艺方法、材料本身加工特性决定。而这也是工程计划与制造计划关联性的一个重要组成部分，其目的是确保零部件寿命性能的完整性，保证工程计划有效。对此，适航规章咨询通告 AC 33.70-1 中规定："……零部件制造计划应当考虑加工后交付的零部件的属性，并应当特别强调零部件寿命的工艺参数，计划还应当确认工艺过程中未经合理验证和工程批准不得进行更改的工艺参数。这些参数包含但不局限于加工方法、加工过程的步骤和顺序、加工方法变化等。"

7.6.1　关键件制造工艺分级方法

关键件寿命评估体系中，材料的锻造参数会对可能存在的缺陷尺寸产生影响，进而影响风险评估结果。因此，这里以钛合金典型内含硬α夹杂缺陷轮盘锻造工艺参数为对象，通过加工过程数值仿真与数学对应分析法结合，探索一种锻造关键加工工艺参数重要性的分级方法。需强调的是，对于不同钛合金制造商和钛合金牌号，锻造参数可根据其具体情况选取，并不影响方法的通用性。该分级方法的逻辑脉络包括四个分析阶段。

1. 参数定义

锻造过程中的缺陷三维尺寸定义为轴向尺寸 R_1，周向尺寸 R_2，径向尺寸 R_3，如图 7-11 所示。所考虑的锻造参数为温度 e_1，应变率 e_2，变形率 e_3，模具与坯料间的摩擦系数 e_4。

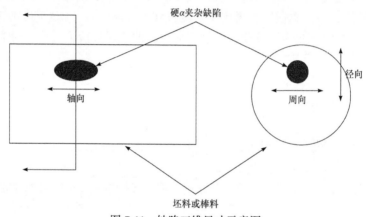

图 7-11　缺陷三维尺寸示意图

2. 锻造过程仿真模拟

采用 DEFORM 工具模拟不同锻造参数下的缺陷成型过程，得出成型后的缺陷三维尺寸，为对应分析法的响应面代理模型提供试验响应。

3. 锻造参数与缺陷尺寸代理关系的确定

为提高对应分析法的计算效率，首先应合理设置试验点并获取试验响应，然后拟合出锻造参数与缺陷三维尺寸之间的代理关系。对此，这里采用响应面法。

4. 基于对应分析法的关键参数确定和分级方法

基于 2、3 阶段所提供的分析结果(样本点)，采用对应分析法对锻造关键工艺参数重要性分级，并形成成套的分级方法。基于对应分析法对数据降维获得二维散点图，相对距离变化越大的行/列点说明其影响程度大于相对距离变化越小的行/列点。

7.6.2　关键件含缺陷锻造过程仿真分析

1．几何模型及网格划分

模拟含硬α缺陷坯料在锻造中的成型过程。其中，坯料是采用直径和高均为 100 mm 的圆柱体结构，并为提高计算效率而取 1/2 对称结构；相对应缺陷是采用直径为 2 mm 的 1/2 球体并处于坯料中心位置。网格采用局部加密的方式划分，网格总数为 247959。图 7-12 示出了其几何示意图及网格图。

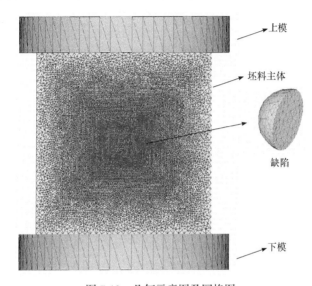

图 7-12　几何示意图及网格图

2．材料参数

这里坯料为 TC4，所考虑的硬α缺陷属于 TiN 型夹杂，其氮含量小于 4%，材料物性参数如表 7-3 所示。由于国内尚无该低氮含量 TiN 的流变应力曲线，故采用图 7-13 所示的通用电气公司数据。

表 7-3　物性参数

	密度/(kg/m³)	泊松比	杨氏模量/GPa
TC4	4500	0.31	110
TiN	5200	0.25	600

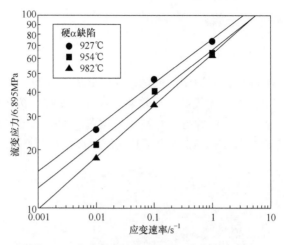

图 7-13　氮含量小于 4% 的 TiN 流变应力曲线

3. 锻造参数的确定

等温锻造钛合金的关键技术包括锻造参数的选取、润滑剂，以及模具的设计和制造等。根据文献中针对 TC4 材料的锻造参数典型范围，确定本次仿真所考虑的参数选取(表 7-4)，并在此范围内进一步通过下文的响应面模型分析获得样本点。由于本研究旨在探索工艺参数分级方法，因此对于锻造工艺参数范围的选取与实际加工过程可能存在一定差异，但其对本研究分级方法本身无影响，且方法本身具备可推广性。

表 7-4　锻造参数范围

$e_1 / °C$	e_2 / s^{-1}	e_3	e_4
$700 \sim 800$	$0.001 \sim 1.000$	$0.05 \sim 0.15$	$0.01 \sim 0.50$

7.6.3　锻造参数与缺陷尺寸代理关系的确定

本节采用响应面法生成代理模型获取对应分析法确定关键加工参数所需的大量样本点，即通过响应面法描述缺陷三维尺寸与锻造参数之间的函数关系：

$$R_i = f\left(e_1, e_2, e_3, e_4\right) \quad (i = 1, 2, 3) \tag{7-17}$$

式中，采用较为常用且准确的含二次交叉项的线性多项式表达，同时通过响应面法实现关键加工参数的试验设计，并获得响应面模型的参数估计，其函数表达为

$$R_i = \widehat{a_0} + \sum_{j=1}^{4} \widehat{a_j} e_j + \sum_{i=1}^{4} \sum_{j=1}^{4} \widehat{a_{ij}} e_i e_j \tag{7-18}$$

1. 基于响应面法的试验样本点生成

通过 Design-Export 试验设计与优化软件，采用 Box-Behnken Design(BBD)方法完成响应面法的试验方案设计及样本点生成。因此，在表 7-5 所给出的工艺参数范围内，经试验方案设计获得的锻造条件(样本点)共 29 组，每组按照前文的锻造仿真方法开展模拟，获得对应的缺陷三维尺寸数据(表 7-5)。

表 7-5 响应面试验方案及三维尺寸

试验序号	e_1 /°C	e_2 /s^{-1}	e_3	e_4	R_1 /mm	R_2 /mm	R_3 /mm
1	700	0.5005	0.15	0.255	1.80417	2.10945	2.04498
2	750	0.0010	0.15	0.255	1.76778	2.12150	2.05494
3	800	0.5005	0.10	0.500	1.87249	2.06836	2.00230
4	700	1.0000	0.10	0.255	1.88963	2.05811	2.00170
5	750	0.5005	0.10	0.255	1.86938	2.07002	2.00454
6	750	0.0010	0.10	0.500	1.86703	2.06407	1.99914
7	700	0.5005	0.05	0.255	1.92895	2.03648	1.97117
8	750	0.5005	0.15	0.500	1.80800	2.10763	2.04240
9	750	1.0000	0.10	0.500	1.89791	2.05375	1.98862
10	750	1.0000	0.05	0.255	1.94747	2.02668	1.96440
11	800	0.5005	0.15	0.255	1.81018	2.10626	2.04112
12	800	0.5005	0.05	0.255	1.93782	2.03196	1.96624
13	800	0.0010	0.10	0.255	1.89148	2.05322	1.98782
14	750	0.5005	0.10	0.255	1.86938	2.07002	2.00454
15	700	0.5005	0.10	0.010	1.86296	2.07340	2.00768
16	750	0.5005	0.15	0.010	1.80800	2.10763	2.04220
17	750	0.5005	0.10	0.255	1.86938	2.07002	2.00512
18	750	0.5005	0.05	0.010	1.93348	2.03418	1.96830
19	700	0.5005	0.10	0.500	1.86298	2.07340	2.00784
20	750	0.5005	0.10	0.255	1.86938	2.07002	2.00466
21	750	0.5005	0.10	0.255	1.86938	2.07002	2.00432
22	750	0.5005	0.05	0.500	1.93348	2.03418	1.96908
23	750	1.0000	0.15	0.255	1.85070	2.08167	2.01728
24	750	0.0010	0.05	0.255	1.93873	2.02696	1.96033
25	700	0.0010	0.10	0.255	1.85008	2.06994	2.00268
26	750	1.0000	0.10	0.010	1.89791	2.05375	1.98025
27	750	0.0010	0.10	0.010	1.86703	2.06407	1.99762
28	800	1.0000	0.10	0.255	1.89363	2.05593	1.99084
29	800	0.5005	0.10	0.010	1.87265	2.06826	2.0035

2. 代理模型的生成及校验

这里将已获得的各组缺陷三维尺寸数据作为响应，进一步拟合出缺陷三维尺寸与锻造参数之间的函数关系，如式(7-19)~式(7-21)所示：

$$R_1 = 1.7895 + 3.19841 \times 10^{-4} \times e_1$$
$$+ 0.19729 \times e_2 - 1.65681 \times e_3$$
$$- 3.74374 \times 10^{-4} \times e_1 \times e_2$$
$$+ 0.74254 \times e_2 \times e_3 + 0.041745 \times e_2^2 \tag{7-19}$$

$$R_2 = 2.01882 - 6.13167 \times 10^{-5} \times e_1$$
$$+ 0.067491 \times e_2 + 0.93765 \times e_3$$
$$- 0.3990 \times e_1 \times e_2 - 0.039519 \times e_2^2 \tag{7-20}$$

$$R_3 = 1.96082 - 7.36534 \times 10^{-5} \times e_1$$
$$+ 0.071278 \times e_2 + 0.94804 \times e_3$$
$$- 0.41768 \times e_2 \times e_3 - 0.039368 \times e_2^2 \tag{7-21}$$

仿真及拟合过程中，由于 e_4 的作用不显著而被剔除，即 e_4 对锻造中缺陷三维尺寸的影响可忽略。为验证代理模型的可靠性和准确度，图 7-14 给出了代理模

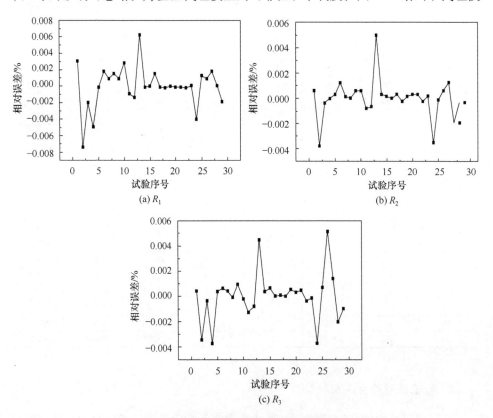

(a) R_1　　　　　　　　　　　(b) R_2

(c) R_3

图 7-14　代理模型数据与仿真模型数据的相对误差

型和仿真模型的相对误差。可以看出，整体相对误差小于±0.8%。因此，由仿真结果经响应面法获得的代理模型其误差在可接受范围内，该代理模型合理。

7.6.4 关键件锻造参数分级

1. 关键锻造参数的分级方法过程

根据对应分析的基本思想，这里将原始矩阵中行和列各因素以点的形式表现出来。因此，利用前文的代理模型随机生成 $N(N=2000)$ 个锻造参数组合，相对应的 2000 组缺陷 R_i 作为列点，生成原始矩阵：

$$X = \begin{bmatrix} R_1 & R_2 & R_3 \\ x_{11} & x_{12} & x_{13} \\ x_{21} & x_{22} & x_{23} \\ \vdots & \vdots & \vdots \\ x_{N1} & x_{N2} & x_{N3} \end{bmatrix} \quad (7\text{-}22)$$

具体的分级方法过程如下所述。

(1) 计算原始矩阵 X 的标准化矩阵 Z，消除数量级及单位的影响。

(2) 计算列点的协方差 $S_R = Z'Z$ 及行点的协方差 $S_Q = Z'Z$。

(3) 计算协方差矩阵 S_R、S_Q 的特征根及特征向量。

(4) 由于特征根相同，可以用相同的因子轴同时表示行点和列点，生成二维散点图。

(5) 将 e_1、e_2 以及 e_3 分别逐一增大 5%、10%、15%、20%、25%、30%、40%、50%(变化程度超过 50%则对分级结果不显著)，在同一图上生成二维散点图，根据各列点与对应初始列点相对位置变化的距离大小进行分级，即相对位置距离变化越大，则说明该影响因素越关键；反之，则说明影响较小。

2. 分级结果分析

根据分级过程各影响因素(e_1、e_2、e_3)改变相应比例后生成的三维散点图如图 7-15 所示。为进一步分析该影响程度，图 7-16 定量地给出了列点与对应初始列点之间的距离变化。可见，各影响因素影响缺陷三个方向尺寸的变化趋势一致。其中，e_2、e_3 对缺陷三维尺寸的影响程度随着其变化程度的增加而单调递增，e_1 对缺陷三维尺寸的影响程度随着其变化程度的增加而先增加后减少。这主要是由于 TiN 是一种对温度比较敏感的材料，故在 e_1 变化程度不一样时，其对缺陷三维尺寸呈现出不同的影响程度。在本书所描述的分级方法下，分析实例的

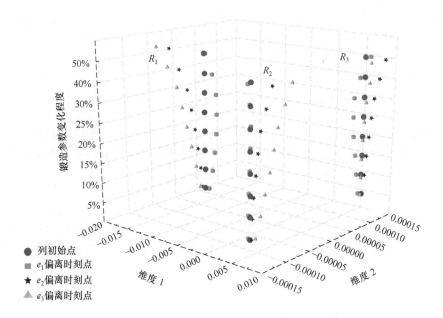

图 7-15　各影响因素改变相应比例后三维尺寸随影响数值改变而产生的相对位置偏离

分级结果如下：在所考虑范围内，在约小于20%的相同变化程度下，各影响因素的重要性分级结果为 $e_3 > e_1 > e_2 > e_4$，在约大于 20% 的相同变化程度下，各影响因素的重要性分级结果为 $e_3 > e_2 > e_1 > e_4$。

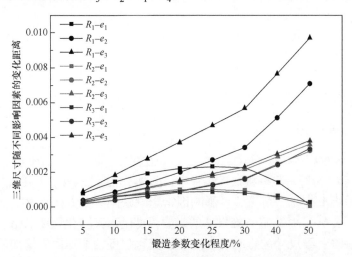

图 7-16　各参数列点与对应初始列点间的相对位置变化距离

3. 对 FAR-33.70 条款符合性支撑的意义

上述分析针对一个简单的锻造过程，探索了一种基于对应分析法的对锻造工艺参数重要性进行分级的方法，从而指导国内航空发动机研制和生产单位在锻造生产过程中，通过分级方法确定锻造参数的重要程度，合理选择和控制各参数范围，控制可能存在的缺陷在加工过程中的三维尺寸变化。在此需要特别强调的是，美国西南研究院研究表明，在 FAR-33.70 条款所要求开展的寿命评估工作中，采用缺陷的三维最大尺寸为初始裂纹尺寸进行寿命和失效风险评估是保守且合理的。

7.7　航空发动机关键件试验的安全性要求

7.7.1　航空发动机关键件适航相关试验项目与类别

从航空发动机安全性角度，所有的航空发动机适航规章的适航符合性试验都是对航空发动机安全性要求的验证，这里重点针对航空发动机适航规章 CCAR-33 部，梳理和分析 CCAR-33 部中与航空发动机关键件相关的适航符合性验证试验项目、试验类别和试验件名称，如表 7-6 所示。目前国际通用的符合性方法 (MoC，简称 MC) 有 10 种，按照 AP-21-AA-2011-03-R4《航空器型号合格审定程序》附录 H 的内容，这 10 种符合性方法具体如表 7-7 所示。

表 7-6　航空发动机关键件适航符合性试验项目和类别

序号	适航条款	试验项目	试验类别	试验件名称	备注
1	33.19 耐用性	机匣打靶试验	MC4	与各机匣材料相同的平板	所有航空发动机
2	33.27 涡轮、压气机、风扇和涡轮增压器转子	非包容性轮盘完整性试验	MC4	各级轮盘	所有航空发动机
3	33.63 振动 33.83 振动试验	整机转子不平衡试验	MC5	整机	所有航空发动机
		整机振动试验	MC4	整机	所有航空发动机
		轮盘模态试验	MC4	各级轮盘	所有航空发动机
4	33.64 航空发动机静承压件	承压机匣压力试验	MC4	各承压机匣	所有航空发动机
5	33.70 航空发动机限寿件	航空发动机限寿件低循环疲劳试验	MC4	航空发动机限寿件	所有航空发动机
6	33.74 持续转动	试飞验证	MC6	整机	所有航空发动机

表 7-7　符合性验证方法分类

代码	名称	使用说明
MC0	符合性声明	通常在符合性记录文件中直接给出
MC1	说明性文件	如技术说明、安装图纸、计算方法、技术方案、航空器飞行手册……
MC2	分析/计算	如载荷、静强度和疲劳强度、性能、统计数据分析、与以往型号的相似性……
MC3	安全评估	如功能危害性评估(FHA)、系统安全性分析(SSA)等用于规定安全目标和演示已经达到这些安全目标的文件
MC4	实验室试验	如静力和疲劳试验、环境试验……；试验可能在零部件、分组件和完整组件上进行
MC5	地面试验	如旋翼和减速器的耐久性试验、环境等试验……
MC6	飞行试验	规章明确要求时，或用其他方法无法完全演示符合性时采用
MC7	航空器检查	如系统的隔离检查、维修规定的检查……
MC8	模拟器试验	如潜在危险的失效情况评估、驾驶舱评估……
MC9	设备合格性	设备的鉴定是一种过程，它可能包含上述所有的符合性方法

7.7.2　航空发动机关键件适航符合性试验验证方法

GJB 241A—2010 和 CCAR-33 部中给出导致航空发动机危害性后果的典型危险事件(表 7-8)，这里将结合航空发动机适航符合性验证试验，阐述安全性要求与航空发动机试验之间的关系。

表 7-8　GJB 241A—2010 与 CCAR-33.75 定义的危害性后果安全性事件对比

序号	GJB 241A—2010 定义的危害性事件	CCAR-33.75 定义的危害性事件
1	非包容的高能碎片	非包容的高能碎片
2	客舱用航空发动机引气中有毒物质浓度足以使机组人员或乘客失去能力	客舱用航空发动机引气中有毒物质浓度足以使机组人员或乘客失去能力
3	与驾驶员命令的推力方向相反的较大的推力	与驾驶员命令的推力方向相反的较大的推力
4	不可控火情	不可控火情
5	航空发动机安装系统失效，导致非故意的航空发动机脱开	航空发动机安装系统失效，导致非故意的航空发动机脱开
6	如果适用，航空发动机引起的螺旋桨脱开	如果适用，航空发动机引起的螺旋桨脱开
7	完全失去航空发动机停车能力	完全失去航空发动机停车能力
8	单发飞机不可恢复的空中停车	—

航空发动机典型危险事件(GJB 241A—2010 和 CCAR-33)相关的标准和适航要求相关试验验证工作构成了航空发动机安全性指标的试验验证体系。表 7-9 给出了 CCAR-33 部适航试验体系与航空发动机安全性要求之间的关系。

表 7-9　CCAR-33 部适航试验体系与航空发动机安全性要求之间的关系

航空发动机危险事件	适航要求	符合性试验项目	试验件名称	试验要求	试验设备
非包容高能碎片(航空发动机本身导致)	33.19耐用性	●风扇/增压级机匣试验器上的包容性试验 ●航空发动机整机包容性试验	整机机匣	包容试验必须验证压气机和涡轮转子机匣的设计因转子叶片失效而引起的破坏具有包容性。确定由于转子叶片失效，穿透压气机和涡轮转子机匣后的转子叶片碎片的能量水平和轨迹	旋转试验器地面试车台
	33.27涡轮、压气机和风扇转子	●风扇转子超转试验 ●高压压气机转子超转试验 ●高压涡轮转子超转试验 ●低压涡轮转子超转试验 ●非包容性轮盘完整性试验	各级轮盘	航空发动机必须在最高允许气体测量温度和115%最高允许转速下，至少稳定工作 5min。试验后转子应在允许的极限内，并没有出现即将破坏的迹象； 在满意地完成超转试验后，用同一台航空发动机在旋转试验器超过最高允许稳态气体测量温度 42℃以上，在不低于最高允许稳态转速下工作 5min。试验后转子应在允许的极限内，并没有出现即将破坏的迹象； 所有关键的旋转轮盘构件，应在旋转试验器上进行试验，其试验转速应至少达到最高允许稳态转速的 122%，而内孔或盘心材料应达到最高设计温度，试验后应不破坏	旋转试验器
	33.70限寿件	航空发动机限寿件低循环疲劳试验	航空发动机限寿件	进行部件低循环疲劳试验，验证部件是否满足 2 倍寿命的要求	旋转试验器
机匣或管路泄漏导致的危害性后果泄漏或破裂	33.64静承压件	●外部管路静压试验 ●承压机匣压力试验 ●滑油箱压力试验	外部管路、各压气机匣、滑油箱	通过试验确定承受较大气体或液体压力载荷的所有静子零件，可以稳定保持 1min，不会出现超过使用限制的永久变形，或者发生可能导致危害性航空发动机后果的泄漏、破裂或爆破	

7.8　小　结

本章重点针对航空发动机盘、轴类关键件，分析了盘轴关键件安全性与其材料、制造工艺和试验之间的影响关系，分析了材料、制造工艺和试验过程参数对航空发动机关键件安全性指标验证的影响，重点考虑材料缺陷分布数据、工艺加工缺陷分布数据、试验载荷分布数据对航空发动机盘、轴类关键件安全性指标验证的影响。

第8章 航空发动机关键件安全性评估 与验证数据需求分析

8.1 引 言

航空发动机按用途分为军用航空发动机和民用航空发动机。航空发动机作为飞机最关键的动力来源,其发展一直是飞机发展的瓶颈和短板。本章通过介绍三类航空发动机的基础信息,即涡轴、涡扇和涡桨航空发动机,给出航空发动机故障事故数据、航空发动机故障采集数据、航空发动机设计制造数据等;收集航空发动机的事故/故障事故数据,对航空发动机事故/故障收集业务流程的细节进行研究,给出了航空发动机数据分析与处理的流程。

8.2 航空发动机性能参数

航空发动机的种类众多,不同类型航空发动机之间的结构和性能差距巨大。航空发动机按照类型可以分为活塞航空发动机、涡喷/涡扇航空发动机、涡轴/涡桨航空发动机以及涡轮/冲压组合动力等。航空发动机根据其组成和工作原理可分为两大类:一类是直接反作用推进系统,另一类是间接反作用推进系统。在直接反作用推进系统中,航空发动机直接将工质加速产生反作用推力,属于这一类型的航空发动机有涡喷航空发动机、涡扇航空发动机。在间接反作用推进系统中,航空发动机只将燃料燃烧产生的化学能转化为有效功率,以轴功率进行输出,推力靠专门的推进器产生,属于这类航空发动机的有活塞式、涡桨式、涡轴式、桨扇式航空发动机。民用航空发动机根据其结构可划分为活塞航空发动机和燃气涡轮航空发动机,其中燃气涡轮航空发动机又分为涡喷、涡桨、涡扇、涡轴、桨扇几种类型。

先进军用战斗机使用的是小涵道比涡扇航空发动机,现已发展至第四代,推重比已经达到或超过 10;民用飞机使用的是大涵道比涡扇航空发动机,目前最大推力已超过 50000daN;大型军用运输机采用的亦为大涵道比涡扇航空发动机,航空发动机最大推力已超过 30000daN,在安全性、可靠性、使用寿命和环保特性方面也取得了巨大进步;用于直升机的涡轴航空发动机已经发展至第四代；高性能无人机航空发动机从早期的活塞航空发动机已经发展到涡扇航空发动机，例如，美国"全球鹰"高空长航时无人机选用 AE3007H 航空发动机，最大飞行高度达到 19 km 以上，滞空时间达到 30 多小时，航空发动机的寿命达到 10000h 以上。此外，还有用于空天飞机的组合航空发动机、用于部分支线飞机或特种飞机的涡桨航空发动机、用于运动飞机的活塞航空发动机等多种航空发动机，也在性能上获得了大幅的提高。

本章主要介绍航空三类航空发动机的基础信息和数据需求，即涡轴、涡扇和涡桨航空发动机。

8.2.1 涡桨航空发动机性能参数

为了克服涡喷航空发动机耗油率高的缺点，在 20 世纪 50 年代初人们发展了耗油率较小的涡轮螺旋桨航空发动机，简称涡桨航空发动机，如图 8-1 所示。

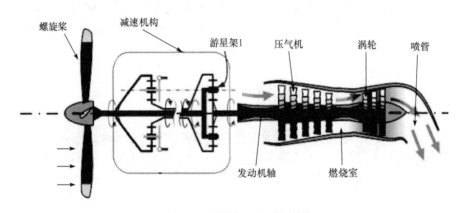

图 8-1 涡桨航空发动机结构

涡桨航空发动机是在活塞和涡喷的基础上发展而来的。活塞航空发动机由于使用了螺旋桨，所以经济性好，但功率太低；而涡喷航空发动机功率大，经济性差，所以航空发动机设计者将涡喷航空发动机与螺旋桨结合起来，形成了涡桨航空发动机。由于螺旋桨只有在低转速下才能有效地工作，所以在涡喷与螺旋桨之间加入了减速器。

涡桨航空发动机的燃气发生器出来的燃气能量，绝大部分在动力涡轮中膨胀做功，使动力涡轮高速旋转，通过减速器将转速降到 1000～2000r/min 再驱动螺旋桨，燃气中剩下的很少能量在尾喷管中膨胀，产生一小部分推力。因此，涡桨航空发动机除输出轴功率外，还输出少量推力。由于其排气能量损失小，推进效率高，所以耗油率低。由于有直径较大的螺旋桨，飞行速度受到限制，适用于中低速飞行，一般用于马赫数 $Ma=0.5～0.7$ 的飞机上。另外，由于螺旋桨与减速器的限制，功率也不可能太大。

涡桨航空发动机在结构上与涡喷航空发动机一样，同样包括进气道压气机、燃烧室、涡轮和喷管等主要部件和主要工作系统。不同的是，涡桨航空发动机多了减速器和螺旋桨。

涡桨航空发动机的工作原理与传统的涡扇航空发动机相近，涡桨航空发动机驱动螺旋桨后的空气流相当于涡扇航空发动机的外涵道，由于螺旋桨的直径比普通涡扇航空发动机的大很多，空气流量也远大于内涵道，因此涡桨航空发动机实际上相当于超大涵道比的涡扇航空发动机，但涡桨航空发动机和涡扇航空发动机在产生动力方面却有很大不同，涡桨航空发动机输出驱动螺旋桨的轴功率，由螺旋桨产生拉动飞机前进的拉力，尾喷管喷出的燃气产生的推力只占总推力的 5%左右。为驱动大功率的螺旋桨，涡轮级数也比涡扇航空发动机要多。

螺旋桨是通过减速器同压气机轴连接的，减速器位于螺旋桨与航空发动机功率输出轴之间，作用是使螺旋桨转速低于涡轮功率输出轴转速，从而确保在航空发动机输出较大功率的同时，螺旋桨的效率较高。燃气涡轮的转速一般在1000r/min 左右，甚至更高；而螺旋桨的转速一般在 1500r/min 左右，甚至更低。减速器的传动比一般为 10～16。

涡桨航空发动机工作系统除一般燃气涡轮航空发动机的系统外，还必须包括螺旋桨转速调节系统和顺、回桨等螺旋桨拉力控制装置，确保螺旋桨的工作效率和飞机的飞行性能及飞行安全。

涡桨航空发动机有单轴式和动力(自由)涡轮式两种类型。

单轴式涡桨航空发动机只有一个转子，航空发动机转子通过减速器与螺旋桨链接为一个轴。这种航空发动机结构较为简单，但很难使同一根轴上的压气机、涡轮和螺旋桨协调一致地工作，航空发动机工作效率低，性能较差；启动时需要较大的起动机，而且启动时间较长。这种结构形式常用在早期的涡桨航空发动机上，如涡桨-5 型航空发动机。

动力(自由)涡轮式涡桨航空发动机的高压涡轮用来带动压气机，也称为压气机涡轮或燃气发生器涡轮；低压涡轮通过减速器带动螺旋桨，不与燃气发生器涡轮相连接，所以也称为动力涡轮或自由涡轮。动力(自由)涡轮式涡桨航空发动机除具有双转子航空发动机通用的优点外，还可减轻减速器负荷，这是由于低压转子转速较低，减速比减小。与单轴式涡桨航空发动机相比，动力(自由)涡轮式涡桨航空发动机启动时只需功率较小的启动装置，航空发动机在加速过程中，燃气发生器的转速上升快，而驱动螺旋桨的自由涡轮转速上升却较慢，同时航空发动机工作便于调节。这种结构形式的涡桨航空发动机，目前在民航飞机上广泛应用。

动力(自由)涡轮式涡桨航空发动机的燃气发生器一般采用单轴式，若为了提高燃气发生器的性能，可以采用双轴式燃气发生器，那么连同驱动螺旋桨的动力

(自由)涡轮轴，共有三根旋转轴。

　　涡桨航空发动机只适用于亚声速飞行，使用涡桨航空发动机的飞机其飞行速度一般仅为 700km/h 左右。

　　涡桨航空发动机的主要性能参数如表 8-1 所示。

表 8-1　涡桨航空发动机的主要性能参数

性能参数名称		单位
航空发动机型号		—
螺旋桨拉力		daN
螺旋桨的推进功率		kW/(kg/s)
螺旋桨轴功率		kW/(kg/s)
起飞推力		daN
起飞耗油率		kg/(daN·h)
加力推力		daN
加力耗油率		kg/(daN·h)
巡航推力		daN
巡航耗油率		kg/(daN·h)
巡航马赫数		—
空气质量流量		kg/s
涵道比		—
总增压比		—
涡轮前燃气温度		℃
推重比		—
低压压气机		—
中压压气机		—
高压压气机		—
燃烧室类型		—
高压涡轮		—
中压涡轮		—
低压涡轮		—
支承形式	高压	—
	中压	—
	低压	—
调节规律		—

续表

性能参数名称	单位
控制器类型	—
航空发动机质量	kg
航空发动机外径	mm
航空发动机长度	mm
风扇进口直径	mm
研制厂家/年代	—

8.2.2　涡扇航空发动机性能参数

涡轮风扇航空发动机简称涡扇航空发动机，是在双转子涡喷航空发动机的基础上，吸取涡桨航空发动机的优点而发展起来的，其性能介于涡喷航空发动机和涡桨航空发动机之间，是推进喷管排出燃气和风扇加速空气共同产生推力的涡轮航空发动机，如图 8-2 所示。这种航空发动机在涡喷航空发动机组成部分的基础上，增加了风扇和驱动风扇的动力涡轮(也叫低压涡轮)。带动压气机的涡轮，即核心机的涡轮在此称为高压涡轮。在涡扇航空发动机中，核心机排出燃气的可用能量，一部分在通过动力涡轮时转变成轴功率，用以驱动风扇转动，加速空气流动而产生间接反作用推力；余下的热能在推进喷管中用于加速排出燃气而产生推力。

图 8-2　涡扇航空发动机结构

风扇实际上是一级或几级叶片较长的压气机。涡扇航空发动机的工作过程简述如下。航空发动机工作时，空气经进气道进入风扇并压缩、加速后，分为两股气流向后流动：一股进入核心机(这股气流称为内涵气流，其气流通道叫内涵道)，保证核心机的工作，由核心机喷出的燃气流再推动动力涡轮旋转，动力涡轮则通过传动轴带动风扇旋转；另一股气流则由核心机外围流过(这股气流称为外涵气流，其通道叫外涵道)。内外涵气流在推进喷管中汇合后，由喷管口排出而产生推力，这种排气方式称为混合式排气。如果内、外涵气流分别排入大气，则称为分开排气。

目前，民用涡扇航空发动机使用的都是高涵道比(5~8)类型，其特点为推力大、推进效率高、噪声低、耗油率小(0.3~0.4kg/(N·h))，而且推力可达到200~250kN(20000~25000kg)。现代大多数高亚声速客机、货机都使用这种航空发动机，但高涵道比航空发动机的迎风面积大、喷气速度小、结构复杂，不宜用于超声速飞机。

涡轮风扇航空发动机简称涡扇航空发动机，它是目前使用最广泛的航空燃气涡轮航空发动机，从20世纪60年代初以来，发展很快，几乎已经取代涡喷航空发动机而成为高亚声速大型民航机、军用运输机、轰炸机和强击机的主要动力装置。目前，带加力的涡轮风扇航空发动机已经作为超声速战斗机和超声速运输机的主要动力装置；不带加力的高涵道比、高增压比和高涡轮前温度的大推力涡扇航空发动机，具有耗油率低、噪声小的优点，是大型高亚声速客机和运输机的主要动力装置。

1. 基本组成

1) 结构特点

涡扇航空发动机是在涡喷航空发动机的基础上发展而成的，其突出的特点是气体在航空发动机中的流动分别部分或全部地经历内、外两个通道，即内涵和外涵。

在涡扇航空发动机中，空气经进气道首先进入风扇(低压压气机)增压，而后分为两路。一路流入内涵，即流入所谓的"核心航空发动机"，经历与涡喷航空发动机类似的工作过程，产生内涵推力。但是，由于涡扇航空发动机的涡轮不仅要带动压气机，还要带动风扇，所以与涡喷航空发动机相比，燃气在涡扇航空发动机的涡轮中将膨胀得更多一些，以便将更多的燃气能量转换成涡轮功，燃气的温度和压力降低，使涡扇航空发动机的内涵喷管出口气流速度较涡喷航空发动机小。另一路流入外涵通道和外涵喷管。由于内涵燃烧室出口高温高压燃气的一部分能量通过涡轮传递到风扇，使外涵气流压力、温度升高，然后在外涵喷管中膨胀，产生外涵推力。

2) 分类

涡扇航空发动机有多种分类方法，如表8-2所示。

表8-2　涡扇航空发动机的分类方法

分类方式	涡扇航空发动机类型名称
按风扇的位置	前风扇式涡扇航空发动机
	后风扇式涡扇航空发动机

续表

分类方式	涡扇航空发动机类型名称
按转子的数目	单转子涡扇航空发动机
	双转子涡扇航空发动机
	三转子涡扇航空发动机
按涵道比的高低	低涵道比涡扇航空发动机
	中涵道比涡扇航空发动机
	高涵道比涡扇航空发动机
按排气的方式	分别排气涡扇航空发动机
	混合排气涡扇航空发动机

(1) 按风扇的位置。

按风扇位置，涡扇航空发动机可分为前风扇式和后风扇式涡扇航空发动机。目前大都采用前风扇式结构。这种结构多是从双转子航空发动机发展而来，将低压压气机的前一级或数级叶片加长而成为"风扇"。

(2) 按转子的数目。

按转子的数目可分为单转子、双转子和三转子涡扇航空发动机，又称为单轴、双轴和三轴涡扇航空发动机。各个转子之间只有气动联系而没有机械联系。低压涡轮可以直接带动风扇，也可以经过减速器带动风扇。其中，双转子结构形式的涡扇航空发动机得到了最广泛的应用。法国"幻影" 2000 战斗机采用的 M53 航空发动机是目前世界上唯一还在服役的单转子涡扇航空发动机。

三转子涡扇航空发动机，是有三个具有气动联系且采用同心转轴的航空发动机。其工作原理和结构特点与双转子涡扇航空发动机基本相同，只是将高压压气机又分为中压、高压两个转子，分别由中压和高压两个涡轮转子带动。在航空发动机中部，连接高压压气机和高压涡轮的轴直径很大，以便中、低压涡轮轴能从中穿过，最后形成三个转子的轴一个套一个，结构比较复杂，但采用三转子结构的涡扇航空发动机性能好。目前，世界上只有少数几种航空发动机采用这种结构。

(3) 按涵道比的高低。

涵道比越高(大)，则排气能量损失越小，耗油率越低。这点对运输机非常重要，由于高涵道比的涡扇航空发动机迎面尺寸太大，因此不适于超声速战斗机。目前，涵道比 B 一般为 0.25～15。一般把 B 值小于 1 的，称为低涵道比。$B=1$～3(相当于 20 世纪 60～70 年代发展水平)，称为中涵道比，例如 JT3D-7 型航空发动机(用于波音 707 飞机)，$B=1.43$，是中涵道比航空发动机。$B=4$～8，或者更高一些(相当于 20 世纪 70～80 年代发展水平)，称为高涵道比，例如 GE90 高涵道比涡扇航空发动机，涵道比 B 为 8.4，总增压比为 39.3，风扇叶片长 1.219m，风扇直径为 3.1242m，推力为 391.9kN。20 世纪 90 年代开始发展超高涵道比 ($B=15\sim30$) 的涡扇航空发动机，以适应高性能(或者未来)运输机的需要。

高涵道比涡扇航空发动机的风扇结构具有以下特点。

A. 取消风扇进口的导流环。目前高涵道比涡扇航空发动机取消了风扇进口的导流环，虽使风扇效率稍有所降低，但减小了航空发动机质量，简化了结构，减小了航空发动机噪声，航空发动机的整体性能得以优化。

B. 普遍采用高强度宽弦叶片。为提高航空发动机的涵道比，需提高外涵空气流量和风扇航空动力装置增压比，风扇叶片直径和弦长需增大。所以，目前的高涵道比涡扇航空发动机普遍采用了高强度的宽弦叶片，有的航空发动机为了减轻叶片重量和提高可靠性，采用了蜂窝结构的风扇叶片。

低涵道比涡扇航空发动机，直径小，加装加力燃烧室后，适于用作超声速战斗机的动力装置。例如美国 F-15、F-16 飞机上相继采用的 F100、F110 航空发动机，都是低涵道比涡扇航空发动机，涵道比 B 分别为 0.63 和 0.85。

(4) 按排气的方式。

按排气的方式可以分为分别排气和混合排气涡扇航空发动机。目前大多数高涵道比涡扇航空发动机是分别排气涡扇航空发动机。对于中涵道比的涡扇航空发动机和低涵道比加力涡扇航空发动机多采用混合排气方式，即内涵的燃气和外涵的空气在混合器中进行掺混。在混合器中，燃气和空气之间进行能量交换，部分能量由具有较高温度的内涵燃气传给了外涵空气。混合器的性能对涡扇航空发动机的工作和性能都有影响。外涵空气与内涵燃气相掺混，这有利于降低非设计状态下的噪声，便于采用反推力装置，在一定条件下还可以减轻航空发动机的重量，提高推重比。涡扇 11 航空发动机是混合排气涡扇航空发动机。

涡扇航空发动机的主要性能参数如表 8-3 所示。

表 8-3　涡扇航空发动机的主要性能参数

性能结构参数	单位
航空发动机型号	—
起飞推力	daN
起飞耗油率	kg/(daN·h)
加力推力	daN
加力耗油率	kg/(daN·h)
巡航推力	daN
巡航耗油率	kg/(daN·h)

续表

性能结构参数		单位
巡航马赫数		—
空气质量流量		kg/s
涵道比		—
总增压比		—
涡轮前燃气温度		℃
推重比		—
低压压气机		—
中压压气机		—
高压压气机		—
燃烧室类型		—
高压涡轮		—
中压涡轮		—
低压涡轮		—
支承形式	高压	—
	中压	—
	低压	—
调节规律		—
控制器类型		—
航空发动机质量		kg
航空发动机外径		mm
航空发动机长度		mm
风扇进口直径		mm
研制厂家/年代		—

8.2.3　涡轴航空发动机性能参数

涡轮轴航空发动机简称涡轴航空发动机。目前使用中的涡轴航空发动机通常为自由涡轮式，如图 8-3 所示，包括进气装置、燃气发生器、动力涡轮、排气装置和减速器。进气装置的主要作用是确保清洁的空气顺利进入航空发动机，进气装置中有防尘、防冰装置；排气装置是使燃气顺利排出航空发动机，几乎不产生推力，有的航空发动机排气装置中还装有热交换器和消音器。燃气发生器是涡轴航空发动机的核心部件，作用是产生高温、高压燃气，便于在动力涡轮中膨胀。为了将燃气的全部可用能量转换成涡轮机械功，涡轴航空发动机的涡轮级数较多，分为压气机(或燃气发生器)涡轮和动力(或自由)涡轮，以确保燃气在涡轮中充分膨胀，其中压气机涡轮用来带动压气机，动力涡轮(自由涡轮)经减速器带动外界负荷；减速器的作用是使涡轮功率输出轴转速降低，便于带动旋翼和尾桨。

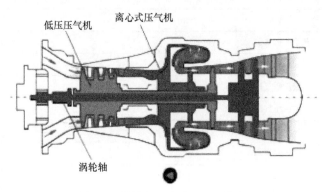

图 8-3　涡轴航空发动机基本结构

　　为了使涡轴航空发动机输出较大功率，动力涡轮的转速很高(可达3000r/min)，而直升机的旋翼转速很低(一般最高只有 400r/min 左右)，所以需经多级减速才能实现功率的传递(如艾利逊 250-C20B 涡轴航空发动机，总的减速比高达 1∶84.5)。通常分为体内减速器(简称体减)和主减速器(简称主减)。其中，体减是航空发动机内的部件；主减作为直升机的部件，与旋翼相连，对多发飞机，则多个航空发动机共用一个主减。由此可见，直升机的主减工作负荷很重，是直升机的重要部件，其工作的可靠性和寿命直接影响到直升机的飞行性能和使用寿命。

　　涡轴航空发动机工作时，外界空气从进气装置进入航空发动机，在压气机中受到压缩；压力、温度提高，然后在燃烧室中与燃油混合燃烧，形成高温、高压燃气；燃气在压气机涡轮和动力涡轮中膨胀，几乎将全部的燃气可用能量转换成动力涡轮机械功输出给外界负载。事实上，燃气在涡轮中过度膨胀，涡轮出口燃气静压已低于大气压力，所以涡轴航空发动机排气装置的管道通常为扩散状，便于燃气减速扩压，减小排气阻力，在排气装置出口燃气静压等于外界大气压力。燃气以相当低的速度排出航空发动机，几乎不产生推力，因而涡轴航空发动机的排气管口可以按照飞机整体要求确定其位置和排气方向。

　　应当指出的是，自由涡轮式涡轴航空发动机与双轴自由涡轮式涡桨航空发动机工作相似，部件除减速器外有时是通用的。同一型号的航空发动机，稍加改装后，既可作为一般飞机的动力装置，也可作为直升机的动力装置。

涡轴航空发动机的主要性能参数如表 8-4 所示。

表 8-4　涡轴航空发动机的主要性能参数

性能参数名称		单位
航空发动机型号		—
螺旋桨拉力		daN
螺旋桨的推进功率		kW/(kg/s)
螺旋桨轴功率		kW/(kg/s)
起飞推力		daN
起飞耗油率		kg/(daN·h)
加力推力		daN
加力耗油率		kg/(daN·h)
巡航推力		daN
巡航耗油率		kg/(daN·h)
巡航马赫数		—
空气质量流量		kg/s
涵道比		—
总增压比		—
涡轮前燃气温度		℃
推重比		—
低压压气机		—
中压压气机		—
高压压气机		—
燃烧室类型		—
高压涡轮		—
中压涡轮		—
低压涡轮		—
支承形式	高压	—
	中压	—
	低压	—
调节规律		—
控制器类型		—

续表

性能参数名称	单位
航空发动机质量	kg
航空发动机外径	mm
航空发动机长度	mm
航空发动机功率	kW/(kg/s)
风扇进口直径	mm
研制厂家/年代	—

8.3　航空发动机关键件故障数据

8.3.1　航空发动机故障范围

一般意义上，故障的范畴可以包括如下的内容：

(1) 引起航空发动机立即丧失其功能的破坏性事件；

(2) 与降低航空发动机性能相关联的性能上的事件；

(3) 即使航空发动机当时正在正常工作，而操作者误操作或蓄意、或因环境条件恶化使航空发动机偏离正常状态的事件。

任何特定系统的故障对"正常工作"或"完成任务"的影响程度都与航空发动机的功能有关。例如，因滑油泵的故障(如流量下降)而出现的告警对汽车航空发动机和航空发动机有很大的差别，在单航空发动机的飞机和多航空发动机的飞机上也有很大的差别。

下面列举了部分比较明确的航空发动机故障。

(1) 由于航空发动机的原因，航空发动机不得不停车或减小油门，致使航空发动机推力下降超过正常要求值的10%。

(2) 由于航空发动机有故障迹象而造成的航空发动机停车，除判定是人为错觉的情况之外，即使在停车后并不能证明航空发动机发生故障仍作为故障。

(3) 由于航空发动机附件故障，不能保持油门杆位置所要求的推力，推力损失等于或大于该位置最小推力的10%。

(4) 如果故障通过更换附件已经排除，即使更换下来的附件在试验器上不能证明有故障仍作为故障。

(5) 直接由于航空发动机的原因，在15min内不能把航空发动机启动起来。

(6) 由滑油消耗量超过规定或滑油分析结果异常而导致的航空发动机需要修理或更换。

(7) 由振动超过允许极限而导致的航空发动机的修理或更换。

(8) 装配部位和管路接头处的漏液量超过规定。

(9) 利用规定的检查设备和检查方法发现直接由于航空发动机的原因造成的航空发动机零件超过规定容限的损伤。

按故障的形式可分为结构型故障(如裂纹、磨损、腐蚀、不平衡、不对中等)与参数型故障(如失速喘振、共振、超温等);按故障的危险程度可分为危险性故障与非危险性故障;按故障的发展速度可分为渐发性故障(能通过早期试验或测试来预测的故障)与突发性故障(无法靠早期试验或测试来预测的故障);按故障的影响程度可分为局部性故障(导致此功能的丧失,但不会引起所需功能的全部丧失)与全局性故障(完全丧失所需功能);按故障的持续时间可分为临时性故障与持续性故障;按故障的原因可分为先天性故障、劣化性故障与滥用性故障;从故障预防的角度可分为随机故障与可预测故障;从故障征兆的特点可分为征兆可观测故障与不可观测故障;在可靠性研究中可分为早期性、偶发性及随机性故障。

很显然,人们特别注意的故障是危险性、突发性、全局性和持续性故障,因为它们往往造成灾难性的损失,比较难以防范。

8.3.2　航空发动机关键件功能失效状态数据

在评定航空发动机关键件功能失效状态时,需开展航空发动机关键件的FHA(functional hazard analysis)工作,在航空发动机关键件 FHA 中,需要考虑对航空发动机、飞机、人员的影响。航空发动机关键件最终的功能失效状态以及危险等级需要相关单位进行确认。表8-5给出了航空发动机关键件功能失效状态数据。

表 8-5　航空发动机关键件功能失效状态数据

序号	航空发动机型	内容
1	型号	—
2	名称	—
3	ATA(air transport association)章节号	—
4	功能编号	—
5	功能内容	描述关键件的功能内容
6	失效状态编号	—
7	失效状态	(1) 飞机 AFHA(飞机级功能危害评估)直接分配给航空发动机的功能失效状态 (2) PASA(初步飞机级安全性评估)分解至给航空发动机的功能失效状态
8	飞行阶段	—
9	对飞机和人员的影响	航空发动机、飞机、机组、乘员

序号	航空发动机型	内容
10	影响等级	Ⅰ、Ⅱ、Ⅲ、Ⅳ、Ⅴ
11	支撑材料	有待飞机总师单位确认或飞机总师单位已确认
12	验证方法	FMEA、FTA、CMA(共模故障分析)等
13	对应的安全性要求	GJB 241A/242A、MIL-HDBK-516C、CCAR-33、GJB 900A、MIL-STD-882E 等具体条例编号

8.3.3　航空发动机关键件安全性设计标准和指标数据

军用航空发动机关键件适航安全性指标要求范围：军用航空发动机以军用航空发动机标准中(如 GJB 241A—2010 和 GJB 900A)安全性要求和框架为主、以民用航空发动机适航规章以及军机适航(如 MIL-HDBK-516C)中相关安全性要求为补充，作为军用航空发动机关键件安全性指标分析的主要输入标准。

在美国发布的咨询通告 AC 33.70-1 和欧洲航空安全局发布的适航标准 CS-E 515 中都对航空发动机部件完整性有规定和要求。AC 33.70-1 规定，由于航空发动机部件的失效可能会对航空发动机产生危险性影响，因此在设计制造和运营管理上要满足一系列规范，保证每个航空发动机部件在安全寿命达到之前进行更换。CS-E 515(安全性分析)要求设计者需制定工程计划，通过试验、验证分析等来确定航空发动机的安全寿命，使之在达到批准的使用寿命之前进行更换，来保证部件的完整性要求。

安全性定量和定性要求范围：安全性指标要求中，对于定量要求，军用航空发动机主要考虑导致航空发动机不同危险等级(重点考虑灾难的、危险的、主要的)的危险概率要求、研制保证等级要求(主要针对航空发动机控制系统)以及风险指数/概率要求。

安全性设计标准和适航规章的要求如表 8-6 所示。

表 8-6　安全性设计标准和适航规章的要求

名称	内容
安全性设计要求	(1) 易燃液体系统安全性设计要求隔火装置安全性设计要求 (2) 防爆安全性设计要求 (3) 漏液安全性设计要求 (4) 易燃液体的排放安全性设计要求 (5) 生存性和易损性安全性设计要求 (6) 液压系统防火与安全

续表

名称	内容
具体要求	对于定量要求，军用航空发动机主要考虑导致航空发动机不同危险等级(重点考虑灾难的、危险的、主要的)的危险概率要求、研制保证等级要求(主要针对航空发动机控制系统)以及风险指数/概率要求；定性要求航空发动机典型失效事件的安全性设计准则
要求对象	航空发动机关键件
要求来源	GJB 241A/242A、MIL-HDBK-516C、CCAR-33、GJB 900A、MIL-STD-882E 等

航空发动机安全性指标数据如表 8-7 所示。

表 8-7　航空发动机安全性指标数据

序号	安全性要求	内容
1	航空发动机型号	—
2	平均故障间隔时间	—
3	安全性概率指标	—
4	平均修复时间	—
5	拆换率	—
6	非计划拆换率	—
7	故障检测率	—
8	空中停车率	—

8.4　航空发动机关键件故障采集数据

8.4.1　FMECA 数据

故障模式与影响分析(failure mode and effect analysis，FMEA)包含两种基本方法，即硬件法和功能法。由于航空发动机系统构成复杂，故需综合考虑两种方法制定 FMEA：当产品技术状态不能明确确定时，即在初步设计阶段的前期，一般采用功能法；当产品技术状态较为明确时，即在初步设计阶段后期、详细设计阶段等，一般应采用硬件法。

FMECA 分为故障模式与影响分析和危害性分析(criticality analysis，CA)两部分。危害性分析是根据每一个故障模式的严重度类别和故障模式的发生概率所产生的影响对其划等分类，以便全面地评价各种可能的故障模式的影响。

1. 设计阶段 FMEA 数据

航空发动机在其研制阶段应进行 FMEA 工作，根据型号要求和条件，可以选择进行 CA 工作。由于航空发动机是由几万个零件组成的，结构极其复杂，每一个零件的故障都有可能导致航空发动机系统的损坏，因此对整机、系统(部件)和零件都应做好 FMEA。

根据航空发动机风险判定条件，判定结构件失效是否会造成航空发动机灾难性后果，可以使用 FMEA 方法判定。具体步骤为：了解并分析与航空发动机系统有关的全部相关资料；画出可靠性功能框图；找出各组成部件的故障模式、原因；确定故障模式，分析不同故障模式在不同级别下的影响并进行严酷度评定；通过故障间隔数据进行分布拟合及参数估计求得系统故障率；针对不同故障模式制定检测方法和补偿措施。将以上工作汇总填入 FMEA 表格，如表 8-8 所示。

表 8-8　航空发动机 FMEA 表

代码	产品或功能标志	功能	故障模式	故障原因	任务阶段与工作方式	故障影响	故障检测方法	补偿措施	严酷度类别	备注

2. 危害性分析(CA)数据

CA 可采用定性分析和定量分析两种方法。在不能获得产品技术状态数据或故障率数据的情况下，应选择定性分析方法，可以按故障模式发生的概率评价 FMEA 中确定的故障模式；在具备上述两种信息的情况下应采用定量的方法计算并分析危害度。

在填写 CA 表前，应根据 GJB 1391—1992 工作项目 102 中 2.1 条规定的故障概率等级的划分准则，确定各潜在的故障模式的概率等级。在定性分析时，将各故障模式的发生概率按一定的规定分成不同的等级。故障模式的发生概率等级按如下规定。

A 级(经常发生)：在产品工作期间内某一故障模式的发生概率大于产品在该期间内总的故障概率的 20%。

B 级(有时发生)：在产品工作期间内某一故障模式的发生概率大于产品在该期间内总的故障概率的 10%，但小于 20%。

C 级(偶然发生)：在产品工作期间内某一故障模式的发生概率大于产品在该期间内总的故障概率的 1%，但小于 10%。

D 级(很少发生)：在产品工作期间内某一故障模式的发生概率大于产品在该期间内总的故障概率的 0.1%，但小于 1%。

E 级(极少发生)：在产品工作期间内某一故障模式的发生概率小于产品在该期间内总的故障概率的 0.1%。

表 8-9 为航空发动机危害性分析表，需给出各潜在故障模式的概率等级。

表 8-9　航空发动机危害性分析表(定性分析)

初始约定层次：航空发动机　　　任务：　　　审核：　　　第　　页共　　页

约定层次：涡轮　　　分析人员：　　　批准：　　　填表日期：

代码	产品或功能标志	功能	故障模式	故障原因	任务阶段与工作方式	故障概率等级	严酷度	备注

8.4.2　设计寿命数据

航空发动机关键件的设计寿命数据可包括以下几个模块，如表 8-10 所示。

(1) 数据处理。该模块的功能是选择飞行数据、飞行数据预处理、低循环数统计、各种参数变化曲线的显示。

(2) 寿命消耗计算。该模块负责对航空发动机各个监视件寿命损伤进行计算，即低循环寿命消耗计算、蠕变寿命消耗计算以及总寿命消耗计算。

(3) 超限事件统计。该模块统计航空发动机超限事件，如航空发动机超转、超温以及压力超限等，按照某型航空发动机故障快速诊断专家系统知识库对该型航空发动机的 20 个超限事件进行监视。

(4) 工作时间统计。该模块统计各种航空发动机工作状态的时间，如加力状态工作时间、战斗与训练状态工作时间、地面工作时间、空中工作时间等。

(5) 数据库管理。该模块负责对航空发动机的使用情况进行管理，主要管理内容有各监视件寿命消耗百分数、各种超限事件及其持续时间和航空发动机各种状态工作时间。为维护方便，建立了各种查询方式，可以按照日期、飞机、航空发动机型号等多种方式查询处理结果。

表 8-10　航空发动机设计寿命数据模块及功能

航空发动机的设计寿命数据模块	功能
	飞行数据
	飞行数据预处理
数据处理	低循环数统计
	各种参数变化曲线的显示

续表

航空发动机的设计寿命数据模块	功能
寿命消耗计算	低循环寿命消耗计算
	蠕变寿命消耗计算
	总寿命消耗计算
超限事件统计	航空发动机超转、超温
	压力超限
工作时间统计	加力状态工作时间
	战斗与训练状态工作时间
	地面工作时间
	空中工作时间
数据库管理	监视件寿命消耗百分数
	超限事件
	超限事件持续时间
	航空发动机各种状态工作时间

8.4.3　运行监测数据

获取飞行数据进行分析，识别故障源，监测飞行安全不利趋势，帮助及时采取修正措施；依据着陆阶段飞行数据的分析结果，结合气象环境等影响因素，给出航空发动机是否会发生故障风险事件的预警判断。在基于数据监控和数据分析的风险预警方面，掌握航空发动机运行监测数据可极大降低飞机运行风险，消除风险评估和检查方案制定过程中人为主观因素的影响，能够对飞行安全风险实施有效管理。

应对以下航空发动机系统各部件实时监测运行数据，如表 8-11 所示。

表 8-11　航空发动机运行监测部件类别

序号	系统	名称
1	航空发动机本体	泄油活门组件
		鼓风机组件
		作动筒
2	燃油控制系统	动力涡轮转速和扭矩传感器
		燃气涡轮出口热电偶装置
		低压燃油滤

续表

序号	系统	名称
2	燃油控制系统	电子控制器
		泵调节器
		T1 温度传感器
		P1 压力传感器
		燃气发生器转速传感器
		线位移传感器
		离心式增压泵
		交流电机
3	滑油系统	分配器
		滑油泵
		冷转安全活门
		滑油滤
		燃滑油散热器
		磁性粉末检测信号器
		滤芯堵塞电指示器
		滑油压力传感器
		滑油温度传感器
		空气滑油散热器
		燃滑油散热器总回油管组件
		钢丝增强旋管组件
		排漏管
4	电气系统	监控电缆 W3
		监控电缆 W4
		T1 传感器转接电缆
		装机电缆
		点火系统
5	空气系统	放气活门
6	防冰系统	防冰活门
		防冰压力信号器

典型航空发动机监控系统参数如表 8-12 所示，表中"×"表示具有该功能。

表 8-12　典型航空发动机监控系统参数

参数	功能					
	热端	机械系统	性能	控制	跟踪	趋势
马赫数			×	×	×	
高度和进口压力	×	×	×	×	×	×
进口总温			×		×	×
航空发动机燃气温度(EGT)	×		×	×	×	
油门杆角度	×			×	×	×
高压转子转速(N2)		×	×	×		
低压转子转速(N1)		×	×		×	
燃油质量流量(FF)			×	×	×	×
航空发动机压比(EPR)			×	×	×	
中间级压气机压力		×	×			
压气机出口压力		×	×			
中间级压气机温度			×			
压气机出口温度						
振动		×				×
滑油消耗量		×				×
滑油温度		×				
滑油压力差		×				
滑油污染		×				×
排气喷口位置				×		
不连续		×	×			×
静子位置			×		×	×
用户引气			×			×

8.4.4　基础故障数据

与故障有关的数据和信息是来自从主机厂所、配套研制单位以及驾驶员、修理厂等途径收集的其内外场故障数据、研制阶段相关原始数据。可调研国内中国东方航空公司、中国南方航空公司、中国国际航空公司等运营商，以及国内各航空发动机主机单位，或根据 NTSB 事故调查报告等，收集国内外军民用涡扇、涡轴、涡桨类典型航空发动机事故、故障案例。所有风险评估管理的数据和信息的记录、传输、处理和分析都是利用计算机网络系统实现的。计算机网络系统不仅仅是一种风险管理工具，它同时也是风险管理程序、流程的载体。所有的数据记录和录入使用统一的表格和标准软件。

　　表 8-13 给出了航空发动机风险基础数据的数据类别和数据来源，从表中可以看出，风险基础数据量较大，包含了航空发动机系统以及大部分部件或附件的风险信息。这些类别的故障基础数据具体内容如下所述。

表 8-13　故障基础数据来源表

序号	数据类别	主要来源	名称
1	航空发动机基本信息	飞行记录本(或机载数据采集系统)	所在机型
			ATA 章节号
			航空发动机名称
			航空发动机型号
			产品结构件分类
			零组件/附件分类
			产品功能
			图纸编号及版本
			产品标识
2	航空发动机拆换数据	航空发动机拆换指令单	航空发动机号
			航空发动机型号
			所在机型
			序号
			使用时间和循环
			换发原因
3	定检故障和缺陷信息	故障信息表	航空发动机号
			日期
			维修等级
			所属系统代码
			故障描述

续表

序号	数据类别	主要来源	名称
3	定检故障和缺陷信息	故障信息表	故障处理情况
			拆下部件的件号
			序号安装
			部件的件号
			部件的序号
4	航空发动机结构检查数据	故障分析表	航空发动机号
			检查日期
			航空发动机的使用小时和循环
			检查方法
			检查结果
			损伤类型
			损伤位置
			损伤部件
			损伤尺寸
			损伤描述
			修理措施
			修理完成日期
5	保留故障信息	保留故障清单	以各单位保留故障单的内容为准
6	附件拆换数据	附件拆换挂签	所属系统代码(ATA 六位代码)
			部件名称
			拆卸件号
			序号
			安装件件号
			部件拆下日期
			拆自机号
			拆自位置
			是否计划拆换
			使用时间

续表

序号	数据类别	主要来源	名称
7	附件送修数据	修理厂家修理报告	所属系统代码(ATA 六位代码)
			部件名称
			部件原件号
			序号
			部件返回件号
			部件拆下的日期
			拆自机号
			部件送修日期
			部件返回日期
			修理厂家
			修理报告的编号
			是否确认故障
			修理中发现问题
			修理措施
			修理更换的零部件
8	重大故障	故障分析报表	具体见各单位故障分析报表
9	相关信息	标准和手册等	标准和手册
			附加工作单
			制造厂提供的各种信息
			各维修单位的技术月报
10	航空发动机重要事件	航空发动机运行重要事件快报 航空发动机检修重要事件快报	(1) 航空发动机运行重要事件快报 (2) 航空发动机检修重要事件快报

1) 航空发动机基本数据

数据的内容至少包括所在机型、ATA 章节号、航空发动机名称、航空发动机号、产品结构件分类、零组件/附件分类、产品功能、图纸编号及版本、产品标识等。

2) 航空发动机拆换数据

数据的内容至少包括航空发动机号、航空发动机型号、所在机型、序号、使用时间和循环、换发原因。

3) 定检故障和缺陷信息

主要记录发现的故障和缺陷,数据内容至少包括航空发动机号、日期、维修等级、所属系统代码、故障描述、故障处理情况、拆下部件的件号、序号安装、部件的件号、部件的序号等。

4) 航空发动机结构检查数据

主要是记录航空发动机结构检查修理结果,数据的内容至少包括航空发动机号、检查日期、航空发动机的使用小时和循环、检查方法、检查结果、损伤类型、损伤位置、损伤部件、损伤尺寸、损伤描述、修理措施、修理完成日期。

5) 保留故障信息

发现故障后未能及时处理但对航空发动机安全无影响,这样的故障可作为保留故障,其具体内容以各运营单位保留故障单的内容为准。

6) 附件拆换数据

附件拆换数据的内容至少包括所属系统代码(ATA 六位代码)、部件名称、拆卸件号、序号、安装件件号、部件拆下日期、拆自机号、拆自位置、是否计划拆换、使用时间等。

7) 附件送修数据

数据内容至少包括所属系统代码(ATA 六位代码)、部件名称、部件原件号、序号、部件返回件号、部件拆下的日期、拆自机号、部件送修日期、部件返回日期、修理厂家、修理报告的编号、是否确认故障、修理中发现问题、修理措施、修理更换的零部件等。

8) 重大故障

重大故障具体见各单位故障分析报表。

9) 标准和手册等相关信息

数据内容至少包括标准和手册、附加工作单、制造厂提供的各种信息、各维修单位的技术月报等。

10) 航空发动机重要事件

数据内容主要包括:航空发动机运行重要事件快报和航空发动机检修重要事件快报等。

8.5 航空发动机关键件设计制造数据

制造工艺和装备是航空发动机技术的核心,与航空武器装备的研制和生产密切相关,决定着先进的航空发动机设计能否变为成功的产品,是构建航空强国的重要基础。先进工艺技术贯穿航空发动机的整个研制生产过程甚至全寿命周期,装备是工艺技术的载体,只有掌握了先进的工艺和装备技术,才能满足制造高性能、新型航空发动机的需求。

先进航空发动机的发展在很大程度上取决于设计、材料、工艺和试验技术的发展。在新一代航空发动机性能的提高中，工艺技术与材料的贡献率为50%～70%，在航空发动机减重的贡献率中，工艺技术和材料的贡献率占70%～80%，这充分表明，先进工艺和材料技术是制约新型航空发动机发展的关键技术。

航空发动机作为一个复杂系统，必须依靠严格的过程控制和技术状态管理对其安全性加以保证。因此，航空发动机的研制遵循复杂系统安全性的科学规律，同时又要兼顾现有设计体系。因此，对于我国民用航空发动机的研制，可以由设计单位或工业方，在初始设计阶段建立由主管适航的航空发动机型号副总设计师领导下的安全规划组和系统安全性分析组协同工作，协调原有的专业组的设计输入和输出的机制。安全规划组和系统安全性分析组的主要工作是针对适航性设计需求，明晰航空发动机耦合关系和解耦方法，为原有的专业工作组提供设计输入和拟监控输出，为子系统提供安全性指标和依据。

航空发动机的底层设计本质上是探索一种工艺、材料可实现的结构的过程，该结构在整机环境下，能够实现其预定功能，预定功能包括但不限于安全性、性能、寿命、可靠性等。

安全性与适航的设计赋予最终要靠制造来实现，设计过程的关键之一就是如何定义"工艺、材料可实现"。狭义上，如果设计可表达为一系列结构参数的集合，则制造应该精确地实现这一集合中的所有结构参数。实际上，加工、装配存在偏差是制造过程的固有属性，那么"工艺、材料可实现"的定义应该稍加扩展，以适应制造过程的固有属性。因此，"工艺、材料可实现"的准确描述应为：在制造偏差范围内，工艺材料可实现。

这样，"制造实现"将不可避免地对"设计赋予"提出新的要求。这些要求包括但不限于：在设计结构参数的集合中确定关键参数与非关键参数，包括关键参数允许的制造偏差和非关键参数允许的制造偏差。在此基础上，"制造实现"可通过保证关键参数的制造精度来实现零部件在整机环境下的预定功能；同时可通过有限度地放开非关键参数的制造精度要求来降低零部件的制造和维护成本。

8.5.1　结构设计数据

航空发动机的一般要求是：在推力满足飞机需要的前提下，推重比高、耗油率低、操纵性好、可靠性高、维修性好和环境特性满足有关条例的要求，但具体航空发动机的设计要求是按所装飞机的特点和要求来确定的。表 8-14 给出了航空发动机关键件结构设计数据。

表 8-14　航空发动机关键件结构设计数据

分类	基本要求	内容
军用航空发动机	性能要求	包括地面台架性能和空中飞行性能(推力和耗油率)、启动性能、加减速性能、引气量、功率提取和过载
	适用性要求	包括航空发动机在飞行包线内稳定工作和油门杆使用不受限制,加力接通、切断不受限制,飞行状态变化、极限机动状态和吸入机载武器的排气时航空发动机稳定工作
	结构和安装要求	包括安装节位置、外廓尺寸、重量和重心位置
	可靠性要求	包括航空发动机寿命和工作循环、航空发动机各状态连续工作时间和平均故障时间
	维修性要求	包括航空发动机可达性、可检测性、防差错性、难易度等非常丰富的内涵,衡量维修性的主要技术指标有外场可更换件的更换时间、每飞行小时的平均维修工时和更换航空发动机时间等
	其他要求	如满足飞机隐身要求的红外信号和雷达反射横截面,以及飞行控制的矢量推力
民用航空发动机	起飞推力和推重比	应满足设计要求
	巡航耗油率	尽可能低
	航空发动机结构和安装	包括安装节位置、外廓尺寸、重量和重心位置
	可靠性、寿命和维修性	包括空中停车率、航班准点率、计划外返修率、机上寿命和每飞行小时维修工时等
	污染物排放	满足机场当地环境保护局的规定
	噪声	满足国际民航组织(ICAO)的规定

1) 军用航空发动机

军机所具有的性质特点是航空发动机方案设计时需要认真考虑的,并将决定航空发动机的设计思想。军机的战术技术性能一般包括以下几点。

(1) 飞行包线。

(2) 飞机机动性能:爬升率、水平加速时间、定常盘旋最大过载、最大过载使用范围等。

(3) 作战任务剖面与续航时间要求:作战剖面、作战半径、基本航程、转场航程、最大连续工作时间等。

(4) 起飞与着落性能:起飞滑跑距离、着陆滑跑距离、垂直起降等。

对于军用航空发动机来说，通常军方根据飞机的战术技术要求，拟定航空发动机的使用要求，作为航空发动机总体方案设计和型号规范制定的基本依据。航空发动机设计部门对此要求必须认真领会，并贯彻到设计任务的始终。对军用航空发动机的要求主要有以下几方面。

(1) 性能要求，包括地面台架性能和空中飞行性能(推力和耗油率)、启动性能、加减速性能、引气量、功率提取和过载。

(2) 适用性要求，包括航空发动机在飞行包线内稳定工作和油门杆使用不受限制，加力接通、切断不受限制，飞行状态变化、极限机动状态和吸入机载武器的排气时航空发动机稳定工作。

(3) 结构和安装要求，包括安装节位置、外廓尺寸、重量和重心位置。

(4) 可靠性要求，包括航空发动机寿命和工作循环、航空发动机各状态连续工作时间和平均故障时间。

(5) 维修性要求，包括航空发动机可达性、可检测性、防差错性、难易度等非常丰富的内涵。衡量维修性的主要技术指标有外场可更换件的更换时间、每飞行小时的平均维修工时和更换航空发动机时间等。

(6) 其他要求，如满足飞机隐身要求的红外信号和雷达反射横截面，以及飞行控制的矢量推力。

2) 民用航空发动机

对于民用航空发动机来说，在满足适航性条例的前提下，要根据飞机制造部门或航空公司的要求，进行航空发动机总体方案设计，以满足用户的要求。对民用航空发动机的要求主要有以下几个方面。

(1) 起飞推力和推重比，应满足设计要求。

(2) 巡航耗油率，尽可能低。

(3) 航空发动机结构和安装，包括安装节位置、外廓尺寸、重量和重心位置。

(4) 可靠性、寿命和维修性，包括空中停车率、航班准点率、计划外返修率、机上寿命和每飞行小时维修工时等。

(5) 污染物排放，满足机场当地环境保护局的规定。

(6) 噪声，满足国际民航组织(ICAO)的规定。

对航空发动机的要求是一个矛盾的统一体，关键件的结构设计成功与否，就表现在设计者所采用的各种技术措施是否能妥善处理这些既有联系又互相矛盾的要求上。它要求设计者既要有丰富的经验，又要有辩证的思想方法。

8.5.2　材料特性数据

在航空发动机工作环境下，需要修理或整改航空发动机的申请人必须评估以下部件和材料特性。

(1) 腐蚀，是指零件表面的涂层或母材由于与航空发动机核心气体流的各种成分发生化学反应而恶化。配合件之间的电偶作用也可能导致腐蚀(例如，不同金属在钎焊/焊接接头上的配合)。

(2) 氧化，是一种腐蚀形式，气流中的氧气与部件的表面涂层或母材发生化学反应。这种化学反应产生氧化分子，因为它消耗涂层或母材。

氧化物通常在零件表面形成一层涂层(氧化膜)，但也可以是晶间或母材外表面以下。氧化会以一定的速度消耗这些材料，在极端情况下，可能会阻止正常功能或导致部件的过早失效。氧化是飞机航空发动机中最常见的腐蚀形式。

(3) 热腐蚀，是一种特殊的氧化过程，当通常保护性的氧化膜层被盐基沉积物(如硫酸钠)降解或破坏时，它无法改造或保护母材。

热腐蚀是涡轮航空发动机中一种特殊而重要的腐蚀形式，在低功率和高功率之间的各种工作温度下都可能发生。涉及各种各样的化学机制，包括不同的涂层、母材和气体等。当盐在气流中形成，并与零件表面的氧化保护膜发生反应，导致保护层破裂而不能重新形成时，通常会发生热腐蚀。这导致了母材与氧气的持续化学反应和母材结构的消耗，直到部件失效或不再执行其预期的功能。

因此，热腐蚀是一种加速氧化过程，可能对航空发动机运行和飞机安全产生严重影响。热腐蚀是汽轮机热段部件腐蚀的主要形式。磷酸盐和其他气路成分也会导致热腐蚀，这取决于材料的选择。它们的作用类似于硫酸钠。

(4) 热疲劳。对于运行中的航空发动机，热应力和机械应力作用于零件上可能导致其疲劳损伤。对于某些部件，热诱导疲劳可能是显著的，并可能导致表面涂层或母金属开裂，或保护性氧化层的剥落。裂纹或剥落是在航空发动机瞬态过程中，由于快速和不均匀的加热和冷却循环，热诱导应力的重复应用而造成的。这种影响会使气流撞击母材，加速整体氧化过程，导致零件的失效。这些情况往往导致在使用过程中的热疲劳损伤积累。

(5) 侵蚀。航空发动机容易受到核心气体流中污染物的侵蚀损伤。腐蚀物通常是从周围环境得到的小颗粒的沙子、灰尘，或其他空气污染物。来自航空发动机上游部件(如燃烧室)的颗粒脱落也可能是颗粒物的来源。侵蚀会导致保护性涂层的过早磨损、保护性氧化鳞片的退化，或是对母材表面造成点蚀损伤。这些条件可能会对替换部件的性能或耐久性产生负面影响。

试验结果及等效性确定如下所述。

1) 母材的抗氧化性和热腐蚀性能

比较氧化层的类型和厚度，以及母材在暴露时间内的总消耗量。如果形成的氧化物没有被气体流除去，则应计算整体质量的吸积率。使用金相检查寻找颗粒或颗粒间氧化(和渗透深度)和任何局部脱合金基材料。此类型的氧化对材料的机械性能、零件的功能和耐久性有显著影响。

要特别注意热腐蚀对氧化垢形成和耐久性的影响，以及对母材完整性的影响。在某些情况下，可能需要进行测试后的机械完整性评估，以确定氧化是否对部件的功能或耐久性产生负面影响。

2) 防护涂层的抗氧化和热腐蚀性能

比较氧化层类型和厚度以及涂层在暴露时间内的消耗率，包括起效次数和涂层失效次数。检查涂层与母材的开裂、剥落或分离。

(1) 分离时，观察对母材的影响。特别要注意热腐蚀对氧化垢形成和寿命的影响，以及对母材完整性的影响。氧化层与涂层之间热膨胀系数的差异会加速涂层的剥落。涂层的微观结构会随着涂层的使用方法而发生显著变化，从而导致使用寿命的变化。

(2) 对于在母材表面使用黏结层的热障涂层(TBC)，关键性能标准是 TBC/黏结层界面对 TBC 剥落的敏感性。TBC 的剥落会导致黏结层降解率的显著增加，保护涂层的耐久性较差。

3) 防护涂层的热疲劳性能

寻找由热应力引起的裂纹或剥落。对于扩散涂层，寻找扩展到母材的裂纹。

4) 耐腐蚀性

对于母材和涂层，检查表面磨损、点蚀和其他消耗材料的影响(如涂层厚度的损失)；其影响为改变部分形状(如翼型)；或负面影响部分功能或耐久性的影响。消耗的材料可以是母材、保护层或保护性氧化层。

5) 其他标准

(1) 重量变化(正面/保留或负面/剥落)；

(2) 表面损伤目测检查；

(3) 氧化前后的涂层相；

(4) 检查涂层和母材的组织变化；

(5) 涂层相变和体积增加；

(6) 相关的开裂和/或剥落。

FAR-33 部 33.11 条款强调，更换部件时部件的特性性能和耐用性方面，必须证明符合上述特性的型号设计。

8.5.3　材料失效数据

材料失效的原因可能来自外部条件，也可能来自本身的材料缺陷。典型的材料缺陷包括：钛合金中的硬 α 体、氧化物/碳化物(矿渣)、镍合金中的纤维状夹杂物，以及粉末金属材料在粉末加工过程中夹杂的陶瓷颗粒等杂质，这类材料缺陷随着航空发动机工业工艺水平的进步，通常出现的概率极小，但是一旦发生就极易引起航空发动机系统以及部件的失效,并导致灾难性事故的发生。因此,在工程计划寿命评估体系增加的航空发动机寿命期内概率失效风险评估工作中,要求材料缺陷数据作为重要的输入条件。

一般地,部件的概率失效风险评估中,输入的是材料缺陷的发生尺寸和发生率,此类信息实质上是统计数据,可用指定数量的材料中超出某一特定尺寸的内含物的数量的图示方式表示。目前,美国在其"喷气发动机钛合金质量委员会"的基础上,建立了完备的材料缺陷数据累积机制和 α 标准,并在 AC 33.15 条款和 AC 33.70 条款中给出了推荐的累积方法;而现阶段国内并没有相关的数据积累,也没有数据累积的标准和机制,其严重影响着航空发动机系统以及部件,尤其是关键件的寿命评估,极大地影响概率失效风险评估的可信度。表 8-15 给出了材料失效数据。

表 8-15 材料失效数据

数据类别	内容
材料缺陷类型	钛合金中的硬 α 体、氧化物/碳化物(矿渣)、镍合金中的纤维状夹杂物,以及粉末金属材料在粉末加工过程中摩擦耗散的污染物等
材料失效模式	夹杂、孔洞、孔吸、断裂、折断、腐蚀、裂纹、脱落、磨损、损坏、烧毁、锈蚀、压痕、压坑、黑点、黑道、过热、麻点、划蹭、划道、划伤、变形、掉块、磨穿、脱焊、收缩等
材料性质	金属类材料失效、硅酸盐材料失效、半导体材料失效、高分子材料失效等
材料失效的主要原因	材料本身不合格所致、异常环境(如过分高温、低温)所致、材料加工工艺不合格所致
运转条件	温度、应变速率、加载条件
材料对外部环境的整体承载力	包括材料在怎样的高温下会产生变形、材料在怎样的低温下无法发挥其特有属性、材料的抗腐蚀性有多强,能承受环境的酸碱度在何范围内、材料的抗压能力、材料的抗磨损能力、材料是否需要经常的保养(如润滑油作用)
缺陷发生尺寸	检查材料的零件尺寸结构。当材料缺陷已经发生时,应检查零件的尺寸结构
发生率	需结合资料等确定
试验方法	每一类型的数据均有其独特的范围、单位、测量技术以及难以掌握之处
材料失效判定标准	(1) 失效源头的确定。对于明显的材料失效,首要的判断就是失效源头 (2) 间接分析到的数据。当无法找到事故发生的根本原因时,则需要依据间接的数据分析,必要时采取排除法,排除不大可能失效的地方,得出失效可能产生的地方 (3) 在模拟实验中得出的数据。在上述两种方式都不能较好地判定材料是否失效时,将采用模拟实验法求还原当时现象,通过大量实验判定出是否有材料失效问题的产生

一个包括材料信息的数据库系统,应具备储存、分析以及处理数据的能力。储存的数据类型应包括:

(1) 成百上千的材料性能，如疲劳、蠕变、应力、应变；

(2) 运转条件，如温度、应变速率、加载条件；

(3) 试验方法，每一类型的数据均有其独特的范围、单位、测量技术以及难以掌握之处。

材料使用中最突出的问题是生产效率以及其数据的完整性。材料的性能及加工数据多来源于各种途径，其中包括本企业以及合同商完成的试验标准，材料及零件供应商的数据卡，以及有历史渊源关系单位的文献。这一类数据多是以电子版格式出现，很少是存储在单一的、中央数据库中。

为了有助于进行上述难点分析，工业委员会开发了"材料数据寿命期"模型，寿命期是指材料数据从发展到应用的各阶段。寿命期内容包括：

(1) 从实验室试验或从企业外采集及合并数据；

(2) 用专门的材料科学方法进行数据分析；

(3) 将信息发送给用户(包括用 CAE(computer aided engineering)进行数据集成)；

(4) 对经过更新的、安全的、经认证的数据进行维护。

8.5.4　可靠性和耐久性数据

研制中的航空发动机需要经过长时间的试车，以便调整它的性能，考验它的可靠性和耐久性，但在长期试车前首先要进行地面台架试验，试验内容如下所述。

(1) 各部件性能及其相互间的匹配与全机性能的调试。在试验中测量航空发动机流程各主要截面上的气流参数和航空发动机性能参数。

(2) 强度检验试车：测量航空发动机振动，主要受热零件的温度和叶片、盘等大应力零件的应变。

(3) 循环试验：在航空发动机启动、慢车到最大状态间反复做加、减速循环试验，以检验航空发动机零件的低循环疲劳强度和密封件的磨损、转动件与相邻静止件的间隙变化。

(4) 系统调整试验：包括对燃油调节器、启动点火系统、防喘和防冰系统、润滑冷却系统、压气机导流叶片和喷管等可调部件的调整试车。

(5) 吞咽和吞烟试验：以一定速度向航空发动机投射飞鸟、砂石、冰雹等外来物，检查航空发动机的承受能力；模拟发射武器时烟气吞入航空发动机后航空发动机的工作状况。

(6) 包容性试验：叶片在航空发动机最大转速下折断时，机匣应能将损坏物包容在航空发动机内；如果损坏物打穿机匣飞出航空发动机外，则可能造成飞机失火等灾难性事故；包容性试验就是检查机匣的这种包容能力。

(7) 环境试验：检查航空发动机对高温、低温、高湿、暴雨等环境条件的适应性，以及对航空发动机进口压力或温度畸变的适应能力。

利用专门的试验和测试设备检验航空发动机的性能、可靠性和耐久性。全台航空发动机的试验又称航空发动机试车。航空发动机是在高温、高压、高转速和高负荷等极为苛刻的条件下工作的。为了保证航空发动机及其系统的可靠工作，必须进行多种严格的试验。现阶段航空发动机实际工作中可能遇到的情况较复杂，因此应通过试验研制出工作可靠、技术先进的航空发动机。大量试验积累的经验与数据是改进设计和计算方法的重要基础。

8.5.5　概率风险评估数据

概率失效风险评估通常由有限元分析、概率断裂力学模型和无损探伤检查模型组成。完成部件概率风险评估所需要的具体数据如表 8-16 所示，这些数据可以分为四类，分别为边界相关数据、基本材料数据、缺陷数据和检查数据。

表 8-16　概率风险评估所需的具体数据

数据分类	具体数据	数据来源
边界相关数据	主流参数 空气系统参数 转速等	设计 分析计算 试验
基本材料数据	密度 弹性模量 裂纹扩展参数 热导率等	模型试验 使用经验 与 PRA(probabilistic risk analysis)公用
缺陷数据	材料缺陷分布 加工缺陷分布	模型试验 理论数值模拟 使用经验修正
检查数据	检查间隔 裂纹检出概率	模型试验 使用经验修正

表 8-16 中，航空发动机主流参数、空气系统参数和转速等是概率风险评估的输入边界条件，属于受航空发动机实际运行条件限制的设计变量，影响应力和裂纹扩展的分散度，需要结合设计、分析计算和试验进行确定；基本材料数据包括部件选用材料的密度、弹性模量、裂纹扩展的参数等，可采用模型试验的方法获得。

缺陷数据和检查数据是概率风险评估的特殊参数，通常是通过符合适航规章要求的基础试验结合理论数值分析而获得，它们对概率风险评估的结果影响很大，因此，构建缺陷数据库和检查数据库是发展概率风险评估方法的重要研究内容。具体设计中，数据库数据采用超越概率分布曲线表示，即将其表示为超过给定尺寸的缺陷的发生概率(或检出概率)。这些数据与基本材料数据和边界相关数据不同，缺陷分布和检查分布受航空发动机实际的运行条件的影响较小，主要取决于加工和检查时所采用的具体方法和材料本身的特性。因此，采用相同的材料和方法进行加工的部件，应具有相同的缺陷分布数据；而采用相同无损探伤方法进行检查的部件，应具有相同的检出概率(POD)分布数据。

1. 设计阶段的风险评估数据

1) 基于剩余强度/损伤容限的风险评估数据

航空发动机含裂纹关键件静承载能力的大小决定了剩余强度的大小，合理确定零部件剩余强度的载荷，可保证航空发动机在服役期内安全可靠。而影响零部件剩余强度和裂纹扩展的参数有很多，且具有一定随机性，为了降低剩余强度分析的复杂性，可将随机性对剩余强度影响小、分布相对集中的参数近似为确定值，而将随机性对剩余强度影响大、分散度大的参数作为变量，在概率损伤容限分析中，断裂韧度、应力极值、剩余强度许用值、初始裂纹尺寸和临界裂纹尺寸等是影响关键件安全性的重要参数，需要确定其概率密度。

风险分析的不确定性主要是由于缺陷发生的小概率、随机尺寸、形状等造成的。在设计中，通过有效检查和去除有缺陷的部件以降低风险。检查的不确定性包括维修次数和与检测方法有关的 POD 曲线。其他不确定性还包括材料属性、负载状况以及几何形状。缺陷应力强度因子随着这些随机变量以及缺陷尺寸的变化而变化，当应力强度因子大于某一给定值时，部件发生断裂。

需要将部件划分成有限个区域，假设在每个区域有可能存在一个裂纹(由于区域存在一个裂纹的可能性已经很小，所以不考虑一个区域存在两个或两个以上裂纹的情况)，需要计算每个区域条件失效概率。概率风险影响因素主要包括如下几种

(1) 断裂韧度。

断裂韧度的概率分布主要服从对数正态分布或正态分布。

(2) 应力极值。

概率损伤容限评定时，航空发动机关键件剩余强度必须大于在规定检测间隔内预期的最大载荷。

(3) 剩余强度许用值。

航空发动机含裂纹关键件的承载能力即其剩余强度许用值，随裂纹长度的增加而减小。

(4) 初始裂纹尺寸。

在概率损伤容限理论中可以通过两种方式确定裂纹扩展的初始裂纹：一种是

由气孔、夹杂、加工残余应力等造成的初始缺陷或裂纹，用当量初始缺陷尺寸定量描述航空发动机关键件的初始裂纹；另一种是将航空发动机关键件达到经济寿命时的裂纹作为概率损伤容限技术的初始裂纹。

(5) 临界裂纹尺寸。

临界裂纹尺寸是影响航空发动机关键件的重要参数。

2) 损伤检测数据

合理的损伤检测方法与检测间隔，能保证裂纹尺寸在扩展到临界裂纹尺寸之前还可以正常使用。若通过损伤检测发现裂纹尺寸增长到规定值则需立即进行维修，但也不能过于频繁地进行维修而降低经济性，需要在可靠性、安全性与经济性之间达到一种平衡。需要合理地制定检测和维修计划，既要保证航空发动机关键件发生损伤后安全可靠，也不能因为频繁维修而显著降低其经济性。

损伤检测方法：常用一般、监视和详细三类目视检测方法进行检测，如果目视检测无法达到要求可采用无损检测方法，常用无损检测方法如表 8-17 所示。

表 8-17　常用无损检查方法及用途

检测方法	材料类型	裂纹形式
X 射线	金属、非金属	表面、亚表面、内部(多层结构)
超声波	金属、某些非金属	表面和亚表面(仅构件第一层)
高频涡流	金属、磁性或非磁性材料	表面(钢、铝、钛) 近表面(0.125mm)(铝、钛)
低频涡流	金属、非磁性或低导磁材料	亚表面(到 9mm)
磁粉	钢、磁性不锈钢	表面、近表面
染色渗透	金属	表面

三类目视检测方法对应的 a_0、λ、α 参数值如表 8-18 所示。a 为检测时可检裂纹长度，a_0 为最小可检裂纹长度，λ 为特征长度，韦布尔分布的形状因子。其中 a_0、λ、α 的取值与检测方法有关。

表 8-18　裂纹检测概率分布中参数取值(目视检测)

检测技术	α	a_0/mm	λ/mm
一般的目视检测	1.82	7.51	301
监视的目视检测	1.82	5.03	76
详细的目视检测	1.82	3.76	51

使用不同的检测方法，则 a_{NDI} 取值不同，具体如表 8-19 所示。

表 8-19 裂纹检测概率分布中 a_{NDI} 取值(无损检测)

无损检测技术	高频涡流技术			染色渗透技术
	角裂纹(孔洞内)	端头附近裂纹(紧固件)	一般的表面探测技术	
a_{NDI}	0.76	2.52	5.01	3.77
无损检测技术	超声波技术		磁粉技术	—
	孔裂纹	结构细节处		
a_{NDI}	2.53	3.76	2.51	—

2. 使用阶段的风险评估数据

1) 基于统计分析的风险评估数据

采用航空发动机故障统计方法(如韦布尔分布)，获得故障的分布函数，采用蒙特卡罗仿真方法，模拟故障的发生情况，预测航空发动机在未来一段时间内的故障风险，计算故障的风险因子，通过 FTA、FMECA 等方法分析故障风险时间的危险等级，计算航空发动机在任意一架次飞机飞行过程中航空发动机关键件故障的发生概率，计算飞行风险，将每次飞行风险与风险准则表对比，评估当前航空发动机故障存在的风险是否在可接受范围之内，若短期风险超出风险准则表的限值，则需要采取措施降低风险，评估措施的可行性。

基于危险等级、风险因子和风险准则等预测航空发动机故障风险，主要流程如下所述。

(1) 判断航空发动机故障事件的危险等级。

(2) 计算未采取改进/改正措施前部件故障的风险因子。

(3) 制定适当的改进/改正措施。

(4) 实施合理的改进/改正措施。

(5) 计算采取了风险改进/改正措施的航空发动机或其部件的风险因子。

(6) 监控改进/改正措施实施情况。

(7) 后续评估和对策。

表 8-20 给出了基于统计分析的关键件风险评估数据。

表 8-20　基于统计分析的关键件风险评估数据

序号	所需数据
1	航空发动机台数
2	初始使用时间
3	使用率
4	故障类型
5	韦布尔特征寿命
6	韦布尔斜率

2) 基于故障后果的风险评估数据

航空发动机在使用过程中会遇到如鸟撞、叶片损坏等各类风险，其中，航空发动机转子在高速旋转时如果断裂则会产生不同尺寸的碎片脱离转子，具有高能量的碎片击穿航空发动机机匣，沿不同的飞散角度飞散出来，损坏周围结构、系统设备、管线路等。此为非包容性转子爆破，虽然非包容转子爆破事件的发生概率已经相对很小，但一旦发生就往往会造成巨大损失，最终可能导致机毁人亡的严重空难，严重威胁飞行安全。其作为一种较为重要的故障后果，需要基于故障后果的航空发动机关键件风险评估数据进行风险评估研究。

航空发动机非包容故障往往产生多个非包容碎片，而且对于中等碎片(轮缘碎片)和轮盘碎片，其打中飞机机体几乎都会造成多个部件的损伤，因此，风险评估要对不同影响程度的危险进行全面的评估，本书对航空发动机非包容转子爆破的风险评估采用自下而上的分析方式。与安全性分析采用自上而下的分析方式相比，风险评估的过程也是对安全性分析的验证过程。

首先，通过明确基本定义和假设，确定非包容失效模式，确定出非包容转子爆破的影响区域以及受影响的系统与部件，作为整个风险评估的分析输入。

其次，进行风险分析。根据 FMEA 评判原则确定每个受影响部件失效对飞机持续安全飞行与着陆会造成的影响等级，按照得出的影响等级对这些部件作一个筛选，选出的部件作为下一步部件组合分析的分析输入。然后以每一级转子为单位，对在该转子影响范围内的、经筛选的部件作轨迹分析，判断它们是否处于同一碎片扫掠路径上。轨迹分析分两部分进行，先分析碎片飞散轨迹，找出在飞机轴向位于同一碎片扫掠轨迹上的部件组合，然后进行碎片平动轨迹分析，记录下轴向部件组合中同时位于一个碎片轨迹上的几个部件，这些部件会被一个非包容碎片同时打中。针对单个碎片的非包容失效模式，这些位于同一碎片扫掠路径上的部件构成一个危险，将找出的危险列表，得出单碎片危险表，作为单个碎片风险评估的输入信息；针对多个碎片的情况，多碎片危险由不同的单碎片危险组成，根据特定的非包容失效模式，找出对应碎片类型下的单碎片危险，对其进行排列组合，得出多碎片危险表，作为多个碎片风险评估的输入信息。

然后针对不同非包容失效模式进行风险评估。分析每个单碎片危险或多碎片危险的后果严重性与发生可能性。综合考虑单碎片危险或多碎片危险的后果严重性与发生可能性，根据风险评估指数矩阵得出风险评估指数，对其划分等级，确定每个危险或危险组合的风险水平。判断危险风险水平是否控制在可接受范围内，若未达到要求则应制定相应的改进措施并实施改进，航空发动机各级转子及对应的碎片参数数据如表 8-21 所示。

表 8-21 航空发动机各级转子及对应碎片参数数据

序号	所需数据
1	转子名称
2	转子位置(X 轴坐标)
3	轮盘边缘半径
4	大碎片最大尺寸
5	大碎片质心处半径

现以某型民用飞机选用的 LEAP 航空发动机为例，此航空发动机每台共有 26 级转子及密封盘，航空发动机包括 1 级风扇转子、3 级低压压气机转子、10 级高压压气机转子、2 级高压涡轮转子、7 级低压涡轮转子、1 级高压压气机压力释放密封盘、1 级高压涡轮前出口密封盘和 1 级高压涡轮间隙密封盘。

为了减少分析的工作量，这里对转子进行分组(表 8.22)，按照航空发动机转子类型进行分组，每组取其中最大的轮盘边缘半径转子，每个转子组的大碎片尺寸取本组中各个转子当中最大的碎片尺寸，成组之后的转子碎片影响区的前、后端面分别采用组内转子的最前级转子影响区的前端面和最后一级转子影响区的后端面。

表 8-22 LEAP 航空发动机转子分组数据 （单位：in）

转子分组名称	包含的转子名称	转子组参数
风扇转子组	风扇转子	轮盘直径 9.2000in 大碎片最大尺寸 33.100in
低压压气机转子组	低压压气机转子 1(LCP1) 低压压气机转子 2(LCP2) 低压压气机转子 3(LCP3)	轮盘直径 16.400in 大碎片最大尺寸 30.300in

转子分组名称	包含的转子名称	转子组参数
高压压气机转子组	高压压气机转子 1(HPC1) 高压压气机转子 2(HPC2) 高压压气机转子 3(HPC3) 高压压气机转子 4(HPC4) 高压压气机转子 5(HPC5) 高压压气机转子 6(HPC6) 高压压气机转子 7(HPC7) 高压压气机转子 8(HPC8) 高压压气机转子 9(HPC9) 高压压气机转子 10(HPC10) 高压压气机压力释放密封盘(HPC CDP)	轮盘直径 7.672in 大碎片最大尺寸 14.271in
高压涡轮转子组	高压涡轮前出口密封盘(HTPFOS) 高压涡轮转子 1(HPT 1) 高压涡轮间隙密封盘(HPT ISS) 高压涡轮转子 2(HPT 2)	轮盘直径 8.507in 大碎片最大齿轮
低压涡轮转子组	低压涡轮转子 1(LPT1) 低压涡轮转子 2(LPT2) 低压涡轮转子 3(LPT3) 低压涡轮转子 4(LPT4) 低压涡轮转子 5(LPT5) 低压涡轮转子 6(LPT6) 低压涡轮转子 7(LPT7)	轮盘直径 16.000in 大碎片最大尺寸 30.900in

8.5.6　寿命评估数据

对于航空发动机而言，危害性后果为 FAR-33.75 条中所列的七种状态中的任意一种：

(1) 非包容的高能碎片；

(2) 客舱用航空发动机引气中有毒物质浓度足以使机组人员或乘客失去能力；

(3) 与驾驶员命令的推力方向相反的较大的推力；

(4) 不可控火情；

(5) 航空发动机安装系统失效，导致非故意的航空发动机脱开；

(6) 如果适用，航空发动机引起的螺旋桨脱开；

(7) 完全失去航空发动机停车能力。

航空发动机的失效会导致严重飞行事故的发生，因此必须通过执行一系列寿命管理行为来满足航空发动机的完整性要求，从而对设计活动加以约束或强制要求，实现航空发动机的设计安全性。该寿命评估体系包括三个阶段或三大计划，即工程计划、制造计划、使用管理计划，三大计划构成了完整的寿命管理系统。

FAR-33.70 条款中明确规定："制造商必须针对所有寿命限制件制定和执行工程计划制造计划和使用管理计划"。工程计划(engineering plan)是一套综合的寿命评估过程和技术，以确保在危害性的航空发动机影响发生前拆除相关的所有航空发动机限寿件。这些过程和技术涉及设计、试验验证和审定要求。该计划定义了制造过程、现场管理过程以及必须得到控制的零部件属性，以确保零部件在服役期内可达到并维持预定寿命。

总体上而言，对于设计活动的一般数据库要求，应当考察设计工作中所采用的数据库是否充分完备、适用。数据库一般分为基础数据库和动态数据库。基础数据库主要是先验数据的积累和动态数据库的转化；动态数据库主要是现行型号的研制过程数据库，主要包括材料数据库、容差数据库、模型数据库等。例如，对于工程设计，需要对基础数据库的准则关系式和工程模型的偏差性进行分析，需要对材料数据的完备性和置信空间进行分析，需要对采用的航空发动机部件特性的来源和置信空间进行分析。对于数值仿真，需要对湍流模型、本构模型、验证模型等的适用性和可信度进行分析。对于试验验证，需要对先验的试验回归关系进行置信度分析。

1) 设计活动的数据库分析

对于具体的各项设计活动，设计活动中数据库的几个要素可概括如下。

(1) 飞行剖面。数据库：对预期用途的预测精度直接依赖于实际使用数据。若能获得重要的实际使用数据，则申请人可采用更加精细的航空发动机飞行剖面，并可以进行更加准确的寿命和风险评估。因此，在飞行循环选取的过程中，应该积累尽可能多的航空发动机使用数据库。其中包括但不限于启动、慢车、滑行、起飞、爬升、巡航、进场、着陆、反推、停车等飞行阶段的航空发动机使用数据。

(2) 性能分析。数据库：性能分析所需的基本数据库为航空发动机部件特性，但对于航空发动机的寿命估算，仅有部件特性数据库是不完备的。由于制造容差、控制容差、装配尺寸容差，以及航空发动机性能衰变均会劣化航空发动机部件的工作边界条件，则必须在设计、试制、生产阶段为性能分析程序建立和积累相应的容差数据库，以及航空发动机性能衰变对航空发动机部件及整机性能影响的数据库。

(3) 空气系统分析。数据库：空气系统分析所需的基本数据库为空气系统元件特性，空气系统的工作参数受制造容差、装配尺寸容差以及瞬态过程中各元件几何间隙动态变化的影响尤其显著。因此，在设计、试制、生产阶段也同样需要为空气系统分析程序建立和积累相应的容差数据库，以及航空发动机性能衰变对航空发动机部件及整机性能影响的数据库。

(4) 传热分析。数据库：传热分析程序计算中需考虑的相关参数(物性参数等随温度变化关系)、边界条件经验关系式数据库等。

(5) 应力分析。数据库：材料基本性能数据库、本构模型数据库(反映非弹性特性)、缺口模型数据库(Neuber/Glinka)。

(6) 寿命预测。数据库：部件的材料特性参数、基本 S-N 曲线、定寿模型等。

(7) 概率失效风险分析。数据库：常用物性参数等基础数据库，以及工业数据、试验获得专用数据库(材料、缺陷等)。

其中性能分析的主要目的是针对各个飞行阶段，确定其对应的航空发动机内部性能参数，即转子转速、内压和温度等。性能分析还需要充分考虑生产容差控制容差、装配容差以及重要的大修间隔期内可能发生的航空发动机劣化来进行调整。

同时，还应考虑航空发动机运营期间经历的环境温度的范围和起飞海拔条件，以及航空发动机冷、热启动所带来的影响。为了能够准确模拟航空发动机的内部参数在飞行剖面内随时间的变化规律，在开展性能分析工作之前必须获得数据，包括但不限于以下各项：

(1) 航空发动机的全部设计点气动参数；

(2) 风扇(或低压压气机)、高压压气机的试验特性，高压和低压涡轮的试验特性，燃烧室试验特性以及经验证的各航空发动机部件的损失特性曲线；

(3) 航空发动机高压和低压转子转动惯量，如果是三轴航空发动机，则还应包括中压转子的转动惯量；

(4) 航空发动机各主要部件，如压气机、涡轮、燃烧室、加力燃烧室喷管的流道尺寸及其容积；

(5) 航空发动机的主燃油调节规律和加力燃油调节规律；

(6) 航空发动机的加速和减速供油规律；

(7) 航空发动机飞行剖面内飞行马赫数、飞行高度，以及功率需求随时间的变化规律；

(8) 航空发动机可调收扩喷口的调节规律，包括瞬态喷口调节规律；

(9) 风扇进口可变弯度叶片和高压压气机的可调静子叶片的调节规律，以及这些可变几何调节部件的转角对部件特性，如压力、效率和流量的影响的试验特性曲线；

(10) 航空发动机在飞行包线范围内的典型工作状态的高空台试验特性(加速性，减速性，航空发动机各截面参数，包括总压、总温、流量等)；

(11) 航空发动机各部件的质量、材料及其热物性(导热系数和热容量)，暴露

在气流中的部件表面的总面积;

    2) 各转动部件,如压气机和涡轮的叶尖间隙及其与漏气量、效率的关系

    3) 数据库的流程化概括

    表 8-23 给出了工程计划 4 个基本步骤的分析对象及备注事项,表 8-24 给出了寿命评估数据及分析对象。

表 8-23　工程计划 4 个基本步骤及分析对象

基本步骤	分析对象	备注
部件的确定	航空发动机的旋转部件和静止结构件	
部件寿命估计	特性数据	
批准寿命认证	—	
批准寿命维持	实际使用情况记录	

表 8-24　寿命评估数据及分析对象

核心设计活动	分析对象	备注
飞行剖面的选取	历史飞行剖面数	
性能分析	特性数据	
空气系统分析	元件特性数据	
热分析	物性数据	
应力、振动分析	物性数据	
寿命预测	物性数据、定寿模型	

8.6　航空发动机事故/故障数据的收集与分析流程

    基于现有航空发动机研制部门航空发动机失效、事故等收集分析系统,研究航空发动机事故/故障数据的收集、分类、整理方法和流程,形成全面的、系统的、多层次多角度的航空发动机事故/故障收集方式,建立信息标准化格式、分类标准和整理方式,形成航空发动机事故/故障数据收集、分析的工作流程。

    针对军民航空发动机故障、失效信息,需建立故障数据总体流程体系,以及

纠正措施的制定和实施等，如图 8-4 所示。

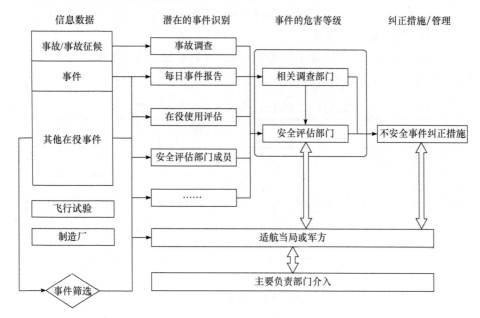

图 8-4　故障数据总体流程

　　完整的事故/故障收集、分析和处理体系应包括故障信息的输入、故障信息分析和故障信息处理后的输出等环节。军民用航空发动机事故/故障数据收集与分析流程如图 8-5 所示。

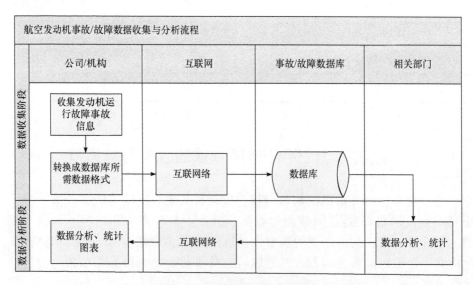

图 8-5　航空发动机事故/故障数据收集与分析流程

应用航空发动机关键件安全性数据库系统收集航空发动机运行事故/故障数据。登录此系统的航空公司和供应商等能够共享安全性数据，同时通过数据库可以及时地评估和分析航空发动机系统和部件的安全性，从而更好地提供技术支持。航空发动机事故/故障信息来自大修分部、航空发动机分部及附件分部。对于不同部门，航空发动机事故/故障数据分析、处理流程详见图 8-6。

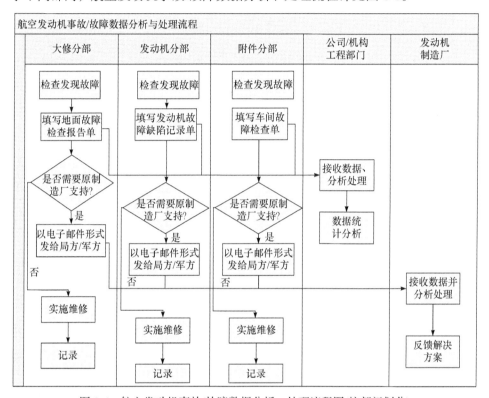

图 8-6 航空发动机事故/故障数据分析、处理流程图(按部门划分)

大修分部在飞机定检过程中检查发现故障，填写地面故障检查报告单。航空发动机分部的航空发动机维时检查发现故障，填写航空发动机故障缺陷记录单。附件分部在进行附件修理时检查发现故障，填写车间故障检查单。各部门都需要将相关故障信息通知公司或机构工程部门以确认故障。在故障处理过程中，如果需要原制造厂提供技术支持，也会将此类故障信息发送给原制造厂进行分析，原制造厂反馈解决方案。

8.6.1 事故/故障数据收集

局方或军方在全球机队收集的问题事件中(初始信息来源于全球机队信息和

与设计制造有关的信息等)筛选出关于飞机航空发动机的相关故障数据信息,例如通过 NTSB 的航空事故调查报告,中国东方航空公司、中国南方航空公司、中国国际航空公司等运营商,国内各航空发动机主机单位,收集国内外飞机航空发动机事故/故障案例。

调研收集国内外军民用涡扇、涡轴、涡桨类典型航空发动机事故/故障案例时,应具体包括:

(1) 飞机型号;

(2) 航空发动机型号;

(3) 航空发动机服役/运营时间;

(4) 航空发动机关键件失效清单;

(5) 关键件失效原因;

(6) 事故调查报告等。

筛选出飞机航空发动机的相关故障数据信息后,相关部门需定期对信息进行分类管理,依据风险管理、机队经验和事件调查分析等确定是否为安全相关事件。如果为安全事件,则不进行评估,直接归档;如果为不安全事件,则启动安全问题处理程序,制定基本解决方案,纠正措施、实施计划和服务文件,同时提交相关表格。

军民用航空产品在设计生产和投入运行后,将不可避免地发生各类故障、缺陷和失效等事件,因此,开展面向航空器制造商、航空器运营人和适航当局的航空器故障信息研究工作,研究故障信息的收集、分析和处理流程,明确军民机故障信息的收集和管理体系,是确保航空器持续适航和安全运行的重要前提。数据是航空发动机安全性的重要支撑。数据资源可用于避免曾经导致事故的设计缺陷,快速定位事故原因,将危害隐患控制到最小范围,排除易导致事故的维修缺陷等。

适航相关故障针对的是特定型号的航空发动机,由于在标准制定或标准符合方面可能存在未探明的变化,同时由于设计和制造缺陷可能引起不可预计的综合失效,以及可能存在意料之外的操作条件或者环境条件等因素,则实际的适航风险水平可能高于设定的标准。应通过对相关故障、缺陷和失效信息的分析、评估和决策,并采取必要的纠正措施,达到识别并降低航空发动机适航安全风险水平的目的。

航空发动机系统故障分析需要的数据有历史型号系统故障分析数据、各系统/组件/零件的故障基础数据等。航空发动机系统故障分析的共性数据可分为公开数据资源与内部数据资源。内部数据资源应包括设计部门分析、生产问题、质量问题、供应商、飞行试验、飞行训练等;外部数据资源主要是在役运行中的信息(运行信息、机组信息、事故报告、维修信息)。

1) 公开数据资源

公开数据资源是指可从公开渠道获取的数据资源，包括各类公开报告等。

第一类来源为 NTSB 事故调查报告。NTSB 是美国国家运输安全委员会 (National Trasportation Safety Board)的英文缩写。NTSB 成立于 1967 年，总部设于华盛顿，是美国联邦政府的独立机关，专责于美国国内的航空、公路、铁道、水路及管线等事故的调查。

NTSB 的使命之一是调查事故，确定事故发生时的条件和环境，确定可能的事故原因，提出预防同类事故的建议。NTSB 的航空事故调查过程及结论会以报告的形式在其官方网站发布。报告通常包含事故的过程、事故分析、分析结论及建议。在航空发动机设计中，系统地回顾 NTSB 事故调查报告，检查并排除当前设计的类似隐患，可有效避免类似的不安全状态重现。

在全球其他国家和地区，也设有类似 NTSB 的机构，如日本的航空、铁道事故调查委员会，加拿大的运输安全委员会(Transportation Safety Board)，英国的航空事故调查局(Air Accidents Investigation Branch)，法国的航空事故调查局，以及德国的联邦航空事故调查局(Bundesstelle für Flugunfalluntersuchung)等。

第二类来源为 ICAO 与 IATA 安全报告。

国际民用航空组织(ICAO)是联合国的一个专门机构，1944 年为促进全世界民用航空的安全有序发展而成立。国际民用航空组织总部设在加拿大蒙特利尔，负责制定国际空运标准和条例。

国际航空运输协会(IATA)是一个由世界各国航空公司所组成的大型国际组织，其前身是 1919 年在海牙成立并在第二次世界大战时解体的国际航空业务协会。IATA 的总部设在加拿大的蒙特利尔，执行机构设在日内瓦。IATA 的宗旨是为了世界人民的利益，促进安全、正常而经济的航空运输，对于直接或间接从事国际航空运输工作的各空运企业提供合作的途径，与国际民用航空组织以及其他国际组织通力合作。

ICAO 与 IATA 每年会发布安全报告，回顾过去年内全球的商用航空事故，给出事故清单及摘要，分析过去一年的事故与地区、飞机/航空发动机类型、飞行阶段等因素的关联性，并回溯数年内的数据，给出航空安全趋势分析。

2) 内部数据资源(研制单位、制造企业、运营企业、维修企业)

内部数据资源是指分散在各个单位内部的、与航空发动机故障相关的数据资源。

内部数据资源的典型特点是分散、非结构化、关系不明确。如何建立数据之间的关系，并从数据中充分挖掘有用信息，依赖于数据使用方、挖掘方与收集方的充分迭代和互动。只有建立了长效的数据采集、整理、挖掘机制，数据才能切实地支撑航空发动机的研制安全、制造安全和运行安全。

可以借鉴现有的管理模式，在制造商收集故障信息的基础上，收集持证人报告的 CCAR-21.8 的故障信息；通过利用持证人的内部故障信息收集系统，建立适航部门与持证人故障信息体系的数据接口。适航当局通过各管理局适航审定部门将辖区内的持证人报告的适航相关故障收集汇总导入局方国产民机故障系统平台。适航相关故障分析可以采用人工方式和系统统计分析方式。

对于已经建立完善的故障信息收集渠道并已建立故障信息收集分析系统的持证人(制造商)，国产民机故障事故数据可以从持证人的故障信息数据库直接导出，进行数据的转换后再导入国产民机故障数据库。

目前国产民机持证人的故障收集系统平台还不完善，现行的故障收集方式是按照规章程序的要求，由持证人向适航部门直接填报。

适航相关故障信息收集的另一个渠道是适航审定系统内部的重大工程问题的调查信息，此类故障信息源于适航部门发起的与设计制造相关的重大工程问题调查报告，此类信息可以由指定人员从适航审定系统内部进行人工收集，由相应的系统平台发布。

可调研国内中国东方航空公司、中国南方航空公司、中国国际航空公司等运营商，国内各航空发动机主机单位，收集国内外军民用涡扇、涡轴、涡桨类典型航空发动机事故、故障案例。

1. NTSB 系统

1) 法规要求

美国航空事故调查职责起源于美国 1926 年颁布的《航空商事法》(*Air Commerce Act*)，根据这项法案规定，美国商务部负责调查航空事故原因，1940 年起，这项职责移交给了民航委员会的航空安全局。1967 年开始，NTSB 负责调查航空、高速公路、海事、油气管道和铁路事故等。1974 年，NTSB 成为独立于美国运输部之外的独立调查机构，直接向国会报告。换言之，NTSB 的数据信息基本属于事故范畴，而事故征候、不安全事件信息，不是 NTSB 的关注重点。

2) 事故调查管理机制

从信息收集的角度，NTSB 事故调查工作基本遵循国际民航组织附件 13 和其指导文件 Doc 9756 的相关要求，可以粗略地按时间轴划分为赴现场前、现场调查和现场后调查三部分，信息收集工作也通过这三个阶段逐步展开。

赴现场前调查组首先会了解事故的相关基本信息，如机型、所属航空公司、机上人员、航班性质等。

现场调查部分，信息主要来自现场勘察小组(GO TEAM)对事故现场的勘察，如驾驶舱仪表的显示和位置；飞机残骸分布情况；现场环境等。现场调查中会对当事机组、乘客、目击者、消防救援人员等进行访谈，从而采集更多的事故相关信息。

现场后调查部分，大量信息来源于实验室，包括对于机载记录器信息的下载、译码，对失效部件的检测分析；模拟机和工程模拟机实验验证的结果。此外，还会对运营人或其他相关单位和人员进行调查和访谈，从而获得运行、培训和管理等方面的信息，这其中包括机型手册、机组运行手册、客舱工作手册、飞行计划、签派信息、地空数据、机场应急预案等多种信息。

3) 航空事故数据库和概要

NTSB 的航空事故数据库和概要(aviation accident database & synopses)拥有从 1962 年至今美国境内、其主权范围内，还有公海上发生的全部事故和部分事故征候信息。公众可以通过分类字段查询的方式搜寻具体事件信息。查询界面如图 8-7 所示。

在事故或事故征候发生后几天内，相关信息首先会以初始报告的形式出现在线上，之后，事实信息也会被加上，调查结束时，最终报告会替代初始报告出现在线上。但是，1993 年之前的事故，或者非 NTSB 组织调查的事故的详细信息尚不能通过这一数据库查阅。

此外，相较于其他事故调查机构，NTSB 比较独特的信息采集方式是听证会模式。

是否召开听证会，何时召开听证会，均由 NTSB 视情而定，原则上，可以在调查的任何阶段召开听证会。NTSB 颁布的《运输行业事故/事故征候听证会和报告规则》(联邦法规 49 CFR 845 部)规定了所有运输类事故举行听证会的相关规定。

召开运输事故听证会的目的是帮助 NTSB 明确事故的原因或可能原因，报告事实信息和已掌握的事故相关信息，同时进一步确定预防事故及提升运输安全的措施。任何听证会参与方可以根据证词和证物提出自己发现的问题，以及认为可能的事故原因和相关的安全建议。这一套建议和想法应该在听证会官员在听证会结束时要求的时间范围内提交。

如果听证会任何一方对 NTSB 发现问题存在异议，则需要启动对该问题的重议或结论的修改，需要提出有力证据。因此，从某种层面来说，听证会也就成为 NTSB 收集信息完成报告的重要手段。

1976 年，美国国会制定了《政府阳光法案》(*Government in the Sunshine Act*)。除几种特殊情况之外(这些情况主要涉及保障国家安全与个人隐私权)，该法案要求政府会议均向公众公开。

Accident/Incident Information

Event Start Date (mm/dd/yyyy)	
Event End Date (mm/dd/yyyy)	
Month	All ▼
City	
State	Anywhere ▼
Country	Anywhere ▼
Investigation Type	All ▼
Injury Severity	All ▼

Aircraft

Category	All ▼
Amateur Built	All ▼
Make	
Model	
Registration	
Damage	All ▼
Number of Engines	
Engine Type	All ▼

Operation

Operation	All ▼
Purpose of Flight	All ▼
Schedule	All ▼
Air Carrier	

NTSB Status

Accident Number	
Report Status	All ▼
Probable Cause Issue Start Date (mm/dd/yyyy)	
Probable Cause Issue End Date (mm/dd/yyyy)	

Event Details

Airport Name	
Airport Code	
Weather Condition	None ▼
Broad Phase of Flight	All ▼

Enter your word string below: (Searches both synopsis and full narrative; will slow the query performance)

Location information available for most cases in the United States since 2002. Refer to query help for limitations of location information.

Latitude	
Longitude	within 0 ▼ miles

Submit Query　**Download XML**　**Download Delimited Text**　**Reset**

图 8-7　NTSB 航空事故数据库和概要

　　因此 NTSB 官网首页开辟了向公众开放听证会及浏览其涉及文件的信息入口，取名"事故调查文件夹"，如图 8-8 所示。

图 8-8　NTSB 官网

点击进入该系统，可见查询界面，如图 8-9 所示。

NTSB: Docket Management System

| Home | Search | Help | Support |

Search The DMS Web

Search Form　　　　　　　　　　　　　　　　　　　　　　　Find　Clear

Project Information

NTSB Accident ID	Mode	
Investigation ●	Other Project ○	
State/Region	City (slower)	Country (slower)

Event Dates

Start (mm/dd/yyyy)　　　　　Finish (mm/dd/yyyy)

Find　Clear

| Home | Search | Help | Support |

图 8-9　事故调查文件夹

通过选择、或者输入相应字段可以查询到具体某一起事故的所有可以公开的调查资料，即完成一份调查报告的过程性文件。例如，通过输入事故时间，"07/06/2013"，我们能够看到图 8-10。

NTSB: Docket Management System

Home　　Search　　Help　　Support

Docket And Docket Items

Below is the Docket you selected and its list of contents.
Click on any Document title to view the item.

Project Information		
Mode		
Aviation		
NTSB Accident ID	**Occurrence Date**	**Location**
DCA13MA120	Jul 06, 2013	San Francisco, CA, United States
Docket Information		
Creation Date	**Last Modified**	**Public Release Date & Time**
Sep 16, 2013	Dec 10, 2014 11:13	Dec 11, 2013 08:30
Comments		

MS Word TOC　　　　　　　　　　　Print TOC

List of Contents		Results 1 through 15 of 201 Total Pages 6371/Photos 0

Sort:　● Ascending　　○ Descending

Order Documents By:　● Sequence　　○ Date

Document Title: [　　　　　] Find

Document	Filing Date	Document Title	Pages	Photo
1	Jun 12, 2014	Docket Master Errata Sheet	4	0
2	Nov 24, 2013	Order of the Hearing, Exhibit 1-A	2	0
3	Nov 24, 2013	Notice of Designation of the Chairman of the Board of Inquiry, Exhibit 1-B	2	0
4	Nov 24, 2013	Designation of Hearing Officer, Exhibit 1-C	2	0
5	Nov 24, 2013	Designation of Parties to the Hearing, Exhibit 1-D	2	0

图 8-10　事故信息查询页面

通过这套系统，可以了解NTSB组织调查的典型、重大事故的主要调查过程文件。

2. ASIAS 系统

ASIAS 系统(aviation safety information analysis and sharing，ASIAS)项目启动于 2008 年，设立之初的目的是为美国商用航空安全组(commercial aviation safety team，CAST)，即提供服务，现也同时服务于美国通航联合指导委员会(general aviation joint steering committee，GAJSC)，具体的管理归口于 FAA。ASIAS 已替代了原设在 FAA 下的 NASDAC(美国航空安全数据分析中心)，成为美国航空业界主要的安全信息数据整合和分析系统。该系统主要目的是提供一个国家级的信息资源，用于发现普遍存在的、系统的安全问题，这些问题普遍存在于航空运输系统的多家航空公司、机队或者发生于全球航空运输系统的多个地区。ASIAS 利用 FAA 内部数据集，航空公司安全数据、对大众开放的公共数据源，航空器制造厂商数据以及其他多个信息源。ASIAS 通过融合这些数据源，主动、提前识别整体安全趋势、评估航空运行环境变化所造成的影响。ASIAS 的两个主要组成部分是统计数据分析和用于支持安全管理系统的信息共享。截至 2017 年 12 月 29 日的数据，已有 46 家运输航空公司、63 家通航企业、4 家飞机制造商(波音公司、空客公司、巴西航空工业公司和湾流宇航公司)、13 个航空组织、10 所大学、2 家飞机维修机构和多个美国政府机构参与到了 ASIAS 项目中。

ASIAS 的作用类似于一个中心管道，用于其合作者间交换安全信息，为航空业提供有价值的信息资源。ASIAS 希望能建立一个复杂的安全信息资源网络，在航空利益相关者之间共享信息资源，支持全球航空系统，使其成为全球唯一的信息中心。ASIAS 所作的主要工作是将多个涉及设计航空安全的系统中的信息进行整合，并适当地开放公众的访问，从而实现信息的充分利用和共享。ASIAS 是一个基于 web 的系统，其初始界面如图 8-11 所示。

图 8-11 ASIAS 初始界面

ASIAS 系统的数据源来自多个独立的系统，公众可以自行浏览的系统可以通过首页下拉菜单，按照系统缩写首字母查询，如图 8-12 所示。

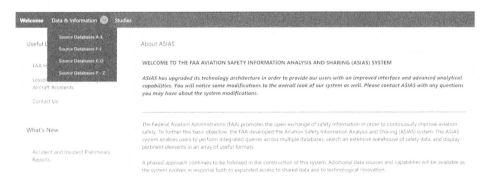

图 8-12 ASIAS 目录

这些供公众自由查阅的子系统分别如下所述。

1) FAA 事故/事故征候数据系统(AIDS)

AIDS 包含 1978 年以来的通用航空和商业航空的数据记录，由于 ASIAS 实用 NTSB 的事故数据作为事故信息的主要数据源，所以 AIDS 的 ASIAS 数据库只包含事故征候的信息。AIDS 中所包含的信息从多个数据源获取，其中包括 FAA 8020-5 表格的事故征候报告。

2) 航空器注册系统(AR)

FAA 的航空器注册系统是记录和跟踪航空器在美国注册情况的系统，在俄克拉荷马城的 FAA 机构进行注册，在那里，从航空器购买阶段起相关信息就被记录。该数据库实时更新，目前共有 320000 架民用航空器的记录。

3) 航空安全报告系统(ASRS)

ASRS 接收、处理和分析由飞行员、空管和其他人员自发提交的不安全事件和风险状况的报告。ASRS 所收集的信息被用来识别国家空域系统(national airspace system)中的风险和安全差异，也被用来制定政策以及加强人的因素的安全研究基础。

4) 运输统计局系统(BTS)

运输统计局系统的数据库中包括了单个航空运营商的运输和容量统计数据，BTS 由美国运输部(DOT)进行管理，其组织级别类似于 FAA。

5) 空中危险接近系统(NMACS)

空中危险接近系统数据库用以记录两架航空器接近到不安全的距离并避免了实际相撞的飞行事故征候报告。

6) NTSB 航空事故和事故征候系统

NTSB 航空事故和事故征候系统包含 NTSB 在调查美本土、属地及国际水域内涉及民用航空器的事故或事故征候时所收集的信息。NTSB 是一个独立的联邦机构，负责调查美国发生的每起航空事故其他运输方式的重大事故，开展专门的调查和安全研究，并颁发安全建议以阻止未来事故的发生。

7) NTSB 向 FAA 提出的安全建议以及 FAA 的反馈

NTSB 使用其在事故调查中收集的信息和可能原因的确定来为运输业所有单位提出安全建议。安全建议的接收人不一定要实施所提措施，但他必须对该建议进行正式反馈，说明某措施被采纳或不被采纳以及原因。本数据库包含了 NTSB 向 FAA 提供的安全建议和 FAA 的反馈。

8) 跑道安全办公室跑道侵入数据库(RWS)

这一数据库中记录了错误出现在飞机起降区域的航空器、车辆和人员的事件。跑道侵入事件由机场塔台负责报告。数据库载有从 2005 年开始的数据，在 2008 年，FAA 采纳了 ICAO 的跑道侵入定义及分类，从而也体现在了数据库设计上。数据库由 FAA 的跑道安全办公室负责维护。

9) 世界航空器事故汇总(WAAS)

WAAS 是 Airclaims 公司代表英国民航局制作的，它提供了世界范围内所有已知主要航空事故的简要细节，包括喷气式、涡轮螺旋桨和直升机以及大型的活塞航空发动机类型。

由于 ASIAS 整合的是来自多个系统的数据，这些信息有些并不能够实时地自动更新，因此将单一子系统数据装载情况提供给用户显得很有意义。举例来说，目前，如图 8-13 所示，装载至 ASIAS 的 AIDS 数据截止至 11 月 28 日，窗口显示的系统最新数据是 2018 年 9 月 15 日，目前库里共有 102860 条事件，数据范围从 1978～2018 年。

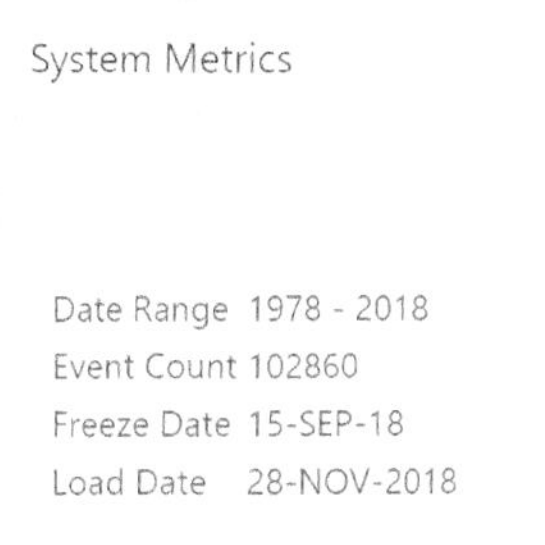

System Metrics

Date Range 1978 - 2018
Event Count 102860
Freeze Date 15-SEP-18
Load Date 28-NOV-2018

图 8-13　数据装载情况

在数据功能中提供了查询，可以按照多个字段比如报告编码、运行种类、航空器制造商/型号、机场名称、运营人名称、飞行阶段、起始和结束日期等。查询结果以表格的形式给出，包含了所查询范围的事件的主要信息，如图 8-14 所示。

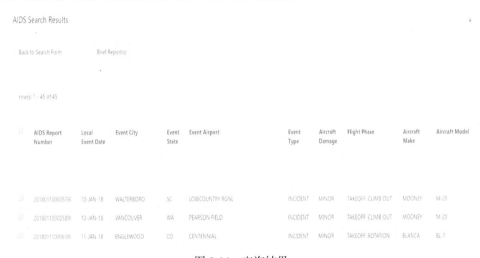

图 8-14　查询结果

单击某一条事件编号可以看到于此事件相关的全部信息，如图 8-15 所示。

ASIAS 的利用：ASIAS 基于其整合的数据开展了多项研究，如图 8-16 所示，图中显示了其中的几项。

FAA Accident and Incident Reporting System (AIDS)

GENERAL INFORMATION

Data Source	ACCIDENT AND INCIDENT DATABASE
Report Number	20180110000579I
Local Date	10-JAN-18
City	WALTERBORO
State	SC
Airport Name	LOWCOUNTRY RGNL
Event Type	INCIDENT
Mid Air Collision	NOT A MIDAIR

AIRCRAFT INFORMATION

Aircraft Damage	MINOR
Aircraft Make	MOONEY
Aircraft Model	M-20
Aircraft Series	M-20-C
Airframe Hrs	5300
Type of Operation	GENERAL OPERATING RULES
Registration Nbr	6605U
Total Aboard	1
Fatalities	0
Injuries	0
Aircraft Weight Class	UNDER 12501 LBS
Engine Make	LYCOMI
Engine Model	O&VO-360 SER
Number of Engines	1

Environmental/Operations Info

Pilot In Command

Pilot Certificates	PRIVATE PILOT
Flight Time Total Hours	2500
Total in Make/Model	2500
Total in Last 90 days	5

Event Remarks

AIRMAN REPORTS THAT HE TOOK OFF ON RUNWAY 27 (APPROX 10 KT TAILWIND PER HISTORICAL METAR) AND RAISED GEAR @ APPROX 10 FEET ALTITUDE. AIRCRAFT SETTLED BACK TO RUNWAY WITH GEAR UP. TAILWIND AND POSSIBLE LOSS OF ATTENTION TO AIRCRAFT PITCH ATTITUDE AND/OR THROTTLE CREEP AND/OR POWER LOSS RESULTED IN AIRCRAFT SETTLING BACK TO RUNWAY IN GEAR UP POSITION. AIRMAN ENROUTE TO ST GEORGE AIRPORT NEARBY FOR AIRCRAFT REPOSITION

END REPORT

图 8-15　详细信息界面

1) NTSB 天气相关的事故研究

1994～2003 年，与天气有关的事故的数目分为以下几类：结冰、雷暴、湍流、能见度/云高、风、风切变、降水及其他。

2) 颠簸研究

天气原因导致的颠簸研究集中于 1992～2001 年发生在美国的事故。该研究打破了美国联邦航空条例(FAR)运行规章(91 部、121 部等)，对伤亡、位置和颠簸类型进行详细的评述。

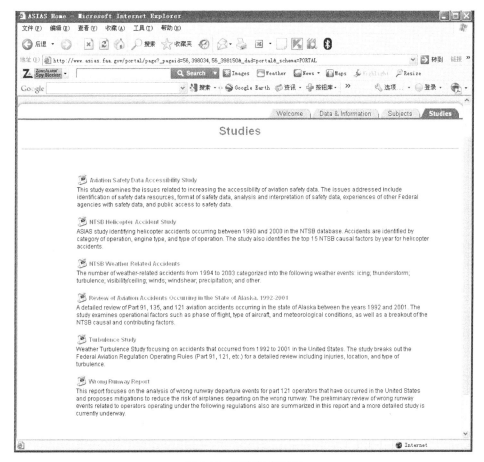

图 8-16　研究报告页面

3) 跑道错误的报告

这份报告主要针对 FAR-121 部运营人发生在美国的起飞跑道错误事件进行分析，并给出了建议措施以降低飞错跑道的风险。报告也对在此规章下运行的运营人相关的跑道错误事件进行了初步的评述，更为详细的研究目前正在进行中。

简单来说，ASIAS 系统具有如下特点。

1) 数据整合程度高

FAA 从大量由政府支持的不同类别信息系统数据源中，提取持续不断的数据支持，包括监察信息、机场信息、空中交通管理信息以及其他数据信息。同时，航空公司的 FOQA(flight operations quality assurance)数据通过某些参与节点提供给 ASIAS。这些节点包括硬件、网络和数据的复制过程。ASIAS 架构中具备强大的数据融合组件，来整合来自不同系统的数据。

2) 数据透明共享

ASIAS 构建的主要目的是通过跨行业的安全数据融合和数据源分析，有效利用共享的安全信息。其核心是一系列数据管理工具，用于支持每个数据源的特定要求，包括数据的抽取、去除识别信息、复制和过滤等。这些工具确保原始数据经过处理后，可提供给数据分析和可视化展示之用。ASIAS 的数据除了在航空从业人员之间交换以外，也基于 web 对公众开放，从而实现了安全信息的透明和共享。

3. BEA 系统

1) 法规要求

法国作为空客飞机的设计(制造)所在国，其调查机构——法国民航事故调查分析局(以下简称 BEA)，组织或参与了全球空客机型的几乎所有事故调查工作，在国际调查领域，具有举足轻重的地位。BEA 作为法国的调查机构，不仅遵守本国的相关法规要求，同时，与大多数民航调查当局一样，需要遵循国际民航组织(ICAO)的标准和建议措施，此外，BEA 还需要遵循欧盟的相关法规要求。欧盟理事会和欧洲议会于 2010 年 10 月 20 日颁布规章 EU 996/2010，规定了欧洲民航事故和事故征候调查及预防的相关要求，此部规章取代了原来的欧盟委员会主席令 94/56/EC。这部规章明确定义了欧盟范围内事故调查和安全建议的概念，即事故调查是民航安全局出于预防事故和事故征候的目的，收集、分析信息，得出结论，包括明确主要原因和相关因素。安全建议的含义是安全调查当局基于安全调查等来源给出的建议。在法国，航空事故安全调查和司法调查同时进行。本规章明确了安全调查的独立性、调查组有权掌握所有所需信息、证据保留。

EU996/2010 一方面确认各国安全调查当局的权威性，另一方面组织起各国调查当局的工作网络，建立起网络内的沟通机制。

2) 事故调查管理机制

在法国，航空事故技术调查和司法调查同时进行。为协调这种并行调查机制，法国司法部和 BEA 联合签署了协议《航空安全调查的进一步安排》。这份协议在 EU 996/2010 框架下，对以下主题进行了详细约定：

(1) 进入事故现场的权限；

(2) 相关证据的保存和接触；

(3) 调查每一阶段的初始和进展通报；

(4) 信息交换；

(5) 安全信息的合理使用；

(6) 争议解决办法。

　3) 安全建议的管理

　　欧盟成立安全建议管理委员会(COREC)对安全建议进行管理，并在EU 996/2010 规章对于安全建议及其接收反馈的限制时间做出了规定。为了满足规章的要求，BEA 成立了安全建议管理委员会(COREC)，其工作程序在 BEA 的调查手册中写明，目的是在发出前，确认和调查报告中有关的安全建议。收到对安全建议的反馈后，评估答复的有效性，决定是否进一步和对方沟通，决定是否关闭安全建议。

　　在 2008 年召开的全球航空事故调查工作组会议中，国际航空安全事故调查协会(ISASI)提交了一份题为"共享安全建议"的工作报告，建议建立一个可以和欧洲 ADREP/ECCAIRS 报告系统可兼容的全球安全建议库。此次会议之后，ICAO 于 2011 年 9 月发布了编号 SD 37/4-11/63 的国家信函，介绍了"全球关注的安全建议"(SRGC)这一概念，并邀请各国向 ICAO 提交值得全球关注的安全建议及其反馈情况。2014 年公布的 ICAO Doc 9756 Part Ⅳ第二版修订中明确了SRGC 的定义以及执行该项决定的相关指导意见。同时，欧洲也建立起了与此要求相呼应的欧洲范围内的 SRGC，取名为"SRUR"，即对欧盟有影响的安全建议。

8.6.2　事件判定

　　在航空发动机服役阶段开展风险评估时，应首先进行危险源辨识。危险源辨识包括识别导致事件发生的原因、风险源、事件的信息和环境等，确定事件发生的基本过程，即事故链。针对实际事件，给出危险源辨识过程，建立基于数据的危险源辨识方法。

　　开展危险源辨识时，应首先确定事件类别，例如，人为原因事故征候、地面事故或者鸟撞等，然后确定导致事件发生的根本原因。在进行事件的数据搜索时，应尽量广泛，以便在相似产品或功能中发现类似问题，并应涵盖其他机型以确定该事件是一台航空发动机或者一个机队的特定问题，或是较为普遍的问题。与使用该设备的飞行员和设备制造商进行交流将有助于分析。通过专业人员对事件开展的工程调查，确定事件发生的区域、事件发生的环境和条件，以及条件之间互相影响的大小等。对一个事件发生的原因分析应考虑到：

　　(1) 原始设计和设计目的；

　　(2) 产品或者功能的使用如何超出原始设计目标；

　　(3) 制造方面；

　　(4) 相对于其规定用途的产品或者功能特定使用；

　　(5) 产品或者功能的维护；

(6) 系统的复杂性；

(7) 相关的工序和培训；

(8) 手册和工序的清晰度/准确性；

(9) 其他适当的考虑因素。

在分析事件的根本原因时，有必要定义和收集引起当前状态的下一级事件或者失效的辅助数据。这些问题可以是促使所关注事件发生的其他设备的故障或故障率。可视情况使用多种工具来确定事件的范围、事件起因和事件所带来的后果。

8.6.3　事件筛选

在掌握了航空发动机的相关信息后，为了便于组织和开展相应技术领域的风险评估工作，应首先确定事件的风险类型。一般情况下，使用时可能出现的潜在风险已经在设计中确定，并适当地进行了考虑。因此，在确定该类航空发动机的风险类型以及后续的风险评估时，应先参考初始符合性验证报告或者咨询编制该报告的相关专家。

航空发动机的风险类型主要分为以下三类：

(Ⅰ) 在规定时间和条件下，航空发动机整机出现潜在失效的风险；

(Ⅱ) 在规定时间和条件下，航空发动机系统出现潜在失效的风险；

(Ⅲ) 在规定时间和条件下，航空发动机结构出现潜在失效的风险。

对于第(Ⅰ)类风险，即航空发动机整机出现潜在失效的风险，主要包括航空发动机结构与系统两方面的风险。对于此类风险，尽量将其可能性概率降到最低，使可能性概率达到可以接受的程度。使用系统的平均失效概率时，可邀请供应商及相关领域专家进行分析。确定上述风险类型时，可由相关领域专家通过工程经验、相关数据库中类似实例等进行判定。

对于第(Ⅱ)类风险，可参考针对 CCAR-25.1309 符合性验证的安全性分析方法，结合持续飞行阶段航空发动机系统组成部件的失效数据，确定事件的风险水平。AC 25.1309-1A 中提供的飞机系统设计阶段安全性分析工具，例如功能危险分析(FHA)、故障树分析(FTA)、故障模式影响分析(FMEA)、共因故障分析(CCF)等，同样适用于航空发动机系统使用阶段的风险评估，不同的是，在对航空发动机系统进行分析时，组成系统部件失效率由设计阶段的数据转变为航空发动机运营过程中基于观察和统计分析的数据。例如，通过韦布尔分析、贝叶斯方法对事件数据进行分析与处理，具体包括：偶发事件失效概率的计算、隐藏事件失效率的计算、元件老化特性计算、多因素失效的计算等。当获得持续飞行阶段系统部件的失效率后，采用安全性分析方法，即可获得航空发动机系统运营阶段危险事件的概率水平。

航空发动机系统部件的失效概率可能受以下因素的影响：

(1) 设计缺陷(例如，设计未达到规定的可靠性或性能指标的要求等)；

(2) 生产缺陷(例如，与审定型号设计不符，会影响全部部件或者一批部件等)；

(3) 错误安装(例如，安装部件与周围结构的间隙不够等)；

(4) 易受不利环境的影响(例如，腐蚀、潮湿、高温、振动、冲击等)；

(5) 寿命影响(例如，老化部件失效等)；

(6) 不合理的维修(例如，维修过程中在部件表面造成刮痕等)。

如果部件的失效不能被立即发现(隐蔽或潜在故障)，则通常很难合理精确地评估部件的失效率，因为评估的数据只是单一地来源于维修或者机组人员检查。这种失效概率应当保守评估。

对于第(Ⅲ)类风险，应进一步地区分为由两类情况导致的结构件失效：①疲劳开裂；②腐蚀、设计与制造误差等。对于疲劳开裂类风险评估，首先，应将报告事件中的裂纹信息与试验、模拟中的结果进行对比。如果发现设计阶段的分析与实际情况存在较大差异，风险评估人员应对该情况进行合理的分析与评估，确定结构件疲劳裂纹导致结构失效的风险，修改或重新设计合适的检查间隔与维修措施，降低结构件失效的风险水平。对于其他结构件失效风险，例如腐蚀、设计与制造误差等，应考虑结合设计资料与实际使用报告。

8.6.4　不安全事件确定和风险评估

FAA 颁布的咨询通告 AC 39-8，提供了一种基于部件故障统计、韦布尔分析和蒙特卡罗仿真的适用于航空发动机的风险评估方法。AC 39-8 的分析流程包括：航空发动机故障事件统计、蒙特卡罗仿真计算故障风险因子、确定风险等级、计算每次飞行的风险、对风险进行评估。该方法主要用于航空发动机结构事件风险评估。

风险评估过程如图 8-17 所示，步骤如下所述。

(1) 确定风险因子：利用已有的航空发动机故障数据统计方法(常用韦布尔分析方法)可以得到其故障的分布函数，再采用数字仿真方法(常用蒙特卡罗故障仿真方法)模拟故障的发生情况，预测航空发动机在未来一段时间内的故障风险，即求出故障风险因子(指在给定时间内故障风险事件发生的平均值，即故障风险事件发生的频率值)。

(2) 确定风险等级：通过分析故障风险事件危险等级，确定处理风险事件的优先级，危险等级在三级以上的事件是风险评估方法优先重点考虑消除的风险。

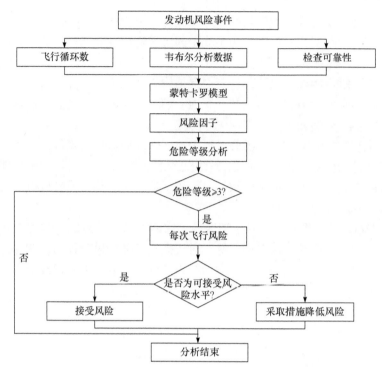

图 8-17　航空发动机结构事件定量风险评估基本步骤

(3) 计算飞行风险：计算每次飞行的风险(当多个故障风险状态同时存在时，要计算累积风险因子，即将各种故障风险状态导致的风险事件的风险因子相加)；通过求得的故障风险因子和危险等级系数求出每次飞行时航空发动机的风险。每次飞行风险指任意一台飞机航空发动机在每次飞行中由某个故障状态所带来的风险，即任意一台航空发动机每次飞行中某故障发生的概率，其数值由风险因子乘以航空发动机总数除以航空发动机总飞行循环数得到。

(4) 评估风险：将每次飞行风险与风险准则表对比，评估目前飞机航空发动机故障存在的风险是否可接受，如 60 天之内短期风险超出风险准则表的限制，则需要立即采取降低风险的措施。

采用 AC 39-8 进行风险评估时，数据类型主要是部件维修和故障数据，包括故障部件数量、维修时已经使用时间等，这些数据可以从制造厂或维修厂获得。

对现有的信息进行初步分析，按照 MIL-STD-882E 的标准，事件严重度由高到低可将事件分为红色、琥珀色、黄色和绿色事件，确定不安全事件的严重程度和颜色。依据标准进行事件判断和分类，对不同的事件分类采取不同的处理方法。

对于红色事件，必须采取干预行动来消除相关风险源，避免此类事件发生；对于琥珀色事件，必须采取进一步干预行动来消除相关风险源，或控制可能导致更大风险(可能性或严重度)的因素；对于黄色事件，则采取非强制措施，该类事件在特定的缓解条件下是可接受的，这些情况还应在安全保证功能中持续特别地重点关注；对于绿色事件，该风险是可以接受的，不需要进一步采取行动。但是，风险管理的目标应是无论评价显示风险是否在可接受范围内，都要将风险尽可能降至最低，这是持续改进的基本原则。

将经局方或军方认同等级为绿色的事件进行关闭，归档至数据库。对于风险等级为琥珀色和黄色的事件，例会讨论评审决定是否需要进行以下行动：采取进一步干预行动来消除相关风险源；根据航空发动机风险类型，启动详细风险评估。若风险等级为红色的事件，则该风险不可接受。

从事故/故障处理的角度来看，针对军民用航空发动机故障、失效信息需建立故障信息分析、处理流程体系，包括故障信息收集、事件判定、事件筛选、不安全事件确定和风险评估以及纠正措施的制定和实施等。完整的故障信息收集、分析和处理体系应包括故障信息的输入、故障信息分析和故障信息处理后的输出等环节。

军民用航空发动机故障收集与分析流程如图 8-18 所示。

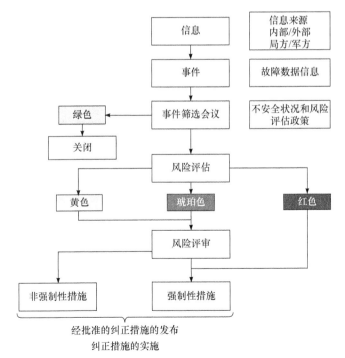

图 8-18　航空发动机故障收集与分析流程(按事故/故障处理角度)

8.6.5　纠正措施的制定和实施

对于局方或军方而言，主要收集三类安全信息，即内外部审核发现的安全信息、内外部投诉发现的安全信息和来自局方或军方、员工等报告的安全信息或不安全事件信息。对于不安全事件信息，纠正措施的制定和实施流程如图 8-19 所示。

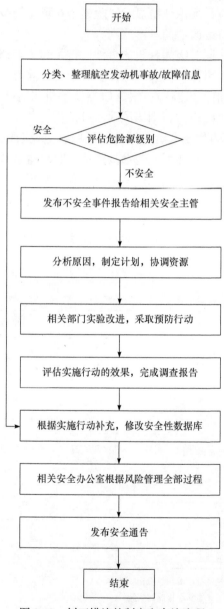

图 8-19　纠正措施的制定和实施流程

　　建立包括局方或军方、维修单位等各方在内的完整有效的故障信息收集体系，是国产军民机持续适航和安全运行的基本要求。同时，通过建立包含各方在内的故障收集分析和处理体系，也是达到适航管理目标的重要手段之一。局方或军方在制定整改措施后，由对应部门落实整改，验证整改行动的效果，完成调查报告，更新安全性数据库；如果评估认为风险不大，则视情况更新安全性数据库。安全管理办公室跟踪风险评估、事件调查、整改和验收、数据库更新的全部过程，最后发布安全通告。

8.7　小　　结

　　本章基于现有发动机关键件研制部门发动机关键件失效、事故等收集分析系统，研究军民航空发动机关键件失效事故数据的收集、分类、整理方法和流程，形成全面的、系统的、多层次多角度的发动机关键件失效信息收集方式，建立信息标准化格式、分类标准和整理方式，形成发动机关键件失效事故数据收集、分析的工作流程，建立并完善支撑军民用航空发动机关键件安全性分析的失效数据库架构和累积机制，为发动机关键件安全性指标的评估以及验证提供技术手段和数据支撑。

第 9 章 航空发动机关键件安全性评估与验证数据库架构设计

9.1 引 言

数据库方案涵盖了航空发动机安全性评估与验证数据库工具模块和底层数据库支撑模块。对于航空发动机关键件安全性评估和验证数据库，能够识别和分析支撑航空发动机安全性评估和验证工作的数据需求，分类构建数据库模块，对应这些数据库模块分别构建相应的数据库表和输入输出模块，同时为数据库设计数据树模块，使各类数据的层次更加清晰明朗。

通过业务工作流对航空发动机数据库的编写提供信息支持，绘制出关于航空发动机数据库的基本业务流程，对航空发动机数据库用户进行定位，分析系统总体业务流程、系统前台业务流程、系统后台业务流程等。在此基础上，分析数据库的数据流向，使各组数据的流向更加清晰直观。

航空发动机关键件安全性评估与验证数据库的目的是保障航空发动机关键件安全性验证，因此需设计数据库总体功能模块方案：包括系统管理、航空发动机基本信息、航空发动机故障数据、航空发动机安全性指标、运行监测趋势分析、故障统计数据、航空发动机安全性要求分析、数据导入导出等功能模块，并说明数据库功能模块与业务流程的关系，给出数据库的应用实例。

9.2 数据库总体架构

根据航空发动机关键件安全性评估和验证工作的数据需求，分类构建数据库，包括基本信息模块、失效数据模块、安全性设计准则以及标准模块等；建立并完善支撑军民用航空发动机关键件安全性分析的失效数据库架构和累积机制，如图 9-1 所示。

以航空发动机全寿命周期集成的失效、事故等收集分析系统为基础，建立军民用航空发动机关键件安全性分析失效数据库构架。

在现有航空发动机研制部门航空发动机失效、事故等收集分析系统的基础上，研究军民航空发动机失效和事故数据的收集、分类、整理方法和流程，形成全面

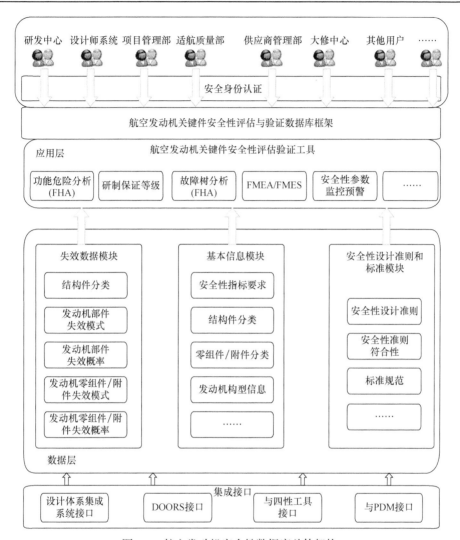

图 9-1　航空发动机安全性数据库总体架构

的、系统的、多层次多角度的航空发动机失效信息收集方式，建立信息标准化格式、分类标准和整理方式，形成航空发动机失效数据收集、分析、应用的工作流程，为航空发动机关键件安全性指标的评估及验证提供技术手段和数据支撑。

9.3　数据库模式结构

本数据库需建立基于三层 Browser/Server(B/S)架构的网络信息管理系统，数据库服务器和 web 服务器，并由信息中心完成服务器系统的日常维护和管理工作。数据库系统具备远程数据库系统的维护功能。下面先介绍关于两种模式的具体内容。

9.3.1　C/S 模式分析

C/S 结构，即大家所熟知的客户机(client)/服务器(server)结构。虽然对客户机的硬件条件提出了一定的要求，但它可以充分利用客户机与服务器两端硬件环境的优势，将系统任务在客户端与服务端进行合理分配，从而降低了整个系统的通信开销，也就是说对网速要求并不高。目前大家所见和所使用的大多数的软件应用也是采用 C/S 这种模式的双层结构。

图 9-2 显示 C/S 架构的具体工作过程。

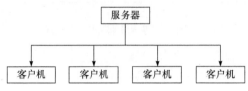

图 9-2　C/S 架构的具体工作过程

C/S 结构是将目标任务解析成许多个小任务，再分配给多台计算机分工完成，即采用"功能分布"原则对目标任务进行处理。这些小任务在客户端进行分析、处理，以及进行表达数据的运算；服务器端则只需接受并管理这些在客户端处理后的数据即可。客户端和服务端通常可以是距离不限的多台计算机，服务端接收客户端提出的请求，并对这些请求作出合适的响应，再将这些处理得到的结果送还客户端程序。

9.3.2　B/S 模式分析

B/S 模式，是作为一种在网络互联的基础上，叠加用户层的管理，所形成的新兴的 MIS(management information system)平台。从原理的角度讲，B/S 模式是采用一个或多个服务器，将服务器与应用程序相结合，形成了用户、服务器、传送信息的三层系统管理平台。

三层系统管理平台的第一层，指的是用户与网络所连接的接口部分，即日常所实现的应用程序，在这里将会被集成显示在浏览器中，在这个显示过程中，超文本标记语言(HTML)文件会把单调的程序变成日常所见到的五光十色的网页，而日常所浏览的信息也大多来源于此。与此同时，会发现这些网页不仅仅是在显示信息，还会通过网页来交互许多重要信息，比如在线填写一些表格，在网上传送文字交流思想等，那么这就涉及信息向服务器端的提交，而这个提交过程，就要使用到接下来要介绍的第二层。

第二层中，web 服务器将根据用户上一层所作出的行为来提供响应，这个响应过程是：首先服务器会根据用户要求生成一系列的网页代码，而这个网页代码中已经包含了用户所要求的结果，将这个生成的网页代码发送至用户浏览器，用户便得到了这次交互所需要的信息。需要注意的是，如果用户首次提出的要求中包括对数据库的访问，那么 web 服务器还需要与数据库合作完成用户的需求。

最后一层则是数据库服务器，管理数据库中数据的过程是对于并发任务的协调，使之科学高效。

9.3.3　航空发动机关键件数据库结构

通过以上的分析，B/S 模式相较于 C/S 模式有着更强的适应性，更能适应复杂的网络环境。现今大多数企业都已经开始设计并研发自己的 B/S 模式下的运行方案，由于航空发动机管理系统客户量极其庞大，而且客户分级复杂，客户的差异性小，所以需要使用一种多级访问、多级控制的管理系统，便于各级别的监控。

系统具体运行环境如图 9-3 所示。

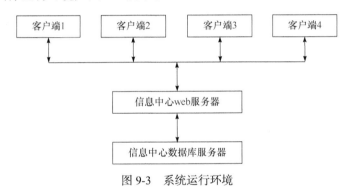

图 9-3　系统运行环境

9.4　数据库表

数据库中以表为组织单位存储数据。数据库表是指数据库最重要的组成部分之一，数据表一般为产品或资料提供一个详细具体的数据资料，则人们使用和工作时能够清楚方便地获得相应的数据信息。数据表是一系列二维数组的集合，用来代表和储存数据对象之间的关系。它由纵向的列和横向的行组成。

航空发动机关键件故障事故数据、关键件采集数据、关键件设计制造数据等，皆可作为基本信息写入航空发动机关键件故障数据表。航空发动机关键件事故/故障数据收集、分析与处理业务流程中得到的数据也可作为基本数据写入数据库系统。

9.4.1 系统管理表

系统管理分为三部分，分别为单位管理、用户管理和角色管理。

单位管理：该部分内容针对各公司或机构的组织机构，梳理组织机构中部门以及部门人员信息，设置人员密级以及操作权限，包括用户名、员工编号、性别、所属部门、所属角色、人员密级以及操作权限信息，如表 9-1 所示。

表 9-1 单位管理表

数据项中文名	数据类型	可否为空	是否主键
用户名	nvarchar	否	否
员工编号	nvarchar	否	是
性别	nvarchar	否	否
所属部门	nvarchar	是	否
所属角色	nvarchar	否	否
人员密级	nvarchar	否	否
操作权限信息	nvarchar	否	否

用户管理：该部门内容可以对用户信息进行编辑和修改，根据不同用户角色(型号总师、技术主管、主任设计师和专业人员)登录不同权限的综合信息系统界面，满足不同专业和层次的人员的信息浏览需求。

权限设置针对组织机构中不同部门的人员操作权限，包括对用户数据、故障数据、试验数据、规范标准、安全性指标信息、设计准则、系统管理等操作权限，提供了不同业务角色、不同工作类型的工作空间。

用户通过密码登录查看故障信息，分为普通用户和高级用户，高级用户也可称为管理员。用户权限可用阿拉伯数字分等级，例如，普通用户权限为 0，高级用户权限为 1 等。

如等级或身份较多，可依次按照 0、1、2、… 的顺序录入权限类别，例如，系统管理员权限为 0，普通用户权限为 1 等，研发中心、设计师系统、项目管理部、适航质量部等都可按照实际权限，视作管理员或普通用户等。数字高低与实际权限无关，如表 9-2 所示。

表 9-2 用户管理表

数据项中文名	数据类型	可否为空	是否主键
用户名	nvarchar	否	是
密码	nvarchar	否	是
用户权限	int	否	是

角色管理：在该模块中对系统的人员角色(研发中心、设计师系统、项目管理部、适航质量部等)进行管理，主要目的是明确不同角色人员在该系统的职能和使用权限，包括角色名称、角色人员、角色描述、角色站点以及操作设置，如表9-3所示。

表9-3 角色管理表

数据项中文名	数据类型	可否为空	是否主键
角色名称	nvarchar	否	是
角色人员	nvarchar	是	否
角色描述	nvarchar	是	否
角色站点	nvarchar	是	否
操作设置	nvarchar	是	否

对于数据获取或更新的权限而言，航空发动机安全性数据库可包含两类数据：通用数据，用户可以在不签署保密协议的情况下获取，数据按航空发动机机型等划分；隐私数据，用户可获得的数据取决于用户角色，数据也按航空发动机机型等划分。

9.4.2 文件管理表

文件管理表用来存储各类航空发动机故障的文件信息，如表9-4所示。

表9-4 文件管理表

数据项中文名	数据类型	可否为空	是否主键
文件号	nvarchar	否	是
文件名	nvarchar	是	否
文件版本	nvarchar	否	是
发文日期	nvarchar	是	否
发文单位	nvarchar	是	否
文件类型	nvarchar	是	否
文件密级	nvarchar	是	否
文件页数	int	是	否
文件格式	nvarchar	是	否
文件层次	nvarchar	是	否
备注	nvarchar	是	否

1. 航空发动机基本信息数据表

航空发动机基本信息数据表用来存储各类航空发动机故障的基本信息数据，如表 9-5 所示。航空发动机基础信息部分数据可作为基本信息写入此数据表。

表 9-5　航空发动机基本信息数据表

字段名	数据类型	可否为空	是否主键
型号	nvarchar	否	是
ATA 章节号	nvarchar	否	是
名称	nvarchar	否	是
航空发动机型	nvarchar	否	是
使用/在役时间	datetime	是	否
结构件分类	nvarchar	是	否
零组件/附件分类	nvarchar	是	否
功能	nvarchar	是	否
图纸编号及版本	nvarchar	是	否
标识	nvarchar	是	否
备注	text	是	否
预留字段 01	nvarchar	是	否

2. 航空发动机试验故障数据表

利用专门的试验和测试设备检验航空发动机的性能、可靠性和耐久性。全台航空发动机的试验又称航空发动机试车。航空发动机是在高温、高压、高转速和高负荷等极为苛刻的条件下工作的。为了保证航空发动机及其系统的可靠工作，必须进行多种严格的试验。现阶段航空发动机实际工作中可能遇到的情况较复杂，因此应通过试验研制出工作可靠、技术先进的航空发动机。航空发动机试验故障数据表如表 9-6 所示。

表 9-6　航空发动机试验故障数据表

字段名	数据类型	可否为空	是否主键
航空发动机型	nvarchar	否	是
子系统型号	nvarchar	否	是
系统/部件型号	nvarchar	否	是

续表

字段名	数据类型	可否为空	是否主键
组件/附件型号	nvarchar	否	是
地面台架试验时间	datetime	否	是
地面台架试验故障编号	nvarchar	否	是
飞行试验时间	datetime	否	是
飞行试验故障编号	nvarchar	是	否
样机数量	int	是	否
地面台架试验总时间	datetime	是	否
地面台架试验总次数	datetime	是	否
飞行试验总时间	datetime	否	是
飞行试验总次数	float	是	否
地面台架试验故障次数	float	是	否
飞行试验故障次数	float	是	否

3. 航空发动机事故/故障数据表

航空发动机事故/故障发生后的基本数据以及相关参数如表 9-7 所示。航空发动机典型事故/故障案例、航空发动机事故/故障数据、航空发动机采集数据、航空发动机设计制造数据等，皆可作为基本信息写入此数据表。

表 9-7　航空发动机事故/故障数据表

字段名	数据类型	可否为空	是否主键
型号	nvarchar	否	是
ATA 章节号	nvarchar	否	是
名称	nvarchar	否	是
机型	nvarchar	否	是
功能	nvarchar	是	否
图纸编号及版本	nvarchar	是	否
标识	nvarchar	是	否
故障时间	datetime	是	否
故障模式及原因	nvarchar	否	是

续表

字段名	数据类型	可否为空	是否主键
飞行阶段	float	是	否
故障影响	float	是	否
故障的识别与纠正措施	float	是	否
带故障派遣要求	nvarchar	是	否
故障率	float	是	否
平均故障间隔时间	nvarchar	是	否
置信度	float	是	否
置信区间上限	float	是	否
置信区间下限	float	是	否
故障模式频数比	float	是	否
故障模式的故障率	float	是	否
暴露时间	nvarchar	是	否
故障模式的发生概率	float	是	否
危害等级	nvarchar	是	否
是否隐蔽故障	char	是	否
故障确认方式	nvarchar	是	否
验证状态	nvarchar	是	否
数据来源	nvarchar	是	否
数据来源报告名称	nvarchar	否	是
数据来源报告编号	nvarchar	否	是
数据来源报告版本	nvarchar	是	否
数据来源报告日期	nvarchar	是	否
数据来源类型	text	是	否
数据来源描述	text	是	否
备注	text	是	否
预留字段 01	nvarchar	是	否
预留字段 02	nvarchar	是	否
预留字段 03	nvarchar	是	否

4. 航空发动机组件/附件故障数据表

航空发动机组件/附件故障发生后的基本数据以及相关参数如表 9-8 所示。

表 9-8　航空发动机组件/附件故障数据表

字段名	数据类型	可否为空	是否主键
型号	nvarchar	否	是
名称	nvarchar	否	是
ATA 章节号	nvarchar	否	是
组件/附件名称	nvarchar	否	是
组件/附件型号	nvarchar	否	是
组件/附件功能	nvarchar	是	否
关键件判别	int	否	是
故障时间	datetime	是	否
组件/附件故障模式	nvarchar	否	是
组件/附件故障模式原因	text	是	否
组件/附件故障概率	float	是	否
组件/附件故障影响	float	是	否
故障的识别与纠正措施	float	是	否
带故障派遣要求	nvarchar	是	否
组件/附件故障率	float	是	否
平均故障间隔时间	nvarchar	是	否
置信度	float	是	否
置信区间上限	float	是	否
置信区间下限	float	是	否
故障模式频数比	float	是	否
故障模式的故障率	float	是	否
暴露时间	nvarchar	是	否
故障模式的发生概率	float	是	否
危害等级	nvarchar	是	否
是否隐蔽故障	char	是	否
故障确认方式	nvarchar	是	否
验证状态	nvarchar	是	否

字段名	数据类型	可否为空	是否主键
数据来源报告名称	nvarchar	否	是
数据来源报告编号	nvarchar	否	是
备注	text	是	否
预留字段 01	nvarchar	是	否
预留字段 02	nvarchar	是	否
预留字段 03	nvarchar	是	否

5. 安全性设计标准和指标模块数据表

FAA 制定颁布的 FAR-33 部，内容主要包括三部分：总则；设计与构造部分，包括活塞式航空发动机和涡轮航空发动机；台架试验部分，包括活塞式航空发动机和涡轮航空发动机。在设计与构造部分，针对航空发动机限寿件有明确规定。危险的航空发动机影响是 FAR-33.75 条款中所列举的任意一种情况。

此外，MIL-HDBK-516C 在其第 7 章"推进系统和推进系统安装"中"安全性关键系统"提出，"验证安全关键的推进系统风险可以被识别，概率已经被确认，并且风险控制是适当的"，要求任何推进系统或部件的失效不会导致超过该系统的航空器失效率。

目前最新版的 FAR-33.75 条款通过控制单个航空发动机风险的可接受的水平，来达到可接受的航空发动机总设计风险，要求事件发生的可能性或概率的减少正比于它影响的严重性。

欧洲航空安全局将限寿件称为关键件，同样提出了工程计划、制造计划和使用管理计划，以避免发动机关键件发生失效。这三个计划建立一个闭环系统，它将工程计划中设定的实施方案与关键件如何生产制造与使用管理联系起来，由制造计划和使用管理计划所控制。因此，AMC-515 为工程计划、制造计划和使用管理计划提供了具体方法以确保发动机关键件的完整性。

《航空发动机适航规定》(CCAR-33R2 版)第 33.70 条款对于航空发动机限寿件给出了明确定义："航空发动机限寿件指的是其主要失效可能导致危害性航空发动机后果的转子和主要静子结构件。典型的航空发动机限寿件包括，但不限于，盘、隔圈、轮级、轴、高压机匣和非冗余的安装部件。对于本条的要求，危害性航空发动机后果包括第 33.75 条中列举的任何一种情况。"

《航空发动机适航规定》(CCAR-33R2 版)第 33.75 条"安全分析"，中国民用航空局可以要求通过试验对限寿件任何有关失效和可能的失效组合的方法进行验证，对航空发动机的制造商生产制造限寿件也提出了明确要求。

美国发布的咨询通告AC 33.70-1和欧洲航空安全局发布的适航标准CS-E 515都对航空发动机限寿件的完整性有类似的规定要求。AC 33.70-1规定，由于航空发动机限寿件的失效会导致航空发动机产生危险性影响，因此在设计制造和使用管理上要满足一系列规范，保证每个航空发动机限寿件在安全寿命达到之前进行更换。CS-E 515(安全性分析)要求设计者需制定工程计划，通过试验、验证分析等来确定航空发动机的安全寿命，使之在达到批准的使用寿命之前进行更换，来保证限寿件的完整性要求。

军用航空发动机适航安全性指标要求范围：军用航空发动机以军用航空发动机标准(如GJB 241A—2010和GJB 900A—2012)中安全性要求和框架为主、以民用航空发动机适航规章以及军机适航(如 MIL-HDBK-516C)中相关安全性要求为补充，作为军用航空发动机安全性指标分析的主要输入标准。

安全性定量和定性要求范围：安全性指标要求中，对于定量要求，军用航空发动机主要考虑导致航空发动机不同危险等级(重点考虑灾难的、危险的、主要的)的危险概率要求、研制保证等级要求(主要针对航空发动机控制系统)以及风险指数/概率要求。

安全性设计标准和适航规章的数据表如表9-9所示。

表9-9　安全性设计标准和适航规章数据表

字段名	数据类型	可否为空	是否主键
序号	int	否	是
安全性设计要求	text	否	是
具体要求	text	是	否
要求对象	text	是	否
要求来源	text	否	是

当故障信息收集完成后，需要采取规定的标准对收集的信息进行筛选。CCAR-21.8中规定了信息筛选的原则。

6. 航空发动机功能失效状态数据表

通过飞机级AFHA和PASA，最终确定航空发动机飞机分解至航空发动机的功能失效状态，从而进一步开展航空发动机的FHA工作，在航空发动机FHA中，需要考虑对航空发动机、飞机、人员的影响。航空发动机最终的功能失效状态以及危险等级需要相关单位进行确认。表 9-10 为航空发动机功能失效状态数据表。

表 9-10　航空发动机功能失效状态数据表

字段名	数据类型	可否为空	是否主键
型号	nvarchar	否	是
ATA 章节号	nvarchar	否	是
名称	nvarchar	否	是
航空发动机型	nvarchar	否	是
功能编号	nvarchar	否	是
功能名称	text	否	否
失效状态编号	nvarchar	否	否
失效状态	text	是	否
飞行阶段	text	是	否
对飞机和人员的影响	text	是	否
影响等级	text	是	否
支撑材料	text	是	否
验证方法	text	是	否
对应的安全性要求	text	是	否

7. 航空发动机系统/部件功能失效模式数据表

通过动力装置到航空发动机子系统的功能传递以及安全性要求分解，确定以航空发动机子系统功能清单作为输入，分析每个功能可能的失效状态，并完成失效影响分析，设定安全性目标。表 9-11 为航空发动机系统/部件功能失效模式数据表。

表 9-11　航空发动机系统/部件功能失效模式数据表

字段名	数据类型	可否为空	是否主键
型号	nvarchar	否	是
ATA 章节号	nvarchar	否	是
名称	nvarchar	否	是
航空发动机型	nvarchar	否	是
系统/部件名称	nvarchar	否	是

续表

字段名	数据类型	可否为空	是否主键
功能说明	text	是	否
失效状态	text	是	否
飞行阶段	text	是	否
失效影响	text	是	否
影响等级	text	是	否
验证方式	text	是	否
备注	text	是	否

8. 航空发动机运行监测数据表

获取飞行数据进行分析，识别故障源，监测飞行安全不利趋势，帮助及时采取修正措施；依据着陆阶段飞行数据的分析结果，结合气象环境等影响因素，给出航空发动机是否会发生故障风险事件的预警判断。在基于数据监控和数据分析的风险预警方面，掌握航空发动机运行监测数据可极大降低飞机运行风险，消除风险评估和检查方案制定过程中人为主观因素的影响，能够对飞行安全风险实施有效管理。航空发动机运行监测数据表如表 9-12 所示。

表 9-12　航空发动机运行监测数据表

字段名	数据类型	可否为空	是否主键
航空发动机型号	nvarchar	否	是
机型	nvarchar	否	是
日期	nvarchar	否	是
飞行时间	datetime	否	否
起落次数	int	否	否
马赫数	nvarchar	否	否
高度和进口压力	nvarchar	否	否
进口总温	nvarchar	否	否
航空发动机燃气温度（EGT）	nvarchar	否	否
油门杆角度	nvarchar	否	否

字段名	数据类型	可否为空	是否主键
高压转子转速(N2)	nvarchar	否	否
低压转子转速(N1)	nvarchar	否	否
燃油质量流量(FF)	nvarchar	否	否
航空发动机压比(EPR)	nvarchar	否	否
中间级压气机压力	nvarchar	否	否
压气机出口温度	nvarchar	否	否
振动	nvarchar	否	否
滑油消耗量	nvarchar	否	否
滑油温度	nvarchar	否	否
滑油压力差	nvarchar	否	否
滑油污染	nvarchar	否	否
排气喷口位置	nvarchar	否	否
不连续	nvarchar	否	否
静子位置	nvarchar	否	否
用户引气	nvarchar	否	否

9. 航空发动机故障统计数据表

航空发动机关键件进行损伤容限设计时，剩余强度和裂纹扩展分析，损伤检测以及维修计划等内容需要重点考虑。随着航空发动机关键件内部裂纹的扩展，其剩余强度也会随之降低，但不能低于剩余强度许用值。航空发动机含裂纹关键件静承载能力的大小决定了剩余强度的大小，合理确定零部件剩余强度的载荷，可保证航空发动机在服役期内安全可靠。而影响零部件剩余强度和裂纹扩展的参数有很多，且具有一定随机性，为了降低剩余强度分析的复杂性，可将随机性对剩余强度影响小、分布相对集中的参数近似为确定值，而将随机性对剩余强度影响大、分散度大的参数作为变量。通过概率损伤容限分析，确定断裂韧度、应力极值、剩余强度许用值、初始裂纹尺寸和临界裂纹尺寸等重要参数是影响关键件安全性的主要参数，需要确定其概率密度，如表9-13所示。

表 9-13 航空发动机故障统计数据表

字段名	数据类型	可否为空	是否主键
航空发动机型号	nvarchar	否	是
机型	nvarchar	否	是
日期	nvarchar	否	是
材料缺陷类型	float	否	否
材料失效类型	float	否	否
材料性质	float	否	否
材料失效的主要原因	float	否	否
运转条件	float	否	否
材料对外部环境的整体承载力	nvarchar	是	否
缺陷发生尺寸	nvarchar	是	否
发生率	nvarchar	是	否
实验方法	nvarchar	是	否
材料失效判定标准	nvarchar	是	否
断裂韧度	nvarchar	是	否
应力极值	nvarchar	是	否
剩余强度许用值	nvarchar	是	否
初始裂纹尺寸	nvarchar	是	否
临界裂纹尺寸	nvarchar	是	否

9.5 数据的输入输出

9.5.1 系统管理输入/输出模块

单位管理是针对各公司或机构的组织机构，梳理组织机构中部门以及部门人员信息，设置人员密级以及操作权限，如表 9-14 所示。

表 9-14 单位管理表

数据项中文名	输入类型	输出类型
用户名	键盘	显示器、打印机
员工编号	键盘	显示器、打印机

续表

数据项中文名	输入类型	输出类型
性别	键盘、鼠标	显示器、打印机
所属部门	键盘	显示器、打印机
所属角色	键盘	显示器、打印机
人员密级	键盘	显示器、打印机
操作权限信息	键盘	显示器、打印机

用户大致可分为普通用户和管理员两大类，普通用户可以查看相关文件，而管理员权限相对更高一些，除享有普通用户的权利外还享有对于数据增、删、改的权利，如表 9-15 所示。

表 9-15　用户管理表

数据项中文名	输入类型	输出类型
用户名	键盘	显示器、打印机
密码	键盘	显示器、打印机
用户权限	键盘、鼠标	显示器、打印机

角色管理对系统的人员角色进行管理，主要目的是明确不同角色人员在该系统的职能和使用权限如表 9-16 所示。

表 9-16　角色管理表

数据项中文名	输入类型	输出类型
角色名称	键盘	显示器、打印机
角色人员	键盘	显示器、打印机
角色描述	键盘、鼠标	显示器、打印机
角色站点	键盘	显示器、打印机
操作设置	键盘	显示器、打印机

9.5.2　文件输入/输出模块

航空发动机发生故障后形成的相关故障信息文件的数据输入/输出模块，如表 9-17 所示。

表 9-17　文件模块

字段名	输入类型	输出类型
文件号	键盘	显示器、打印机
文件名	键盘	显示器、打印机
文件版本	键盘、鼠标	显示器、打印机
发文日期	键盘	显示器、打印机
发文单位	键盘	显示器、打印机
文件类型	键盘、鼠标	显示器、打印机
文件密级	键盘、鼠标	显示器、打印机
文件页数	键盘	显示器、打印机
文件格式	键盘	显示器、打印机
文件层次	键盘、鼠标	显示器、打印机
备注	键盘	显示器、打印机

1. 航空发动机基本信息输入/输出模块

军民用航空发动机的基本数据输入/输出模块，如表 9-18 所示。

表 9-18　航空发动机基本信息数据表

字段名	输入类型	输出类型
型号	键盘、鼠标	显示器、打印机
ATA 章节号	键盘、鼠标	显示器、打印机
名称	键盘	显示器、打印机
航空发动机型	键盘、鼠标	显示器、打印机
使用/在役时间	键盘、鼠标	显示器、打印机
结构件分类	键盘、鼠标	显示器、打印机
零组件/附件分类	键盘、鼠标	显示器、打印机
功能	键盘	显示器、打印机
图纸编号及版本	键盘	显示器、打印机
标识	键盘	显示器、打印机
备注	键盘	显示器、打印机
预留字段 01	键盘	显示器、打印机

2. 航空发动机故障试验数据输入/输出模块

航空发动机故障试验数据输入/输出模块如表 9-19 所示。

表 9-19　航空发动机故障试验数据模块

字段名	输入类型	输出类型
航空发动机型号	键盘、鼠标	显示器、打印机
子系统型号	键盘、鼠标	显示器、打印机
系统/部件型号	键盘	显示器、打印机
组件/附件型号	键盘、鼠标	显示器、打印机
地面台架试验时间	键盘	显示器、打印机
地面台架试验故障编号	键盘	显示器、打印机
飞行试验时间	键盘	显示器、打印机
飞行试验故障编号	键盘、鼠标	显示器、打印机
样机数量	键盘	显示器、打印机
地面台架试验总时间	键盘	显示器、打印机
地面台架试验总次数	键盘	显示器、打印机
飞行试验总时间	键盘	显示器、打印机
飞行试验总次数	键盘	显示器、打印机
地面台架试验故障次数	键盘	显示器、打印机
飞行试验故障次数	键盘	显示器、打印机

3. 航空发动机故障数据输入/输出模块

航空发动机故障发生后的基本数据输入/输出模块，如表 9-20 所示。

表 9-20　航空发动机故障数据模块

字段名	输入类型	输出类型
型号	键盘、鼠标	显示器、打印机
ATA 章节号	键盘、鼠标	显示器、打印机
名称	键盘	显示器、打印机
机型	键盘、鼠标	显示器、打印机
功能	键盘	显示器、打印机
图纸编号及版本	键盘	显示器、打印机

字段名	输入类型	输出类型
标识	键盘	显示器、打印机
故障时间	键盘、鼠标	显示器、打印机
故障模式及原因	键盘	显示器、打印机
飞行阶段	键盘	显示器、打印机
故障影响	键盘	显示器、打印机
故障的识别与纠正措施	键盘	显示器、打印机
带故障派遣要求	键盘	显示器、打印机
级联的或并发的有害故障的影响	键盘	显示器、打印机
故障率	键盘	显示器、打印机
平均故障间隔时间	键盘	显示器、打印机
置信度	键盘	显示器、打印机
置信区间上限	键盘	显示器、打印机
置信区间下限	键盘	显示器、打印机
故障模式频数比	键盘	显示器、打印机
故障模式的故障率	键盘	显示器、打印机
暴露时间	键盘	显示器、打印机
故障模式的发生概率	键盘	显示器、打印机
危害等级	键盘	显示器、打印机
是否隐蔽故障	键盘	显示器、打印机
故障确认方式	键盘	显示器、打印机
验证状态	键盘	显示器、打印机
数据来源	键盘	显示器、打印机
数据来源报告名称	键盘	显示器、打印机
数据来源报告编号	键盘	显示器、打印机
数据来源报告版本	键盘	显示器、打印机
数据来源报告日期	键盘	显示器、打印机
数据来源类型	键盘	显示器、打印机
数据来源描述	键盘	显示器、打印机
备注	键盘	显示器、打印机

字段名	输入类型	输出类型
预留字段 01	键盘	显示器、打印机
预留字段 02	键盘	显示器、打印机
预留字段 03	键盘	显示器、打印机

4. 航空发动机组件/附件故障输入/输出模块

航空发动机组件/附件故障发生后的基本数据输入/输出模块，如表 9-21 所示。

表 9-21　航空发动机组件/附件故障数据模块

字段名	输入类型	输出类型
型号	键盘、鼠标	显示器、打印机
名称	键盘	显示器、打印机
ATA 章节号	键盘、鼠标	显示器、打印机
组件/附件名称	键盘	显示器、打印机
组件/附件型号	键盘、鼠标	显示器、打印机
组件/附件功能	键盘	显示器、打印机
关键件判别	键盘、鼠标	显示器、打印机
故障时间	键盘、鼠标	显示器、打印机
组件/附件故障模式	键盘	显示器、打印机
组件/附件故障模式原因	键盘	显示器、打印机
组件/附件故障概率	键盘	显示器、打印机
组件/附件故障影响	键盘	显示器、打印机
故障的识别与纠正措施	键盘	显示器、打印机
带故障派遣要求	键盘	显示器、打印机
组件/附件故障率	键盘	显示器、打印机
平均故障间隔时间	键盘	显示器、打印机
置信度	键盘	显示器、打印机
置信区间上限	键盘	显示器、打印机
置信区间下限	键盘	显示器、打印机
故障模式频数比	键盘	显示器、打印机

续表

字段名	输入类型	输出类型
故障模式的故障率	键盘	显示器、打印机
暴露时间	键盘	显示器、打印机
故障模式的发生概率	键盘	显示器、打印机
危害等级	键盘	显示器、打印机
是否隐蔽故障	键盘	显示器、打印机
故障确认方式	键盘	显示器、打印机
验证状态	键盘、鼠标	显示器、打印机
数据来源报告名称	键盘	显示器、打印机
数据来源报告编号	键盘	显示器、打印机
备注	键盘	显示器、打印机
预留字段 01	键盘	显示器、打印机
预留字段 02	键盘	显示器、打印机
预留字段 03	键盘	显示器、打印机

5. 安全性设计标准和指标输入/输出模块

该输入/输出部分主要为安全性设计标准和指标的数据内容，包括序号、安全性设计要求、具体要求、要求对象、要求来源等，如表 9-22 所示。

表 9-22　安全性设计标准和适航规章数据模块

字段名	输入类型	输出类型
序号	键盘、鼠标	显示器、打印机
安全性设计要求	键盘	显示器、打印机
具体要求	键盘	显示器、打印机
要求对象	键盘	显示器、打印机
要求来源	键盘	显示器、打印机

6. 航空发动机功能失效状态输入/输出模块

航空发动机功能失效状态的数据输入/输出模块，如表 9-23 所示。

表9-23 航空发动机功能失效状态数据模块

字段名	输入类型	输出类型
型号	键盘、鼠标	显示器、打印机
ATA 章节号	键盘、鼠标	显示器、打印机
名称	键盘	显示器、打印机
航空发动机型	键盘、鼠标	显示器、打印机
功能编号	键盘	显示器、打印机
功能名称	键盘	显示器、打印机
失效状态编号	键盘	显示器、打印机
失效状态	键盘	显示器、打印机
飞行阶段	键盘	显示器、打印机
对飞机和人员的影响	键盘	显示器、打印机
影响等级	键盘	显示器、打印机
支撑材料	键盘	显示器、打印机
验证方法	键盘	显示器、打印机
对应的安全性要求	键盘	显示器、打印机

7. 航空发动机系统/部件功能失效模式输入/输出模块

航空发动机系统/部件功能失效模式输入/输出模块，如表9-24所示。

表9-24 航空发动机系统/部件功能失效模式数据模块

字段名	输入类型	输出类型
型号	键盘、鼠标	显示器、打印机
ATA 章节号	键盘、鼠标	显示器、打印机
名称	键盘	显示器、打印机
航空发动机型	键盘、鼠标	显示器、打印机
系统/部件名称	键盘	显示器、打印机
功能说明	键盘	显示器、打印机
失效状态	键盘	显示器、打印机
飞行阶段	键盘	显示器、打印机

续表

字段名	输入类型	输出类型
失效影响	键盘	显示器、打印机
影响等级	键盘	显示器、打印机
验证方式	键盘	显示器、打印机
备注	键盘	显示器、打印机

8. 航空发动机运行监测数据输入/输出模块

航空发动机运行监测数据输入/输出模块，如表 9-25 所示。

表 9-25　航空发动机运行监测数据模块

字段名	输入类型	输出类型
航空发动机型号	键盘、鼠标	显示器、打印机
机型	键盘、鼠标	显示器、打印机
日期	键盘、鼠标	显示器、打印机
飞行时间	键盘、鼠标	显示器、打印机
起落次数	键盘、鼠标	显示器、打印机
马赫数	键盘、鼠标	显示器、打印机
高度和进口压力	键盘	显示器、打印机
进口总温	键盘	显示器、打印机
航空发动机燃气温度(EGT)	键盘	显示器、打印机
油门杆角度	键盘	显示器、打印机
高压转子转速(N2)	键盘	显示器、打印机
低压转子转速(N1)	键盘	显示器、打印机
燃油质量流量(FF)	键盘	显示器、打印机
航空发动机压比(EPR)	键盘	显示器、打印机
中间级压气机压力	键盘	显示器、打印机
压气机出口温度	键盘	显示器、打印机
振动	键盘	显示器、打印机
滑油消耗量	键盘	显示器、打印机
滑油温度	键盘	显示器、打印机

续表

字段名	输入类型	输出类型
滑油压力差	键盘	显示器、打印机
滑油污染	键盘	显示器、打印机
排气喷口位置	键盘	显示器、打印机
不连续	键盘	显示器、打印机
静子位置	键盘	显示器、打印机
用户引气	键盘	显示器、打印机

9. 航空发动机故障统计数据输入/输出模块

航空发动机故障统计数据输入/输出模块，如表 9-26 所示。

表 9-26 航空发动机故障统计数据模块

字段名	输入类型	输出类型
航空发动机型号	键盘、鼠标	显示器、打印机
机型	键盘、鼠标	显示器、打印机
日期	键盘、鼠标	显示器、打印机
材料缺陷类型	键盘	显示器、打印机
材料失效类型	键盘	显示器、打印机
材料性质	键盘	显示器、打印机
材料失效的主要原因	键盘	显示器、打印机
运转条件	键盘	显示器、打印机
材料对外部环境的整体承载力	键盘	显示器、打印机
缺陷发生尺寸	键盘	显示器、打印机
发生率	键盘	显示器、打印机
实验方法	键盘	显示器、打印机
材料失效判定标准	键盘	显示器、打印机
断裂韧度	键盘	显示器、打印机
应力极值	键盘	显示器、打印机
剩余强度许用值	键盘	显示器、打印机
初始裂纹尺寸	键盘	显示器、打印机
临界裂纹尺寸	键盘	显示器、打印机

9.6 数据树分类

树型管理实际就是用树形图(树状图)进行管理。树形图,亦称树状图。树形图是数据树的图形表示形式,以父子层次结构来组织对象,是枚举法的一种表达方式。

树型数据在关系数据库中的常用存储方式主要有双亲表方式、层次表方式、先根遍历树表方式、扩展的线索二叉树表方式等四种。另外,还有双亲与层次表结合方式、带有层号的先根遍历树表、先根遍历层次兄弟树表方式三种变种,前一种是双亲表方式和层次表方式的结合,后两种是先根遍历树表方式的扩展。

常用存储方式设计为层次表方式。层次表方式的思路也较为简洁,通过记录节点编号和从根节点起到目标节点的路径来存储树型结构的关系,其中路径一般由节点编号的序列组成。

9.6.1 文件树

关于文件树,主要是为了将文件归为树状形式,将相似文件或者相同出处(例如相同的国家、航空公司等)的文件放在一棵子树中,之后按照不同层次划分,方便管理员管理。每一个文件树节点都有对应的目录,以及自身的所属层次,如表9-27所示。

表9-27 文件树

数据项中文名	数据类型	是否主键
目录	nvarchar	是
所属层次	nvarchar	否

文件树中的目录可用该文件路径,由从根节点起进行编号的序列组成。通过所属层次能够更加清晰地看出该文件在整个文件树中的所在位置。

9.6.2 ATA 章节表

1. ATA 100 号规范简介

ATA 100 号规范是美国航空运输协会(Air Transport Association of America, ATA)同航空制造商和航空公司共同制定的一种规范,用以统一各种民用航空产品厂商所出版的各种技术资料的编号。这一规范已被很多国家所采用,成为一种民用航空器各种产品在设计、制造、使用、维修等各种资料、文件、函电、报告和目录索引的国际间的统一编号，使各种技术记录和数据处理趋于统一，改进了各种资料和文件的归档保管，促进了民用航空各种情况的交流和对比。

ATA 100 号规范是建立针对飞机、航空发动机、附件制造业对于其产品呈现出数据的标准，这些标准实际上是推荐性的，而且这些标准可以并入制造业与使用者的购买合约内成为强制执行的文件。

2. ATA 100 号规范分类

航空设备大体上可分成"航空器"和"动力装置"两大类，其中"航空器"又可划分为："总体"、"系统"和"结构"三类，"动力装置"则可分为"螺旋桨/旋翼"和"航空发动机"两类，对每一分类所属各章的编号划分如下：

(1) 05～12 章为"总体"类；

(2) 20～49 章为"系统"类；

(3) 51～57 章为"结构"类；

(4) 60～65 章为"螺旋桨/旋翼"类；

(5) 70～91 章为"航空发动机"类。本书主要研究航空发动机类，因此涉及范围在 70～91 章。

系统/章号(system/chapter)：所谓"系统"是由相关机件组成的，用以完成某种特定的功能的集合，每一系统包括各种基础机件、仪表、机械操纵，以及与该系统相关的各种电气和液压件等。每一系统在手册中都称为"章"，每章都指定一个编号作为这一标准编号规范中的第一组号码。如高频通信系统、甚高频通信系统、内话和广播系统等共同组成了第 23 章"通信(communications)"章。

子系统/节号(subsystem/section)：所谓"子系统"是"系统"中的某一部分，每一个系统可以由几个子系统共同组成，每一个子系统还可以再划分为几个子系统。每一子系统拥有各自的编号作为标准编号规范中的第二组号码。ATA 对章节的规定到子系统一级。

组件/目号(unit/subject)：所谓"组件"是指组成"系统"、"子系统"并完成一定功能的组件，以及各个单独的线路、管路等。"组件"所编的"目号"成为标准编号规范中的第三组号码。这一编号由组件的制造厂家自行编排。

3. ATA 章节表内容

由于 ATA 100 号规范有不同的系统/章号，因此同样需要构造成数据树的形式，方便程序员编写与查找，如表 9-28 所示。

表 9-28　ATA 章节表

数据项中文名	数据类型	是否主键
ATA 章节号	nvarchar	是
ATA 名称	nvarchar	否
所属系统名称	nvarchar	否

9.6.3　航空公司数据树

　　列出航空公司数据树的表格是为了将航空公司归为树状形式，将航空公司相同的故障信息放在一棵航空公司子树中，且名称相同但地区不同的航空公司应在一棵子树下，属于同一级别，如表 9-29 所示。之后按照不同层次依次划分，每一个航空公司数据树节点都有对应的目录，以及自身的所属层次，管理员可以对航空公司的分类进行管理。

表 9-29　航空公司数据树

数据项中文名	数据类型	是否主键
目录	nvarchar	是
所属层次	nvarchar	否

　　航空公司数据树表的目录为该数据树路径，由从根节点起进行编号的序列组成。通过所属层次能够更加清晰地看出该数据树在整个航空公司数据树中的所在位置。

9.7　数据库业务流程设计

9.7.1　航空发动机数据库用户定位

　　本数据库系统的用户定位是：所有互联网用户，尤其是经常从事军民用航空发动机故障研究的专业人员、科研人员，以及公司或机构内部人员等。这一类的用户群体对航空发动机这一事物的接受度普遍较高，在线查阅数据库这种手段给其带来了方便。

9.7.2　系统总体业务流程分析

　　业务流程，是指为达到特定的价值目标而由不同的人分别共同完成的一系列活动。活动之间不仅有严格的先后顺序限定，而且活动的内容、方式、责任等也都必须有明确的安排和界定，以使不同活动在不同岗位角色之间进行转手交接成为可能。活动与活动之间在时间和空间上的转移可以有较大的跨度。

　　如图 9-4 所示，使用航空发动机安全性数据库系统，相关人员首先要进行系

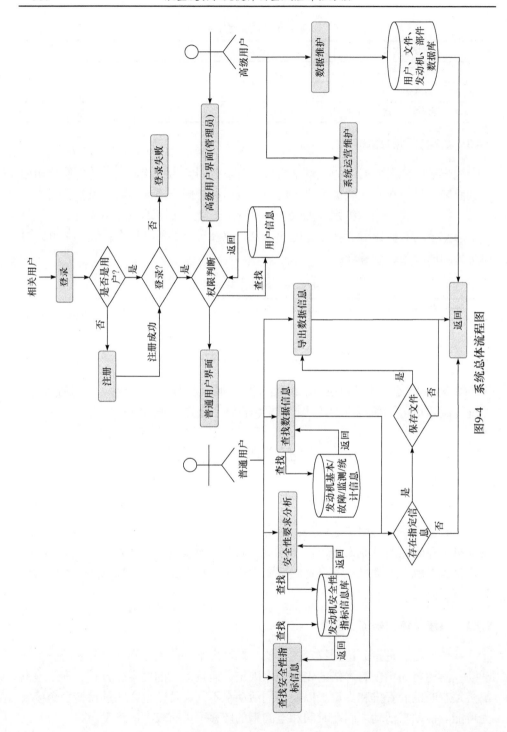

图9-4 系统总体流程图

统的登录和用户的注册。成为用户后，用户根据自身角色信息可以查询相关基本/故障信息或安全性指标信息等。为增强数据库系统的安全性，系统对用户的使用权限进行配置，不同权限的用户对系统各模块的操作和更改的权限不同。普通用户使用本软件进行故障检索学习、文件下载和安全性分析等操作，用户浏览故障信息后可选择下载保存，生成相关文件。符合相应角色的系统管理员用户能够对系统的用户权限进行配置更改，并且能够对数据库内的用户信息、航空发动机相关故障信息和数据库系统等进行修改和维护操作。数据库系统由相关管理员管理，负责系统运营维护与数据维护工作。

9.7.3　系统前台业务流程分析

航空发动机数据库系统前台业务流程主要体现在在线查询基本/故障信息或安全性指标信息，主要介绍用户根据自身角色权限信息在线查询故障数据的业务流程。在线登录系统是用户进入网站的入口，用户通过登录网站，浏览、查询相关信息，并可以选择导出数据信息或文件，如图 9-5 所示。

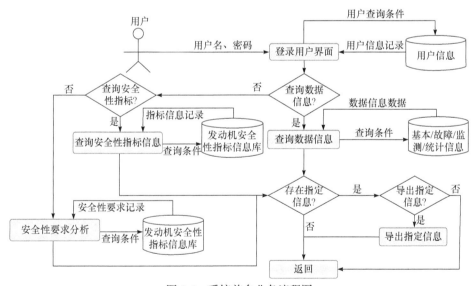

图 9-5　系统前台业务流程图

9.7.4　系统后台业务流程分析

· 　后台管理主要是针对管理员的操作流程，管理员登录系统之后，可以查看基本/故障信息或安全性指标信息；同时还可以根据自身角色权限信息对用户信息进行查看以及编辑，更改用户的权限等；管理员需要维护数据库的数据，可对数据库进行恢复和备份，对数据库信息进行添加、修改、删除等操作；最后需要做好对系统的运营维护工作，如图 9-6 所示。

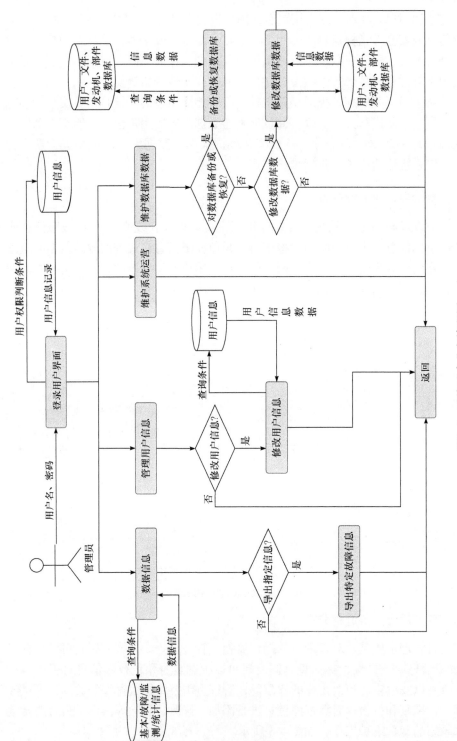

图9-6 系统后台业务流程图

9.8　业务数据流

数据流(data stream)是一组有序、有起点和终点的字节的数据序列，包括输入流和输出流。表 9-30 为针对数据库所设计的业务数据流表。

表 9-30　业务数据流表

数据流编号	F-01
名称：飞机输入基本信息 简述：在系统中航空发动机故障件所属飞机的信息数据 来源：系统高级用户 去向：用户信息 组成：飞机数据表 数据结构：单位管理信息、用户管理信息、角色管理信息、飞机基本信息表	

数据流编号	F-02
名称：飞机输出基本信息 简述：查阅航空发动机故障件所属飞机的信息数据 来源：系统用户(普通/高级) 去向：用户信息 组成：飞机数据表 数据结构：单位管理信息、用户管理信息、角色管理信息、飞机基本信息表	

数据流编号	F-03
名称：注册信息 简述：注册系统需登录的信息 来源：相关用户 去向：用户信息 组成：单位管理表、用户管理表、角色管理表 数据结构：单位管理信息、用户管理信息、角色管理信息	

数据流编号	F-04
名称：登录信息 简述：登录系统需要的用户信息 来源：系统用户(普通/高级) 去向：用户信息 组成：单位管理表、用户管理表、角色管理表 数据结构：单位管理信息、用户管理信息、角色管理信息	

数据流编号	F-05
名称：文件输入信息 简述：管理员增、删、改并存储各类航空发动机故障的文件信息 来源：高级用户 去向：系统用户(普通/高级) 组成：单位管理表、用户管理表、角色管理表、文件管理表 数据结构：单位管理信息、用户管理信息、角色管理信息、文件管理信息	

数据流编号	F-06

名称：文件输出信息

简述：用来显示各类航空发动机故障的文件信息，用户登录后可查阅

来源：系统用户(普通/高级)

去向：系统用户(普通/高级)

组成：单位管理表、用户管理表、角色管理表、文件管理表

数据结构：单位管理信息、用户管理信息、角色管理信息、文件管理信息

数据流编号	F-07

名称：航空发动机基本数据输入信息

简述：在系统中增、删、改航空发动机基本信息发生后的数据以及相关参数

来源：高级用户

去向：系统用户(普通/高级)

组成：单位管理表、用户管理表、角色管理表、航空发动机基本数据信息表

数据结构：单位管理信息、用户管理信息、角色管理信息、航空发动机基本数据信息

数据流编号	F-08

名称：航空发动机基本数据输出信息

简述：用户查阅航空发动机故障发生后的基本数据以及相关参数

来源：高级用户

去向：系统用户(普通/高级)

组成：单位管理表、用户管理表、角色管理表、航空发动机基本数据信息表

数据结构：单位管理信息、用户管理信息、角色管理信息、航空发动机基本数据信息

数据流编号	F-09

名称：航空发动机故障数据输入信息

简述：用户查阅航空发动机故障发生后的基本数据以及相关参数

来源：高级用户

去向：系统用户(普通/高级)

组成：单位管理表、用户管理表、角色管理表、航空发动机故障数据信息表、航空发动机运行监测数据表、航空发动机故障统计数据表

数据结构：单位管理信息、用户管理信息、角色管理信息、航空发动机故障数据信息、航空发动机运行监测数据信息、航空发动机故障统计数据信息

数据流编号	F-10

名称：航空发动机故障数据输出信息

简述：用户查阅航空发动机故障发生后的基本数据以及相关参数

来源：高级用户

去向：系统用户(普通/高级)

组成：单位管理表、用户管理表、角色管理表、航空发动机故障数据信息表、航空发动机运行监测数据表、航空发动机故障统计数据表

数据结构：单位管理信息、用户管理信息、角色管理信息、航空发动机故障数据信息、航空发动机运行监测数据信息、航空发动机故障统计数据信息

数据流编号	F-11

名称：航空发动机组件/附件故障数据输入信息

简述：在系统中增、删、改航空发动机故障发生后组件/附件的基本数据以及相关参数

续表

数据流编号	F-11

来源：高级用户

去向：系统用户(普通/高级)

组成：单位管理表、用户管理表、角色管理表、航空发动机故障数据信息表、航空发动机组件/附件故障数据信息表、航空发动机运行监测数据表、航空发动机故障统计数据表

数据结构：单位管理信息、用户管理信息、角色管理信息、航空发动机故障数据信息、航空发动机组件/附件故障数据信息、航空发动机运行监测数据信息、航空发动机故障统计数据信息

数据流编号	F-12

名称：航空发动机组件/附件故障数据输出信息

简述：用户查阅航空发动机故障发生后组件/附件的基本数据以及相关参数

来源：高级用户

去向：系统用户(普通/高级)

组成：单位管理表、用户管理表、角色管理表、航空发动机故障数据信息表、航空发动机组件/附件故障数据信息表、航空发动机运行监测数据表、航空发动机故障统计数据表

数据结构：单位管理信息、用户管理信息、角色管理信息、航空发动机故障数据信息、航空发动机组件/附件故障数据信息、航空发动机运行监测数据信息、航空发动机故障统计数据信息

数据流编号	F-13

名称：安全性设计标准和指标输入信息

简述：在系统中增、删、改安全性设计准则和标准的条例及数据

来源：高级用户

去向：系统用户(普通/高级)

组成：单位管理表、用户管理表、角色管理表、安全性设计标准和适航规章、航空发动机安全性指标体系数据表

数据结构：单位管理信息、用户管理信息、角色管理信息、安全性设计标准和适航规章、航空发动机安全性指标体系

数据流编号	F-14

名称：安全性设计标准和指标输出信息

简述：用户查阅安全性设计准则和标准的条例及数据

来源：高级用户

去向：系统用户(普通/高级)

组成：单位管理表、用户管理表、角色管理表、安全性设计标准和适航规章、航空发动机安全性指标体系数据表

数据结构：单位管理信息、用户管理信息、角色管理信息、安全性标准和适航规章、航空发动机安全性指标体系

9.9　数据库功能模块设计

　　航空发动机安全性数据库的目的是保障航空发动机安全性验证，本节说明数据库总体功能模块方案设计：包括系统管理、航空发动机基本信息、航空发动机

故障数据、航空发动机安全性指标、航空发动机安全性要求分析等功能模块，说明数据库功能模块与业务流程的关系，给出数据库应用实例。数据库的功能主要包括用户管理、数据维护，以及数据库的开发调试等。

9.9.1　航空发动机安全性数据库功能总体设计

系统设计是系统开发过程中核心的一项工程活动，其主要任务是提供一张详细的"设计图纸"来指导开发者完成系统的开发过程。根据系统需求分析，开展了系统各功能模块的详细设计。在设计时，将整个系统看作一个规模较大的功能模块，再根据数据库所需要的功能将其划分为多个子功能模块，实现系统的设计方案。航空发动机数据库的功能模块设计可借鉴民用飞机航空运营安全管理与风险预警数据库管理软件的功能界面设计。

数据库系统功能主要分为前台和后台管理模块，具体功能如图 9-7 所示。

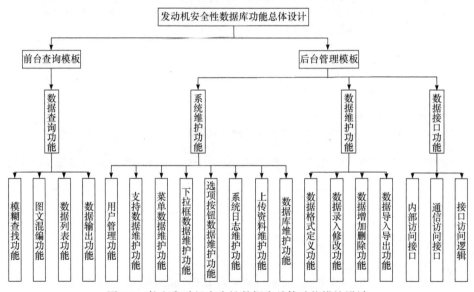

图 9-7　航空发动机安全性数据库总体功能模块设计

1. 系统维护功能

(1) 用户管理功能：提供对使用本系统的用户的管理，包括用户增删、用户权限控制、用户密码管理等。

(2) 支持数据维护功能：提供军民用航空发动机关键件安全性分析失效评价系统的基础信息和支持数据的管理及维护。

(3) 菜单数据维护功能：帮助系统管理人员对用户显示菜单进行编辑修改，提供不同使用人员不同操作界面的能力。

(4) 下拉框数据维护功能：帮助系统管理人员对系统下拉框内容进行维护和更改的功能，保证数据规范管理的查询。

(5) 选项按钮数据维护功能：帮助系统管理人员对系统选项按钮条目进行维护和更改的功能，保证数据规范管理的查询。

(6) 系统日志维护功能：帮助系统管理人员监视系统操作记录，浏览操作日志，跟踪数据变化，追忆和定位错误来源。

(7) 上传资料维护功能：统一管理用户以及管理员上传的所有资料文档，包括引用的图片、表格文件，参考文献，以及军民用航空发动机关键件安全性分析出处文献等内容。

(8) 数据库维护功能：提供对数据库备份、恢复功能。

2. 数据维护功能

(1) 数据格式定义功能：支持维护人员动态设计军民用航空发动机关键件安全性分析失效数据库的结构、军民用航空发动机关键件安全性分析手册维护、军民用航空发动机关键件安全性分析失效数据定义等功能。包括军民用航空发动机关键件安全性分析目录的编辑、更改、删除，目录结构定义，以及目录次序编辑等。

(2) 数据录入修改功能：提供军民用航空发动机关键件安全性分析失效数据的插入、修改功能，军民用航空发动机关键件安全性分析条目的编辑输入功能等。包括条目文字编辑、条目图片或表格引用、条目出处编辑、参考文献编辑、关键字编辑及术语名词编辑等。

(3) 数据增加删除功能：提供维护人员删除、增加军民用航空发动机关键件安全性分析失效数据记录和基础数据记录的功能。

(4) 数据导入导出功能：提供对文件系统的支持，是导入导出相关格式化的数据文件。

3. 数据查询功能

(1) 模糊查找功能：提供军民用航空发动机关键件安全性分析失效数据模糊查找、匹配、筛选等功能，并列表显示关键字所对应的条目列表和条目摘要，或者详细查看条目内容及关键字所在位置。

(2) 图文混编功能：图文混编方式展示军民用航空发动机关键件安全性分析失效数据和信息。

(3) 数据列表功能：列表显示军民用航空发动机关键件安全性分析失效数据库内容，并实现对列表的排序、统计等功能。

(4) 数据输出功能：实现数据打印输出、文件输出等功能。

4. 数据接口功能

(1) 内部访问接口：提供对数据库的内部应用的快速、高效的访问逻辑和访问接口功能。

(2) 通信访问接口：提供外部应用程序安全、可靠的数据访问能力和接口程序。

(3) 接口访问逻辑：设计数据校验、数据使用和数据编辑的逻辑控制功能。

9.9.2 航空发动机安全性数据库功能模块接口关系

按照系统体系结构要求，该平台拟采用基于 B/S 结构的网络体系结构，通过 web 技术，支持航空发动机安全性设计与管理工作的有序、协同开展，并在系统中设置访问权限。

系统平台中应设置登录界面，不同部门的专业人员可以登录该系统，根据系统中设置权限，在系统平台中填写航空发动机研制和使用的基本信息、故障信息报告和安全性设计标准和指标等；在主界面中，可以监控航空发动机使用中的相关信息，显示航空发动机在研制和使用中的故障信息以及四性(可靠性、维修性、测试性、保障性)指标变化情况。

随着计算机技术、自控技术和用户治理需求的发展，对监控系统的要求日益增加，需要一个具有完整功能的系统将各分系统组成一个有机的整体，在智能建筑硬件设备的基础上建立起一个集高度开放性、兼容性、便利性于一体的自动化治理系统——军民用航空发动机安全性数据库系统。因此我们需要进一步维护系统的整体水平及协调运行能力，彻底实现功能集成、网络集成、软件界面集成的总体目标，提供快捷、高效的服务与治理。

图 9-8 为数据库各个接口的设计部分，可为接口实现作参考。构建使用灵活、运行兼容性好、扩展方便、维护性好、界面美观的软件应用程序，为数据库系统提供操作界面和管理应用接口，实现数据、信息的综合计算管理功能。

图 9-8　航空发动机安全性数据库接口

建立军民用航空发动机关键件安全性分析失效数据库接口累积机制，同时建立软件系统的数据访问通道和软件数据接口，使该软件系统提供数据服务和数据支撑，形成数据库累积机制。

在系统中应设置与各类软件的集成接口，包括设计体系集成系统接口、与DOORS 软件接口、与产品数据管理(PDM)系统接口、与四性工具接口、试验数据管理接口(TDM)，具体接口简述如下。

1. 设计体系集成系统接口

实现与设计体系集成系统的人员信息的同步、实现用户身份统一认证、实现系统的单点登录。

2. 与 DOORS 接口

可以从 DOORS 中导入四性设计要求，包括空中停车率、MTBF、MTTR 等指标，另外，可将四性最终的设计结构导出，供 DOORS 导入，在 DOORS 中进行统一管理。

3. 与四性工具接口

系统集成结构库，支持包括 ISOGRAPH、RELEX、ITEM、SimFia 和NESSUS 等多厂商的工具集成，包括数据的转换和入库。

4. 与产品数据管理(PDM)接口

可与 PDM 实现航空发动机设计信息的同步，并将最终设计成果提交给 PDM系统，将文档提交到 PDM 系统去审核。

9.9.3 航空发动机安全性数据库功能模块初步设计

为了实现系统功能需求，本系统采用模块化设计。这里对航空发动机安全性数据库功能模块的设计进行说明。数据库中的数据信息都支持 Excel 导入、Excel导出、添加和删除选中等功能。

1. 航空发动机系统管理功能模块初步设计

1) 系统管理模块功能描述

该功能模块能为不同型号以及型号内不同的系统设置不同的团队成员，根据各公司或机构现有的组织架构，对不同的业务角色(研发中心、设计师系统、项目管理部、适航质量部等)设置不同的业务权限和密级，在本模块中分为单位管理、用户管理与角色管理。

(1) 单位管理。

该部分内容针对各公司或机构的组织机构，梳理组织机构中部门以及部门人员信息，设置人员密级以及操作权限，包括用户名、员工编号、性别、所属部门、所属角色、人员密级以及操作权限信息。

(2) 用户管理。

该部门内容可以对用户信息进行编辑和修改，根据不同用户角色(型号总师、技术主管、主任设计师和专业人员)登录不同权限的综合信息系统界面，满足不同专业和层次的人员的信息浏览需求。

(3) 角色管理。

在该模块中对系统的人员角色进行管理，主要目的是明确不同角色人员在该系统的职能和使用权限，包括角色名称、角色人员、角色描述、角色站点以及操作设置。拥有相应权限的角色通过账号定期更新数据。

2) 系统管理模块输入

系统管理模块输入分为单位管理、用户管理与角色管理三类，用户登录可设置用户名与密码，其他属性由数据库管理员管理，分配相应权限。

系统管理模块输入包括：

(1) 用户名；

(2) 密码。

3) 系统管理模块设计方案

系统管理分为三部分，分别为单位管理、用户管理和角色管理。首先根据用户名与密码登录系统，判定用户是否属于系统管理员或系统角色，系统根据用户权限调整用户菜单界面。图 9-9 为系统管理模块设计流程图。

4) 系统管理模块输出(接口)

若检验成功，则系统管理模块输出为：

单位信息管理

(1) 用户名；

(2) 员工编号；

(3) 性别；

(4) 所属部门；

(5) 所属角色；

(6) 人员密级；

(7) 操作权限信息。

用户信息管理

(1) 用户名；

(2) 密码；

(3) 用户权限。

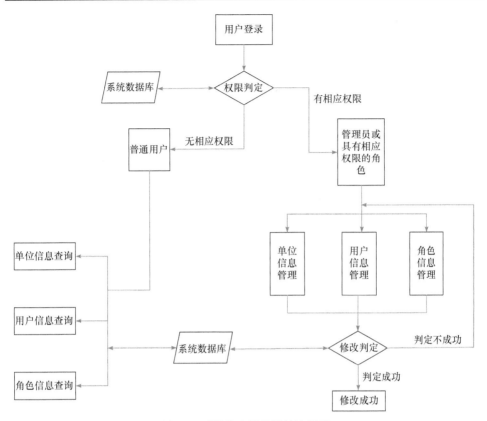

图 9-9　系统管理模块设计流程图

角色信息管理

(1) 角色名称;

(2) 角色人员;

(3) 角色描述;

(4) 角色站点;

(5) 操作设置。

若检验失败，则系统管理模块输出为：无当前用户名或密码错误。

2. 航空发动机基本信息功能模块初步设计

1) 基本信息模块功能描述

军民用航空发动机包括涡轴、涡扇和涡桨三类航空发动机，航空发动机基本信息模块涉及航空发动机基础数据等，为军民用航空发动机安全性评估提供基本信息依据。

其中涉及的管理信息包括航空发动机机型信息、航空发动机 ATA 章节号信息、结构件分类信息、使用时间信息等。根据录入航空发动机基本信息，可以以公司或机构为单位统计出机队航空发动机的信息，以图片或表格的形式反映出当前航空发动机基本状况。

2) 基本信息模块输入

航空发动机基本信息模块输入包括：

(1) 航空发动机型号；

(2) ATA 章节号；

(3) 名称；

(4) 使用/在役时间；

(5) 结构件分类；

(6) 零组件/附件分类；

(7) 功能；

(8) 图纸编号及版本；

(9) 标识；

(10) 备注；

(11) 预留字段 01。

3) 基本信息模块设计方案

航空发动机基本信息功能模块是对航空发动机基本信息的功能管理。

在本模块中，根据用户登录系统时系统对用户权限的判定，则普通用户只能进入信息查询界面，可以实现查询功能；管理员用户可以进入信息管理界面，对信息有添加、删除、修改和查询功能。航空发动机基本信息模块设计流程如图 9-10 所示。

4) 基本信息模块输出(接口)

若与数据库字段匹配成功，则航空发动机基本信息模块输出为：

(1) 航空发动机型号；

(2) ATA 章节号；

(3) 名称；

(4) 使用/在役时间；

(5) 结构件分类；

(6) 零组件/附件分类；

(7) 功能；

(8) 图纸编号及版本；

(9) 标识；

(10) 备注；

(11) 预留字段 01。

若与数据库字段匹配失败，则航空发动机基本信息模块输出为：查询不到此类航空发动机信息。

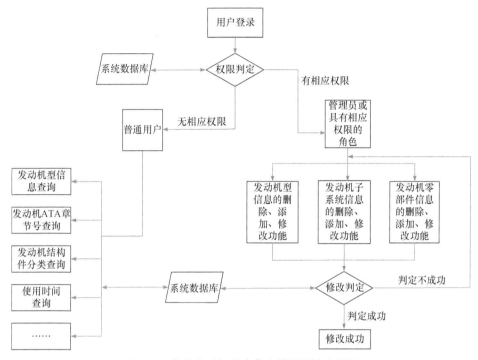

图 9-10　航空发动机基本信息模块设计流程图

3. 航空发动机故障数据功能模块初步设计

1) 故障数据模块功能描述

故障信息管理模块是对航空发动机故障信息的记录、统计和处理。对航空发动机的故障信息进行统计分析，有助于相关研究及工作人员积累经验，为下次故障排除奠定基础。在本模块中，需要实现的功能包括故障信息的录入、故障信息的查询和故障信息的统计。

故障信息的录入：管理员在管理界面对航空发动机以往的故障信息进行录入。

故障信息的查询：用户在故障信息查询界面以航空发动机号、故障日期、所处单位、ATA 章节号、发生阶段、故障描述、故障处理为查询条件进行查询。本功能运用模糊查询方法，为了便于得到纸质版存档，系统可设计保存功能，可以将显示的结果保存为 Excel 文档等，便于打印。

故障信息统计：故障信息统计功能是帮助用户实现快捷操作，帮助管理者对故障信息进行归类总结，以便找出故障发生规律，做好维修和预防工作。在本功能模块中，可分别设计按使用/在役时间统计、按 ATA 章节号统计、按发生阶段统计、按系统/子系统/零组件故障统计等统计方法。在每种统计方法中都可设计图表显示数据保存功能。

2) 故障数据模块输入

航空发动机故障数据模块输入包括：

(1) ATA 章节号、名称、型号、功能；

(2) 图纸编号及版本；

(3) 标识；

(4) 故障时间；

(5) 故障模式及原因；

(6) 故障影响；

(7) 故障的识别与纠正措施；

(8) 带故障派遣要求；

(9) 级联的或并发的有害故障的影响；

(10) 故障率；

(11) 平均故障间隔时间；

(12) 置信度与置信区间上下限；

(13) 故障模式频数比；

(14) 故障模式的故障率；

(15) 暴露时间；

(16) 故障模式的发生概率；

(17) 危害等级；

(18) 是否隐蔽故障；

(19) 故障确认方式；

(20) 验证状态；

(21) 数据来源、类型与描述；

(22) 数据来源报告名称、编号、报告版本与日期。

3) 故障数据模块设计方案

在本模块中，需要实现的功能包括故障信息的录入、故障信息的查询和故障信息的统计。航空发动机故障数据模块设计流程图如图 9-11 所示。

4) 故障数据模块输出(接口)

若与数据库字段匹配成功，则航空发动机故障数据模块输出包括：

(1) ATA 章节号、名称、型号、功能；

(2) 图纸编号及版本；

(3) 标识；

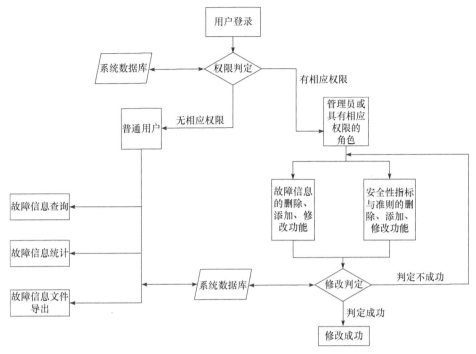

图 9-11 航空发动机故障数据模块设计流程图

(4) 故障时间;

(5) 故障模式及原因;

(6) 故障影响;

(7) 故障的识别与纠正措施;

(8) 带故障派遣要求;

(9) 级联的或并发的有害故障的影响;

(10) 故障率;

(11) 平均故障间隔时间;

(12) 置信度与置信区间上下限;

(13) 故障模式频数比;

(14) 故障模式的故障率;

(15) 暴露时间;

(16) 故障模式的发生概率;

(17) 危害等级;

(18) 是否隐蔽故障;

(19) 故障确认方式;

(20) 验证状态;

(21) 数据来源、类型与描述；

(22) 数据来源报告名称、编号、报告版本与日期。

若与数据库字段匹配失败，航空发动机故障数据模块输出为：查询不到此类航空发动机故障信息。

4. 航空发动机安全性指标功能模块初步设计

1) 安全性指标模块功能描述

航空发动机主要考虑导致航空发动机不同危险等级的危险概率要求、研制保证等级要求(主要针对航空发动机控制系统)。为了进一步明确本书中适航/安全性指标体系，航空发动机安全性指标模块整合安全性指标体系的分类以及指标体系构成要素，进一步界定了数据库的安全性指标研究范围，为后续研究提供输入。

2) 安全性指标模块输入

航空发动机安全性指标模块输入包括：

(1) 航空发动机型号；

(2) ATA 章节号；

(3) 名称；

(4) 安全性设计要求；

(5) 具体要求；

(6) 要求对象；

(7) 要求来源。

3) 安全性指标模块设计方案

航空发动机适航/安全性指标的衡量航空发动机危险等级和危险发生可能性的相关要求，一般指的是导致航空发动机不同危险等级的危险概率、风险指数以及相关安全性要求，包括危险发生的边界指标要求(即安全性约束性指标，可以是定性或定量要求)。航空发动机安全性指标体系提出了航空发动机安全性要求与危险类别、安全性指标之间的联系。

航空发动机安全性指标模块整合安全性指标体系的分类以及指标体系构成要素，进一步界定了数据库的安全性指标研究范围，在本模块中，航空发动机安全性指标模块设计流程图如图 9-12 所示。

4) 安全性指标模块输出(接口)

若与数据库字段匹配成功，航空发动机安全性指标模块输出包括：

(1) ATA 章节号、名称、型号、功能；

(2) 图纸编号及版本；

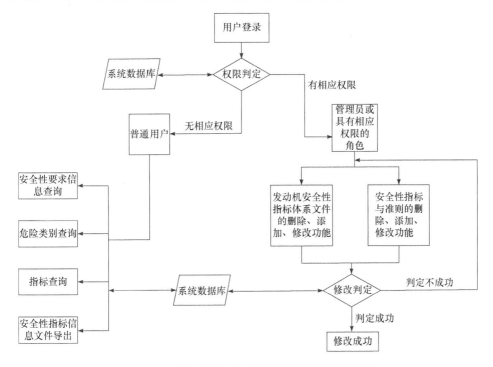

图 9-12 航空发动机安全性指标模块设计流程图

(3) 标识；

(4) 故障时间；

(5) 故障模式及原因；

(6) 故障影响；

(7) 故障的识别与纠正措施；

(8) 带故障派遣要求；

(9) 级联的或并发的有害故障的影响；

(10) 故障率；

(11) 平均故障间隔时间；

(12) 置信度与置信区间上下限；

(13) 故障模式频数比；

(14) 故障模式的故障率；

(15) 暴露时间；

(16) 故障模式的发生概率；

(17) 危害等级；

(18) 是否隐蔽故障；

(19) 故障确认方式；

(20) 验证状态；

(21) 数据来源、类型与描述；

(22) 数据来源报告名称、编号、报告版本与日期；

(23) 安全性要求；

(24) 危险类别；

(25) 主要考虑危险因素；

(26) 典型失效事件/影响。

若与数据库字段匹配失败，航空发动机安全性指标模块输出为：查询不到此类航空发动机安全性指标信息。

5. 航空发动机运行监测趋势分析功能模块初步设计

1) 运行监测趋势分析功能模块功能描述

运行监测趋势分析数据主要为航空发动机动态运营数据，是指航空发动机在役运行中产生的各种数据，包括飞行时间、起落次数、航空发动机运行参数数据和状态、各个系统的数据和状态等。例如无线 QAR(quick access recorder)系统通过地面基站将在役运行数据传输到航空公司。通过对航空发动机运行数据的导入与分析，从而实现航空发动机运营预警功能。

2) 运行监测趋势分析功能模块输入

航空发动机运行监测趋势分析的主要输入信息包括：

(1) 航空发动机型号；

(2) 机型；

(3) 日期；

(4) 飞行时间；

(5) 起落次数；

(6) 马赫数；

(7) 高度和进口压力；

(8) 进口总温；

(9) 航空发动机燃气温度(EGT)；

(10) 油门杆角度；

(11) 高压转子转速(N2)；

(12) 低压转子转速(N1)；

(13) 燃油质量流量(FF)；

(14) 航空发动机压比(EPR)；

(15) 中间级压气机压力；

(16) 压气机出口温度；

(17) 振动；

(18) 滑油消耗量；

(19) 滑油温度；

(20) 滑油压力差；

(21) 滑油污染；

(22) 排气喷口位置；

(23) 不连续

(24) 静子位置；

(25) 用户引气。

3) 运行监测趋势分析功能模块设计方案

在航空发动机运行监测趋势分析功能模块中，普通用户与管理员可以在线查询航空发动机运行监测数据信息，并可以选择性地导出运行监测数据文件。管理员除查询和导出权限外，还具有对航空发动机运行监测数据信息的增加、删除、更改的权限。图 9-13 给出了航空发动机运行监测趋势分析功能模块的设计流程图。

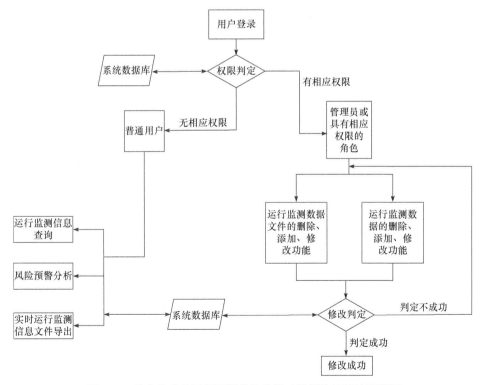

图 9-13　航空发动机运行监测趋势分析功能模块的设计流程图

　　利用数理统计等知识，对得到的航空发动机运行监测数据信息进行统计和汇总。在充分研究数据信息特点的基础上，选取在实际飞行中对安全产生较大影响的特征参数，运用算法建立相应的数学模型，对于某些可能威胁到航空发动机安全的事件进行提前的趋势分析与预警。

　　4) 运行监测趋势分析功能模块输出(接口)

　　若与数据库字段匹配成功，则航空发动机运行监测趋势分析主要输出信息包括：

　　(1) 航空发动机型号；

　　(2) 机型；

　　(3) 日期；

　　(4) 飞行时间；

　　(5) 起落次数；

　　(6) 马赫数；

　　(7) 高度和进口压力；

　　(8) 进口总温；

　　(9) 航空发动机燃气温度(EGT)；

　　(10) 油门杆角度；

　　(11) 高压转子转速(N2)；

　　(12) 低压转子转速(N1)；

　　(13) 燃油质量流量(FF)；

　　(14) 航空发动机压比(EPR)；

　　(15) 中间级压气机压力；

　　(16) 压气机出口温度；

　　(17) 振动；

　　(18) 滑油消耗量；

　　(19) 滑油温度；

　　(20) 滑油压力差；

　　(21) 滑油污染；

　　(22) 排气喷口位置；

　　(23) 不连续；

　　(24) 静子位置；

　　(25) 用户引气。

6. 航空发动机故障统计数据功能模块初步设计

1) 故障统计数据功能模块功能描述

故障统计数据功能模块主要涉及的数据为航空发动机故障统计数据，包括材料缺陷的发生尺寸、发生率低循环数统计、各种参数变化曲线等。部件的概率失效风险评估中，输入的是材料缺陷的发生尺寸和发生率，此类信息实质上是统计数据，可用指定数量的材料中超出某一特定尺寸的内含物的数量的图示方式表示。

2) 故障统计数据功能模块输入

航空发动机故障统计数据功能模块的主要输入信息包括：

(1) 航空发动机型号；

(2) 日期；

(3) 材料缺陷类型；

(4) 材料失效类型；

(5) 材料性质；

(6) 材料失效的主要原因；

(7) 运转条件；

(8) 材料对外部环境的整体承载力；

(9) 缺陷发生尺寸；

(10) 发生率；

(11) 实验方法；

(12) 材料失效判定标准；

(13) 断裂韧度；

(14) 应力极值；

(15) 剩余强度许用值；

(16) 初始裂纹尺寸；

(17) 临界裂纹尺寸。

3) 故障统计数据功能模块设计方案

在该功能模块中，故障统计数据的输入都可用于常用的数值计算方法，多用于用传统方法难以解决的问题中。在航空发动机安全性评估中，由于实际情况含有不确定的随机因素，分析起来通常比确定性的数据更加困难，很难得到解析的结果，因此可采用统计数据模拟的方法得到故障统计数据功能模块的输出，即各类故障数据统计类别与总数、发生率低循环数统计、各种参数变化曲线和风险预期结果等。图 9-14 为故障统计数据功能模块的设计流程图。

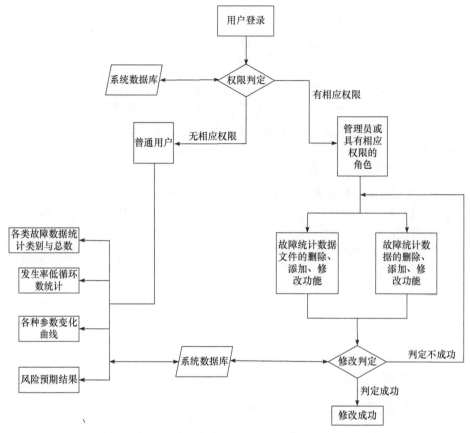

图 9-14　航空发动机故障统计数据功能模块的设计流程图

4) 故障统计数据功能模块输出(接口)

若与数据库字段匹配成功，则航空发动机故障统计数据模块主要输出信息包括：

(1) 各类故障数据统计类别与总数；

(2) 发生率低循环数统计；

(3) 各种参数变化曲线；

(4) 风险预期结果。

7. 航空发动机安全性要求分析功能模块初步设计

1) 安全性要求分析功能模块功能描述

基于飞机级 PASA(初步飞机级安全性评估)以及飞机级 AFHA(飞机级功能危害评估)将飞机级功能失效状态分解至发动机，明确发动机整机级安全性要求，进一步开展发动机的 FHA 工作，确定发动机系统/子系统/零组件功能清单，分析每个功能可能的失效状态，分析失效影响，设定安全性指标。

该模块涵盖研制阶段的航空发动机系统安全性评估工作过程以及使用阶段的持续安全性工作，具体包括功能危险分析、研制保证等级分析、故障树分析、FMEA/FMES，以及安全性监控参数设置和安全性参数监控等。

2) 安全性要求分析功能模块输入

开展航空发动机系统/子系统/零组件的安全性要求分析的主要输入信息包括：

(1) 航空发动机系统/子系统/零组件的功能清单、功能架构和功能流程；

(2) 航空发动机系统/子系统/零组件的功能失效状态；

(3) 航空发动机系统/子系统/零组件的不同功能失效状态危险等级和概率要求；

(4) 航空发动机的外部危险因素；

(5) 航空发动机系统/子系统/零组件的相关标准和适航规章要求，对于军用航空发动机，重点以 GJB 241A/242A 为主体，以 MIL-HDBK-516C、CCAR-33 部为参考；

(6) 相似型号安全性工程经验。

3) 安全性要求分析功能模块设计方案

安全性要求分析功能模块需要系统根据输入信息或查询信息进行故障信息分析：运用功能危险分析、初步系统安全性评估、系统安全性评估、共因分析等安全性分析方法，对以往的故障信息进行故障归类，对故障的发生原因和故障处理方法进行统计。用户可以根据航空发动机故障现象，在此功能模块中查询所需信息，例如航空发动机故障部件、故障原因以及排除方法等。管理员可以对安全性分析方法进行添加，丰富安全性分析方法。本功能可以利用安全性分析方法查找故障原因，进行航空发动机安全性要求分析，通过故障信息判断是否符合安全性指标要求。

确定飞机分解到航空发动机的功能失效状态，从而进一步开展航空发动机的 FHA 工作，在航空发动机 FHA 中，需要考虑对航空发动机、飞机、人员的影响。航空发动机最终的功能失效状态以及危险等级需要相关单位进行确认。图 9-15 给出了安全性要求分析功能模块的设计流程图。

4) 安全性要求分析功能模块输出(接口)

若与数据库字段匹配成功，则航空发动机系统/子系统/零组件的安全性要求分析的主要输出信息包括：

(1) 航空发动机型、名称以及型号；

(2) ATA 章节号；

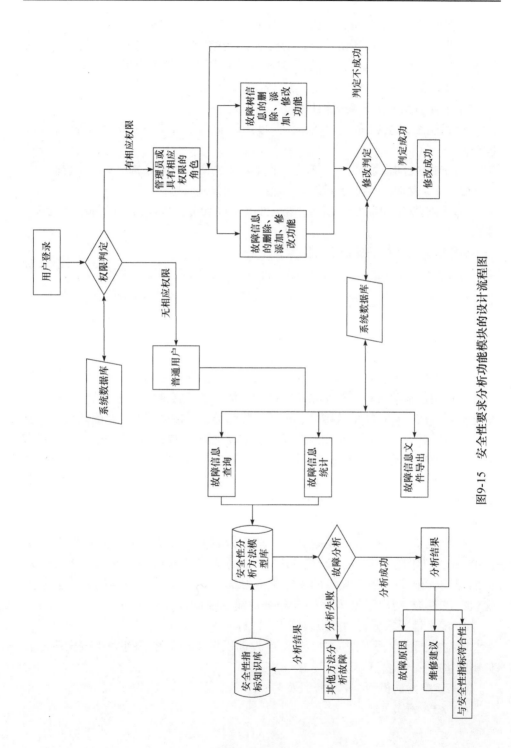

图9-15　安全性要求分析功能模块的设计流程图

(3) 功能编号；

(4) 功能名称；

(5) 失效状态编号；

(6) 失效状态；

(7) 飞行阶段；

(8) 对飞机和人员的影响；

(9) 影响等级；

(10) 支撑材料；

(11) 验证方法；

(12) 对应的安全性指标；

(13) 危险因素；

(14) 整机级安全性要求分解对应安全性指标；

(15) 适航相应安全性指标；

(16) 安全性指标分析。

若与数据库字段匹配失败，则航空发动机系统/子系统/零组件的安全性要求分析的主要输出为：查询不到此类航空发动机信息/查询不到此类航空发动机故障信息/无相关航空发动机安全性要求分析方法。

8. 航空发动机数据导入导出功能模块初步设计

1) 数据导入导出功能模块功能描述

数据文件的导入导出，是数据库的一种专用命令。不同数据库对于导入导出的要求不同。数据库系统中的数据皆可通过数据导入导出功能模块，根据权限将数据导入数据库中，或根据权限将数据从数据库导出到本地。

2) 数据导入导出功能模块输入

航空发动机数据导入导出功能模块的主要输入信息包括：

(1) 航空发动机系统管理功能模块数据；

(2) 航空发动机基本信息功能模块数据；

(3) 航空发动机故障数据功能模块数据；

(4) 航空发动机安全性指标功能模块数据；

(5) 航空发动机运行监测趋势分析功能模块数据；

(6) 航空发动机故障统计数据功能模块数据；

(7) 航空发动机安全性要求分析功能模块数据。

3) 数据导入导出功能模块设计方案

在数据库中按照一定的逻辑，调用接口层的各类功能接口，来实现数据导入与导出功能。普通用户可根据权限导出数据文件,管理员可导入与导出数据文件。图 9-16 为航空发动机数据导入导出功能模块的设计流程图。

4) 数据导入导出功能模块输出(接口)

若与数据库字段匹配成功,则航空发动机数据导入导出功能模块的主要输出信息类型为 Excel。

若与数据库字段匹配失败,则航空发动机数据导入导出功能模块的主要输出为:查询不到此类信息/查询不到此类故障信息/无相关安全性要求分析方法。

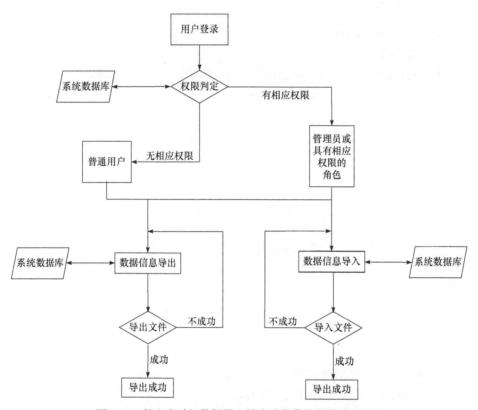

图 9-16　航空发动机数据导入导出功能模块的设计流程图

9.10　航空发动机安全性数据库各模块与业务流程关系

航空发动机安全性数据库功能模块是整个系统级规模的功能模块,根据数据库所需的功能将其细分为多个子功能模块,从而来给系统的实现提供设计方案。子功能模块初步设计包括:

(1) 航空发动机系统管理功能模块初步设计；

(2) 航空发动机基本信息功能模块初步设计；

(3) 航空发动机故障数据功能模块初步设计；

(4) 航空发动机安全性指标功能模块初步设计；

(5) 航空发动机运行监测趋势分析功能模块初步设计；

(6) 航空发动机故障统计数据功能模块初步设计；

(7) 航空发动机安全性要求分析功能模块初步设计；

(8) 航空发动机数据导入导出功能模块初步设计。

航空发动机安全性数据库各个子功能模块之间互相有一定的关系，通过系统管理功能模块系统判定用户角色与权限；当用户查阅航空发动机相关资料时，可利用航空发动机基本信息功能模块或航空发动机故障数据功能模块查询信息，拥有修改权限的用户可更改航空发动机安全性相关指标；航空发动机安全性指标功能模块存放安全性指标相关信息，不同权限的用户可查阅或修改；航空发动机运行监测趋势分析功能模块通过对航空发动机运行数据的导入与分析，用户可根据权限实现航空发动机运营预警功能；航空发动机故障统计数据功能模块涉及材料缺陷的发生尺寸、发生率低循环数统计、各种参数变化曲线等，用户可根据权限通过已有参数得出各类参数变化曲线等；航空发动机安全性要求分析功能模块需要系统根据输入信息或查询信息进行故障信息分析：故障信息诊断模块运用功能危险分析、初步系统安全性评估、系统安全性评估、共因分析等安全性分析方法，对以往的故障信息进行故障归类，对故障的发生原因和故障处理方法进行统计；航空发动机数据导入导出功能模块初步设计可进行文件导入导出等操作。

航空发动机安全性数据库业务流程包括：

(1) 系统总体业务流程；

(2) 系统前台业务流程；

(3) 系统后台业务流程。

各功能模块与业务流程关系图如图 9-17 所示。

航空发动机安全性数据库功能模块侧重系统各模块的功能性设计，航空发动机安全性数据库业务流程则侧重每个功能模块的实现具体流程。

业务流程图，用于说明整个业务逻辑流向；

功能流程图，用于确定产品功能设计逻辑。

如果把业务流程比作树干，功能流程就是树干上长出的枝丫。前者帮助业务人员总览业务全貌，后者帮助业务人员厘清功能细节。

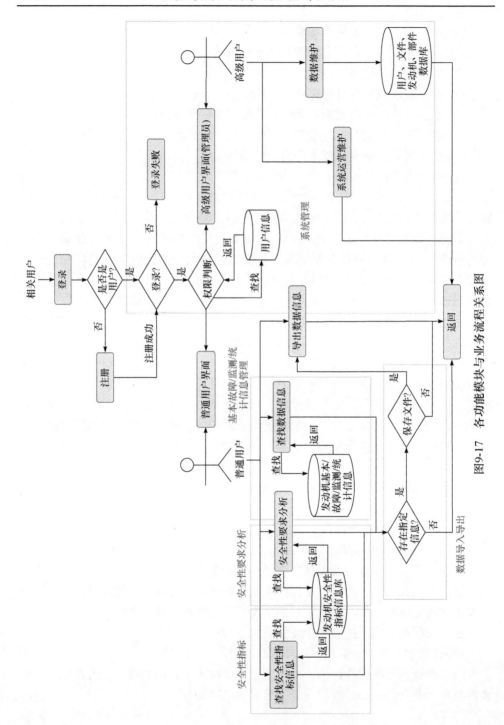

图9-17　各功能模块与业务流程关系图

9.11　数据库应用实例

9.11.1　管理员数据库应用实例

以管理员举例，在现有功能的基础上，描述管理员角度的数据库运用过程。

管理员首先登录航空发动机安全性数据库系统，输入用户名与密码，系统根据输入信息与数据库字段进行匹配，若匹配成功则进入数据库系统；若匹配失败则需重新输入(图 9-18)。

管理员在登录系统后，可进行维护系统或维护相关数据等操作，在系统业务流程中划分为查询模块与数据管理模块，数据管理模块可细分为信息与系统维护模块、数据维护模块(图 9-19)。

对于管理员，需在后台对用户信息和航空发动机各类数据等统一管理，因此采用系统后台业务流程图进一步具体说明管理员的下一步操作。

查询模块：管理员根据自身的角色权限，可以在后台查询航空发动机基本信息、故障信息以及安全性指标信息等，并根据实际需要选择是否导出相关文件，做好相关工作后可选择进行其他操作或退出系统(图 9-20)。

信息与系统维护模块：管理员可管理本系统的用户信息，包括用户增删、用户权限控制、用户密码管理等。管理员首先在数据库中筛选需要的用户数据，在系统中按照一定的规则修改特定的用户数据，并把修改的数据信息保存到数据库系统管理表项中，做好相关工作后可选择进行其他操作或退出系统(图 9-21)。

数据维护模块：管理员对于数据库的数据也需做相应的维护，包括数据格式定义功能、数据录入修改功能、数据增加删除功能以及数据导入导出功能等，做好相关工作后可选择进行其他操作或退出系统(图 9-22)。

9.11.2　普通用户数据库应用实例

以普通用户为例，在现有功能的基础上，描述用户角度的数据库运用过程。

用户首先登录航空发动机安全性数据库系统，输入相应的用户名与密码，系统根据输入信息与数据库字段进行匹配，若匹配成功，则进入数据库系统；若匹配失败，则需重新输入用户名与密码，用户登录模块如图 9-23 所示。

用户在登录系统后，可进行相关数据查询或导出等操作，在系统业务流程中划分为数据查询与导出模块，数据查询与导出模块可细分为基本/故障/监测/统计数据查询模块、安全性指标查询模块、安全性要求分析模块与数据文件导出模块。

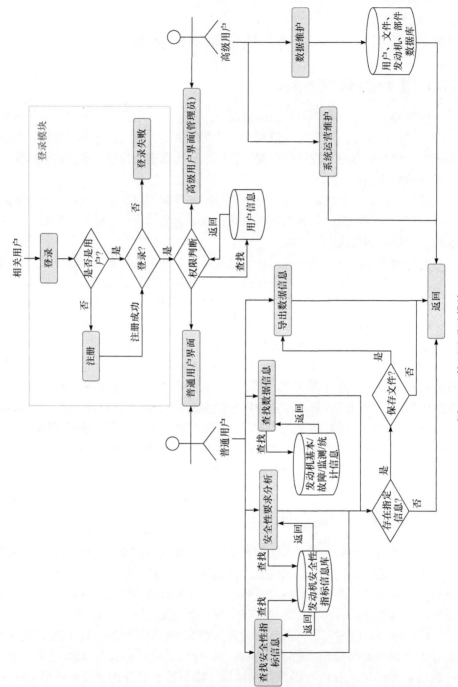

图9-18　管理员登录录模块

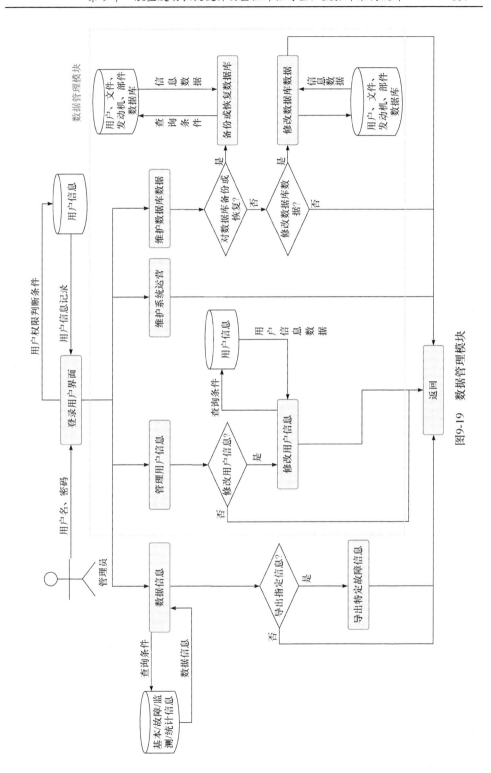

图9-19　数据管理模块

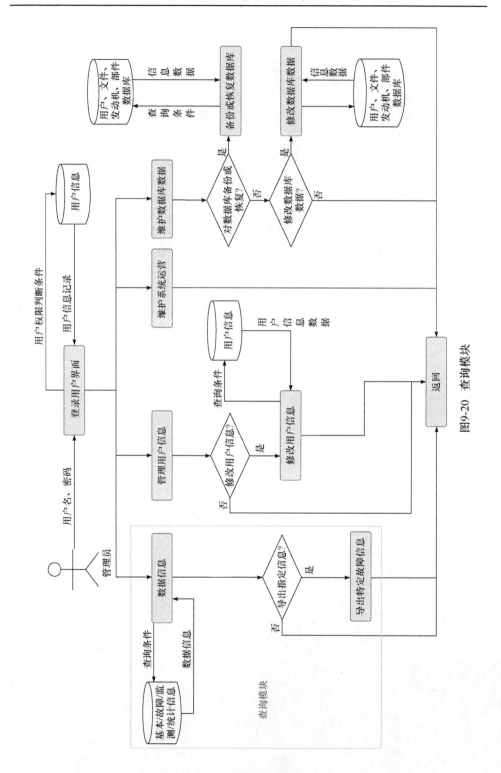

图9-20 查询模块

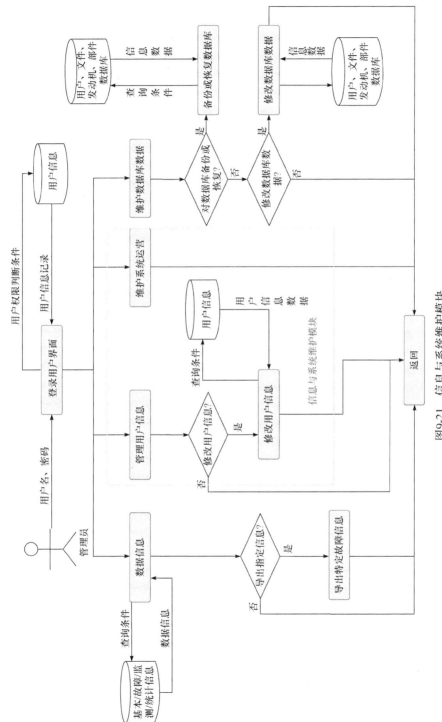

图9-21　信息与系统维护模块

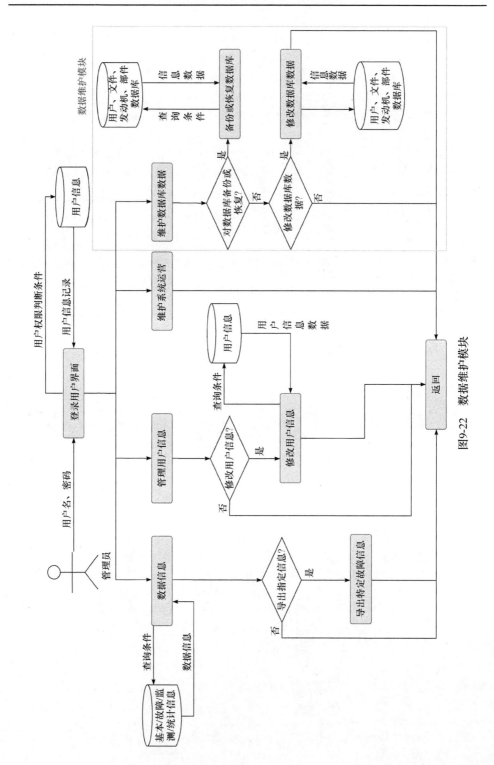

图9-22 数据维护模块

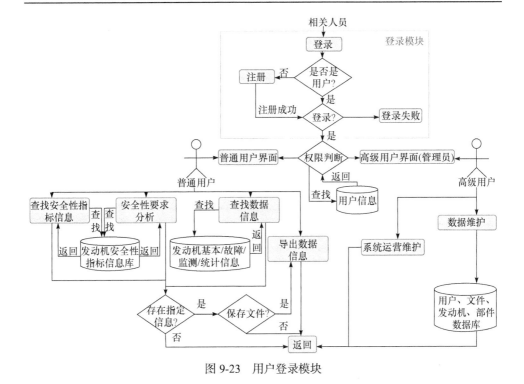

图 9-23　用户登录模块

　　基本/故障/监测/统计数据查询模块：涉及信息包括航空发动机基本信息、故障信息、监测信息、统计信息等数据。用户可以查询以公司或机构为单位统计出机队航空发动机的信息，在数据库中以图片或表格的形式反映出当前航空发动机基本状况(图 9-24)。

　　安全性指标查询模块：该模块整合安全性指标体系的分类以及指标体系构成要素，界定了数据库的安全性指标研究范围，用户可根据数据库已有安全性指标信息查询相关安全性指标(图 9-25)。

　　安全性要求分析模块：安全性要求分析功能模块需要系统根据输入信息或查询信息进行故障信息分析：运用功能危险分析、初步系统安全性评估、系统安全性评估、共因分析等安全性分析方法，对以往的故障信息进行故障归类，对故障的发生原因和故障处理方法进行统计。用户可以根据航空发动机故障现象，在此功能模块中查询所需信息，例如航空发动机故障部件、故障原因以及排除方法等(图 9-26)。

　　数据文件导出模块：用户可根据自身角色权限选择是否从数据库导出基本/故障数据或安全性指标等文件(图 9-27)。

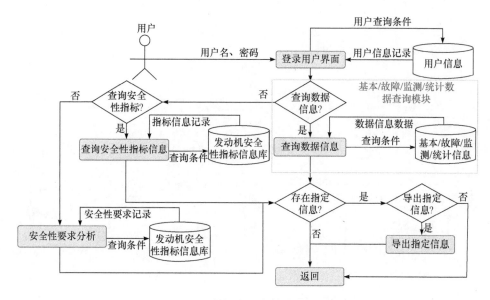

图 9-24 基本/故障/监测/统计数据查询模块

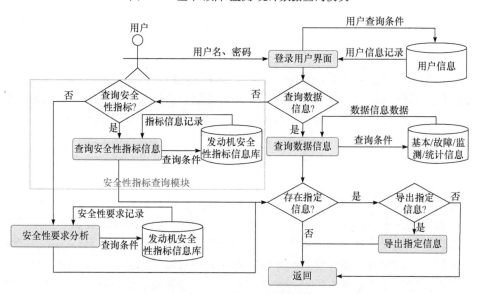

图 9-25 安全性指标查询模块

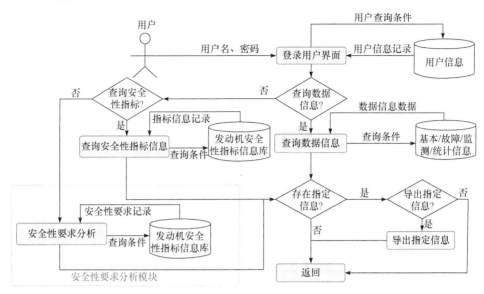

图 9-26　安全性要求分析模块

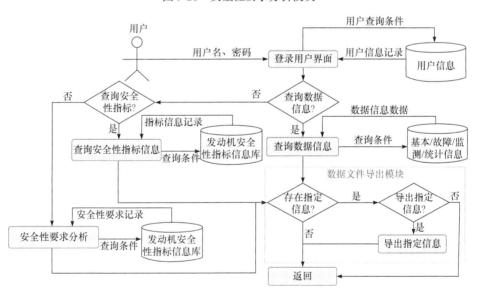

图 9-27　数据文件导出模块

9.12　小　　结

　　本章以航空发动机全寿命周期集成的失效、事故等收集分析系统为基础，建立军民用航空发动机关键件安全性分析失效数据库构架。在现有航空发动机研制部门航空发动机失效、事故等收集分析系统的基础上，研究军民用航空发动机失效和事故数据的收集、分类、整理方法和流程，形成全面的、系统的、多层次多角度的航空发动机失效信息收集方式，建立信息标准化格式、分类标准和整理方式，形成航空发动机失效数据收集、分析、应用的工作流程，为航空发动机关键件安全性指标的评估以及验证提供技术手段和数据支撑。

参 考 文 献

[1] 王桂华, 丁水汀, 单晓明. 航空发动机安全性与适航技术 [M]. 北京: 科学出版社, 2024.

[2] 张弓, 周燕佩, 丁水汀. 面向适航要求的涡轮航空发动机限寿件概率失效风险评估方法 [J]. 航空动力学报, 2015, 30(10): 2338-2345.

[3] U.S. Department of Transportation FAA. Advisory circular 33.75-1A: guidance material for 14 CFR §33.75, safety analysis [R]. Washington, DC: FAA, AC33.75-1A, 2007.

[4] U.S. Department of Transportation, Federal Aviation Administration. Advisory circular 33.70-1: guidance material for aircraft engine-life-limited parts requirements [R]. Washington, DC: FAA, AC 33.70-1, 2009.

[5] U.S. Department of Transportation, Federal Aviation Administration. Advisory circular 33.70-2: Damage Tolerance of Hole Features in High-energy Turbine Engine Rotors [R].Washington, DC: FAA, AC 33.70-2, 2009.

[6] Zhang M W, Liu D T, Liu Y M. Recent progress in precision measurement and assembly optimization methods of the aero-engine multistage rotor: A comprehensive review [J]. Measurement, 2024, 235: 114990.

[7] Li W S, Yang D J, Sun Q C, et al. Dynamic investigation of aeroengine high pressure rotor system considering assembly characteristics of bolted joints [J]. Engineering Failure Analysis, 2020, 112: 104510.

[8] Hudak S J, Enright M P, McClung R C. A probabilistic analysis of the benefits of in service fatigue damage monitoring for turbine engine prognosis [C]. 45th AIAA/ASME/ASCE/AHS/ASC Structures, Structural Dynamics & Materials Confer 19-22 April 2004, Palm Springs, California.

[9] Enright M P, Hudak S J, McClung R C. Application of probabilistic fracture mechanics to prognosis of aircraft engine components [J]. AIAA Journal, 2006, 44(2): 311-316.

[10] Defence Standard 00-970. Design and Airworthiness Requirements for Service Aircraft Part 11: Engines [S]. Glasgow, UK Ministry of Defence, 2023.

[11] 苏清友. 航空涡喷、涡扇发动机主要零部件定寿指南 [M]. 北京: 航空工业出版社, 2004.

[12] Nemeth N N, Palfi T, Reh S. Life predicted in a probabilistic design space for brittle materials with transient loads [R]. Cleveland, Ohio: NASA Glenn Research Center, 2005.

[13] Corran R S J, Williams S J. Lifing methods and safety criteria in aero gas turbine [J]. Engineering Failure Analysis, 2007, 14(3): 518-522.

[14] Mcclung R C, Leverant G R, Enright M P. Turbine rotor material design phase [R]. Washington, DC: FAA Grant 99-G-016, 2008.

[15] Beretta S, Foletti S, Madia M, et al. Structural integrity assessment of turbine discs in presence of potential defects: probabilistic analysis and implementation [J]. Fatigue & Fracture of Engineering Materials & Structures, 2015, 38(9): 1042-1055.

[16] Huang X N, Chen C Y, Xuan H J, et al. Fatigue crack propagation analysis in an aero-engine turbine disc using computational methods and spin test [J]. Theoretical and Applied Fracture Mechanics, 2023, 124: 103745.

[17] 陈光. 航空发动机结构设计分析 [M]. 3 版. 北京: 北京航空航天大学出版社, 2023.

[18] 尹泽勇, 刘廷毅. 航空发动机结构强度设计 [M]. 北京: 科学出版社, 2022.

[19] 林左鸣. 世界航空发动机手册 [M]. 北京: 航空工业出版社, 2012.

[20] 张玉忠, 王云鹏, 邹学敏. 某发动机涡轮盘低循环疲劳试验故障分析 [J]. 内燃机与配件, 2019, (6): 47-49.

[21] 黄晓宇, 王攀, 李海和, 等. 具有模糊失效状态的涡轮盘疲劳可靠性及灵敏度分析 [J]. 西北工业大学学报, 2021, 39(6): 1312-1319.

[22] 李其汉, 王延荣, 王建军. 航空发动机叶片高循环疲劳失效研究 [J]. 航空发动机, 2003, 4: 16-18.

[23] 位景山, 郑群, 闫巍, 等. 基于气动激励特征的压气机叶片高周疲劳分析 [J]. 哈尔滨工程大学学报, 2023, 44(9): 1579-1589.

[24] 卜嘉利, 高志坤, 韩振宇, 等. 发动机低压涡轮导向叶片裂纹分析 [J]. 失效分析与预防, 2020, 15(3): 179-183.

[25] 张再德. 发动机压气机叶片断裂故障分析与试验验证 [J]. 失效分析与预防, 2019, 14(4): 258-261.

[26] 张海兵, 张泰峰, 郭奇. 航空发动机压气机叶片损伤分析与监控对策 [J]. 无损检测, 2021, 43(1): 15-18.

[27] 冯冬云, 王毅, 栗牧怀. JT9D-7R4G2 型发动机八级压气机盘及叶片失效原因分析 [J]. 材料工程, 1998, 10: 48-49.

[28] 闻腾炬, 王宏卫, 梁鹏. 某型发动机涡轮叶片榫头裂纹故障分析 [J]. 航空维修与工程, 2020, 10: 88-91.

[29] Department of Defense. Handbook: Airworthiness Certification Criteria [M]. MIL-HDBK-516C. USA, 2014.

[30] Song L K, Bai G C, Fei C W. Probabilistic LCF life assessment for turbine discs with DC strategy-based wavelet neural network regression [J]. International Journal of Fatigue, 2019, 119: 204-219.

[31] 李果, 刘俊博, 周惠敏, 等. 航空发动机限寿件高效失效概率算法研究综述 [J]. 航空动力学报, 2022, 37 (11): 2398-2407.

[32] 毕苏艺, 孙有朝, 李龙彪, 等. 航空发动机轮盘概率风险评估方法 [J]. 南京航空航天大学学报, 2017, 49 (3): 389-395.

[33] 丁水汀, 李果, 邱天, 等. 航空发动机安全性设计导论 [M]. 北京: 科学出版社, 2019.

[34] 梁菁, 沙正骁, 史亦韦, 等. 航空发动机关键部件的缺陷检测与评估 [M]. 北京: 国防工业出版社, 2021.

[35] 丁水汀, 周惠敏, 刘俊博, 等. 航空发动机限寿件表面特征概率损伤容限评估 [J]. 航空动力学报, 2021, 36(2): 421-430.

[36] U.S. Department of Transportation, Federal Aviation Administration. Advisory circular39-8: Continued Airworthiness Assessments of Powerplant and auxiliary power unit installations of transport category airplanes [S].Washington, DC: FAA, AC 39-8, 2003.

[37] ARP5150A, Safety Assessment of Transport Airplanes in Commercial Service [S]. SAE International, 2019.

[38] Doc 9859, Safety Management Manual(SMM) [S]. ICAO, Montreal, Canada, 2013. ISBN 978-

92-9249-214-4.

[39] IEC/ISO 31010, Risk management–risk assessment techniques [S]. ISO, Switzerland, Geneva, 2019.

[40] 《航空发动机设计用材料数据手册》编委会. 航空发动机设计用材料数据手册. [M]. 北京: 航空工业出版社, 2010.

[41] 《中国航空材料手册》编辑委员会. 中国航空材料手册 [M]. 北京: 清华大学出版社, 2013.

[42] 《航空发动机设计用材料数据手册》编委会. 航空发动机设计用材料数据手册 [M]. 北京: 航空工业出版社, 2010.

[43] 国防科学技术工业委员会. 航空结构件用合金棒材规范 [S]. GB 1538A-2008. 北京, 2008.